Word 效率手册

轻松设计高品质版面

陈飞 —————— 编著

清华大学出版社
北京

图书在版编目（CIP）数据

Word 效率手册：视频版：轻松设计高品质版面 / 陈飞编著. —北京：清华大学出版社，2024.3
（新时代·职场新技能）
ISBN 978-7-302-65717-0

Ⅰ.①W… Ⅱ.①陈… Ⅲ.①办公自动化－应用软件－手册 Ⅳ.①TP317.1-62

中国国家版本馆 CIP 数据核字（2024）第 051682 号

责任编辑：左玉冰
封面设计：徐　超
版式设计：张　姿
责任校对：宋玉莲
责任印制：沈　露

出版发行：清华大学出版社
网　址：https://www.tup.com.cn，https://www.wqxuetang.com
地　址：北京清华大学学研大厦 A 座　　邮　编：100084
社 总 机：010-83470000　　邮　购：010-62786544
投稿与读者服务：010-62776969, c-service@tup.tsinghua.edu.cn
质 量 反 馈：010-62772015, zhiliang@tup.tsinghua.edu.cn
印 装 者：三河市龙大印装有限公司
经　销：全国新华书店
开　本：187mm×235mm　　印　张：18　　字　数：306 千字
版　次：2024 年 4 月第 1 版　　印　次：2024 年 4 月第 1 次印刷
定　价：89.00 元

产品编号：104557-01

为什么编写本书

本书作者从事 Office 培训工作多年，在培训学员的过程中，发现很多学员常常受困于 Word 中的排版设计，如第一页不要页眉而第二页需要、目录自动生成、只改变一个单元格的宽度，等等，此时他们往往手足无措。撰写本书的目的在于帮助读者轻松解决文档排版中的困惑，包括掌握排版技巧、提高排版效率，及美化呈现效果等。

本书采取两种编写思路。其一，全部使用真实案例进行讲解，便于读者触类旁通；其二，按照不同的 Word 文档类型进行编排，便于读者有针对性地查阅。

本书内容结构

全书分为五个篇章，共计 10 个章节，按照不同的应用场景与功能进行编排，一目了然。同时，本书依托实例讲解技巧和方法，具有很强的实操性。

为了便于读者阅读和学习，现将各章内容摘要如下。

◎第一篇：实用技巧

第 1 章，本章是排版小技巧的“集合”，介绍了行距的“万金油”调法、两篇文档找不同、多篇文档快速合并等小技巧。同时引入了“模板”这一概念，借助模板，可以实现团队协作，还能够提高多人排版的效率，维持版面的一致性。

第 2 章，Word 排版工作不仅追求美观效果，也追求效率。在本章，将详细讲解如何通过邮件合并、制表位、通配符等技巧来提高排版效率。

◎第二篇：高效排版技术

第 3 章，信手拈来常用的 Word 文档排版方法。本章介绍了常用的通知书、合作、协议、规章制度、合同、企业内部公文等常用文档的排版方法，通过实例讲述，阐释 Word 如何规范化排版。

第 4 章，讲解了表格排版的方法和技巧。引入“入职登记表”“产品参数”“论文封面页”“应聘登记表”等实例，以便读者能够更好地学习表格排版。

◎第三篇：图文混排艺术

第 5 章，图文并茂，才有说服力。本章在介绍图文混排和形状使用技巧的基础上，重点讲解了“简历”和“杂志”的排版美化方法。

第 6 章，几何是最美的艺术，也是最精妙的表达方式。在本章，介绍了如何使用几何形状绘制流程图、组织构架图以及时间轴流程图。

◎第四篇：长文档排版

第 7 章，毕业论文排版八步走。本章节以研究生毕业论文为例，引入“样式”工具，提高论文的排版效率，同时详细讲解了论文排版中添加目录、页眉页脚、题注、脚注、尾注的技巧。

第 8 章，“三招两式”学会标书制作和排版，即学会规划和使用“样式”与“节”两式，学会“标书封面页制作”“标书页眉页脚制作”“标书目录生成”三招。

◎第五篇：综合案例与 AI 助力

第 9 章，如何对一篇包含了图片、表格、图表等元素的商业计划书进行高效排版，是所有职场人士的必修课，通过本章学习您将得到答案。

第 10 章，本章将讲解如何借助 ChatGPT 来使 Word 效率翻倍，例如使用 ChatGPT 生成 VBA 代码批量处理文档，生成各式各样的报告，等等。

本书特色

1. 配备视频讲解，手把手教您学 Word

本书为每一小节都配备教学视频，涵盖全书所有知识点，如同老师手把手教学，让您学习更高效。

2. 内容全面 + 实例丰富

本书把 Word 常用的命令融入实例中，以实战操作的形式进行讲解，“实例操作 + 命令解读”，知识点更容易掌握吸收。

3. 案例紧贴工作学习、注重实战

本书案例紧贴日常工作与学习生活，便于读者动手操作，在学习中掌握软件的使用方法。

4. 作者呕心沥血之作

作者系培训讲师，教学经验丰富，将大量经验与技巧融于书中，并随书提供配套练习素材，让读者少走弯路。

5. 在线答疑

本书作者将通过三种渠道为读者答疑：组建微信在线答疑群解答、针对典型问题录制视频解答以及直播答疑。

适用版本

本书涉及的操作基于 Microsoft 365 版本，但同样也适用于 Office2013、Office2019、Office2021 版本。

读 者 对 象

本书适合以下读者阅读：

职场人员，包括政府工作文职人员、企事业单位等高频使用 Word 的人员。

急于提升 Word 排版技能的毕业生、求职人员等。

本书还可作为大中院校、职业高中、培训机构的教材教辅使用。

由于作者水平有限，本书难免存在疏漏之处，如有发现，烦请批评、指正。

陈 飞

本书可通过扫描下方二维码获取海量学习资源

CONTENTS

目录

-01 篇 - 实用技巧

-02 篇 - 高效排版技术

-03 篇 - 图文混排艺术

-04 篇 - 长文档排版

-05 篇 - 综合案例与 AI 助力

W
01 篇
实用技巧

第1章

高效率工作者需要掌握的技巧

本章将介绍一些常用的技巧，包括调整行距、比较两篇文档的不同之处、多文档合并、快速对齐以及双面打印等。此外，本章还将讲解如何将企业中使用频率较高的文档制作成模板，并对文档的不同操作进行限制。通过学习本章，读者能够掌握这些技巧和方法，提高 Word 文档的排版效率和协作能力。

本章主要学习知识点

- 行距固定值的用法
- 替换与通配符的使用
- 调整宽度
- 比较文档
- 模板
- 常用文本块
- 限制编辑

1.1 行距的“万金油”调法

当段落文字字号调整为“四号”及以上时或段落文字使用“微软雅黑”字体时，行距会自动拉高，如图 1-1 所示。而 Word 软件有“单倍行距、1.5 倍行距、多倍行距、固定值”等多种改变行距的方式，其中最实用的方法是通过改变“固定值”来改变行距。

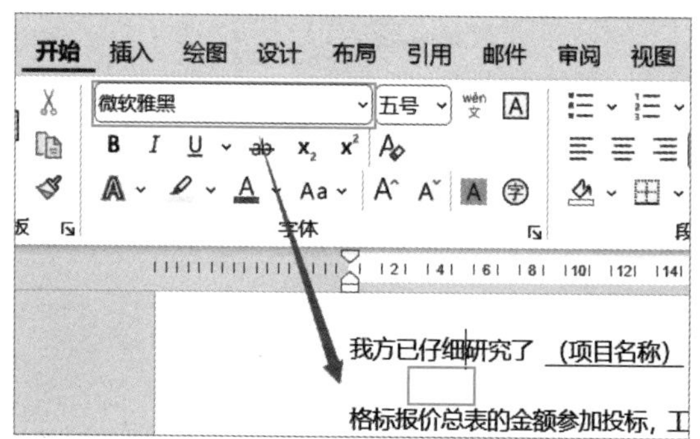

图1-1 “微软雅黑”字体时导致行距自动变高

操作方法：选定示例的两个段落，鼠标光标单击“开始”→“段落”对话框启动按钮，在“段落”对话框，在行距下拉列表选择“固定值”，然后设置值为“20 磅”，如图 1-2 所示，值越大，行距也就越大；值越小，行距也就越小。

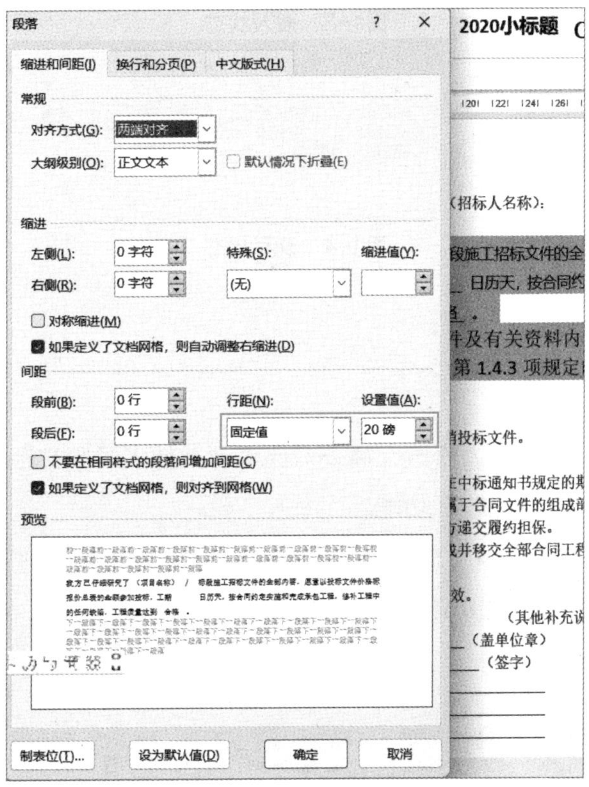

图1-2　段落对话框设置行距为固定值

1.2　后边消失的字

如果文档正在输入编辑时，鼠标光标右侧文本内容被覆盖消失，如图 1-3、图 1-4 所示，新输入的文本内容（申请）会覆盖鼠标光标右侧文本（本人）。那是因为文档状态从默认的“插入”变成了“改写”，产生的原因：一是在状态栏“插入”上双击鼠标把状态更改成了“改写”；二是按了“Insert 键”，想要改回到插入状态只需要再次按“Insert 键”即可。

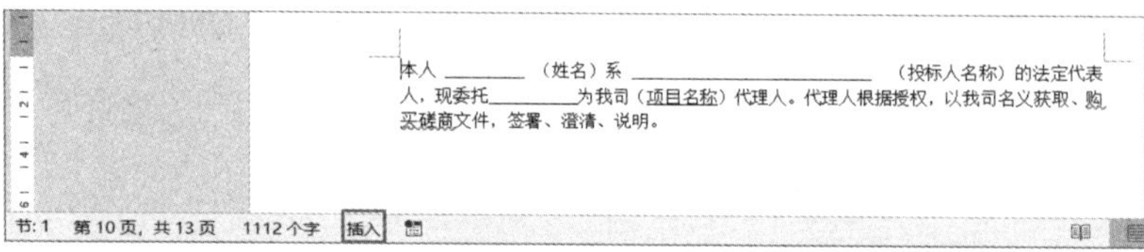

图1-3　插入状态

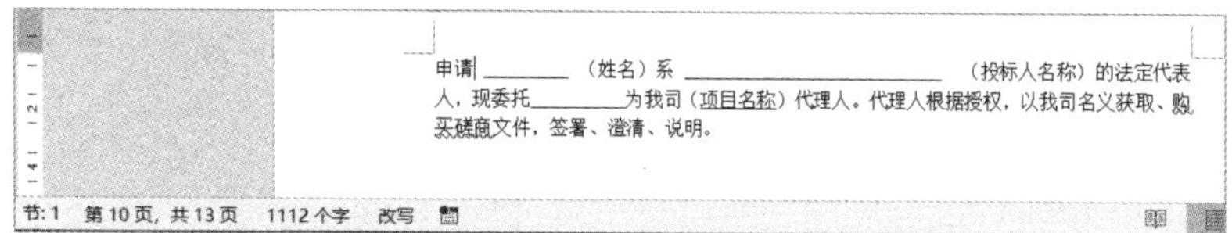

图1-4　改写状态

1.3　两篇文档校对不同

如果文档的内容被其他人修改，需要对比查看其他人对原文档都做了哪些修改时，可以使用“审阅”下的“比较”功能。

步骤1 单击“审阅”→“比较”→“比较”，弹出“比较文档”对话框，如图1-5所示，对话框中的原文档指的是初始文档，修订文档则是其他人在原文档基础上修改后另存为的单独文档。

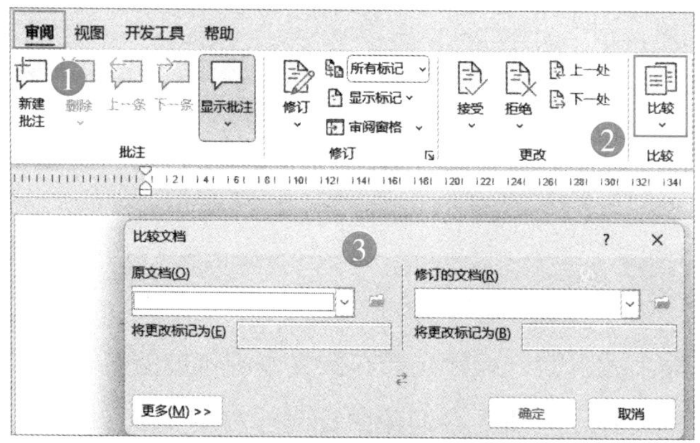

图1-5　“比较文档”对话框

步骤2 在对话框原文档下方单击“文件夹”图标，在弹出的“打开”对话框中选择原文档（素材文件.docx），在修订的文档下方单击“文件夹”图标，在弹出的打开对话框中选择其他人修改后保存的文档（素材文件 2.docx），选择后结果如图 1-6 所示。

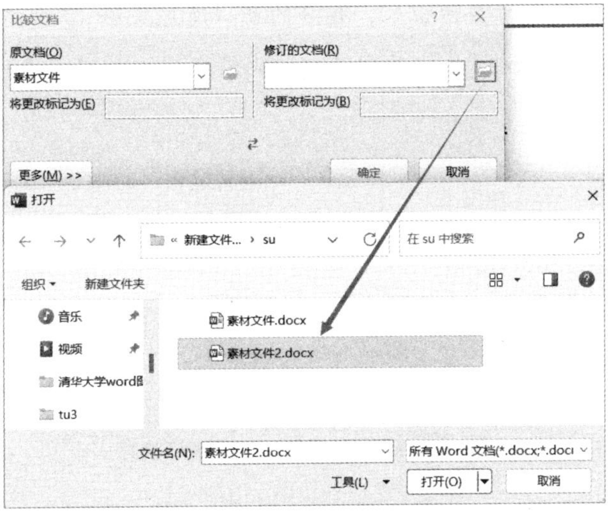

图1-6　分别选择两个文档

步骤3 在“比较文档”对话框单击“更多”按钮，在“比较设置”中可以根据需要勾选对比的项目，如图 1-7 所示，如“格式”的变化，去掉勾选则不会显示，示例文档默认全部勾选，下方“修订的显示位置”选择“新文档”。

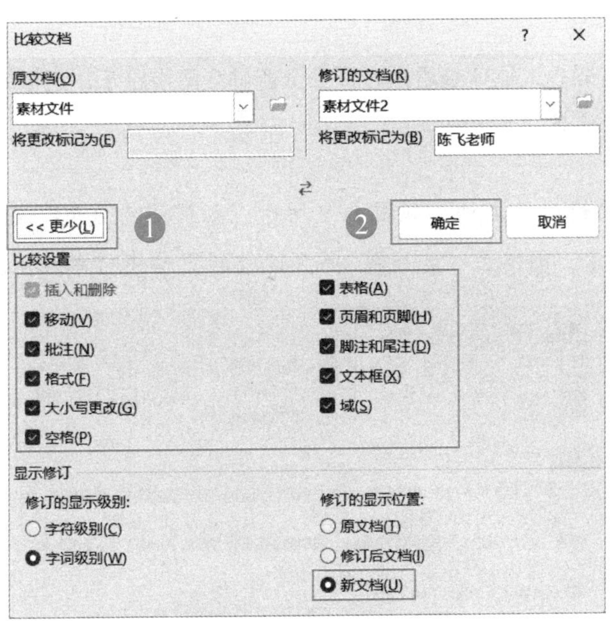

图1-7　选择需要比较的设置

步骤4 在步骤3，会自动创建一个新文档，新文档会自动拆分成三个窗口，并且在打开“修订”窗口的同时显示出来，拆分的窗口有原文档（“素材文件 . docx”）、修订的文档（“素材文件 2.docx”）以及带修订的比较文档。如图 1-8 所示。

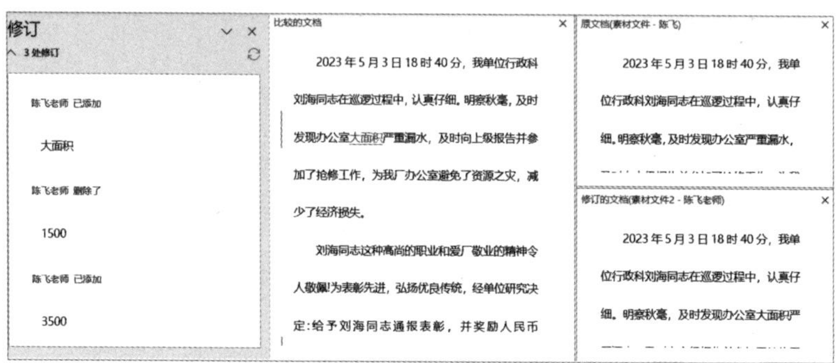

图1-8 新文档并自动生成修订状态

如果只想出现比较的文档与原文档，可单击“审阅”→“比较”→“显示源文档”→“显示原文档”。

提示 2

如果文档内容较多，往下查看内容，三个窗口会同步显示，这样就可以对比查看其他人对文档所做的修改。

步骤5 对于比较后的文档，如图 1-9 所示，如果同意更改，可单击“审阅”下的“接受”；如果不同意，则单击“拒绝”。并且比较的文档还可单独保存成新文档。

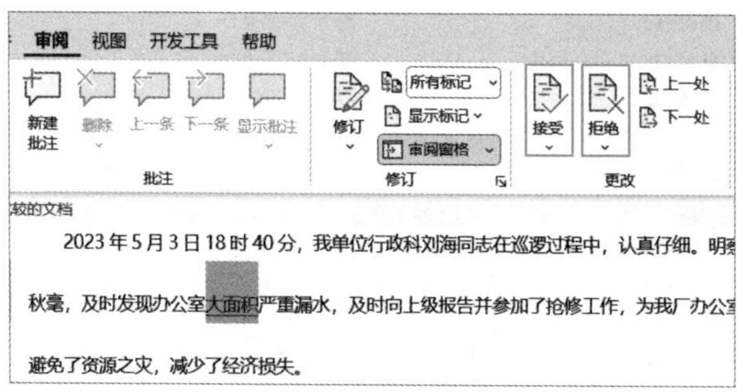

图1-9 对比较的文档修订接受或拒绝

1.4　多篇文档快速合并

如果需要将多个 Word 文档合并为一个文档，当文档内容较少时，可直接打开文档后通过复制粘贴的方法进行合并；如果文档内容较多，或者文档数量较多时，使用复制粘贴就不太合适了，可以通过“插入”下的“对象”方式进行合并。

步骤1 单击“插入”→“对象”→“文件中的文字”，打开“插入文件”对话框，在该对话框中可以选择多个 Word 文档，示例选择“8 章 /sucai2”文件夹下的所有文件，如图 1-10 所示。

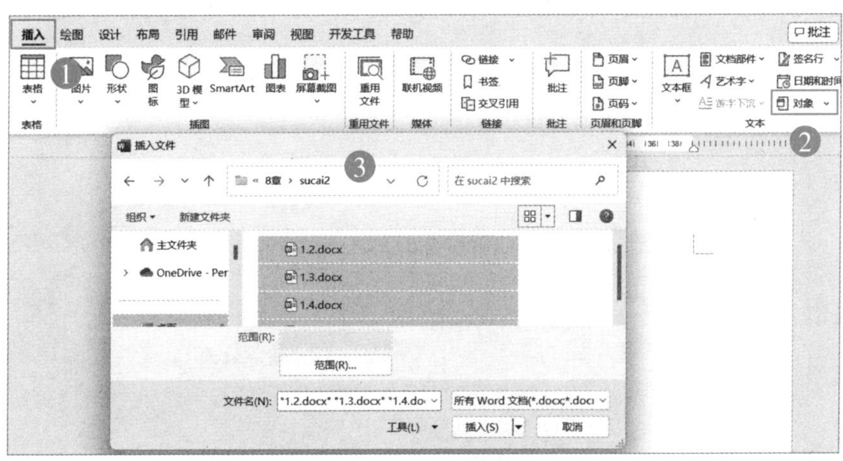

图1-10　插入多个Word文件

> **提示**
>
> 在合并文档之前，要先把多个需要合并的文档整理放到一个文件夹内。

步骤2 直接在“插入文件”对话框中单击“插入”按钮，即可一次性完成多个文档的合并操作，而且这种合并文档的方式还保留了原始文件的格式。结果如图 1-11 所示。

> **提示**
>
> 如果想清除合并后文档的格式，可以按“Ctrl+A”快捷键，然后再依次单击“开始”下的“清除所有格式按钮”。

图1-11　插入文件带有原始格式

步骤3 撤消（“Ctrl+Z”快捷键）之前的合并操作，重新合并文档，再次单击“插入”→“对象”→“文件中的文字”，打开“插入文件”对话框，同样选择所有文档，如图1-12所示，单击“插入”旁边的三角按钮，选择“插入为链接”。

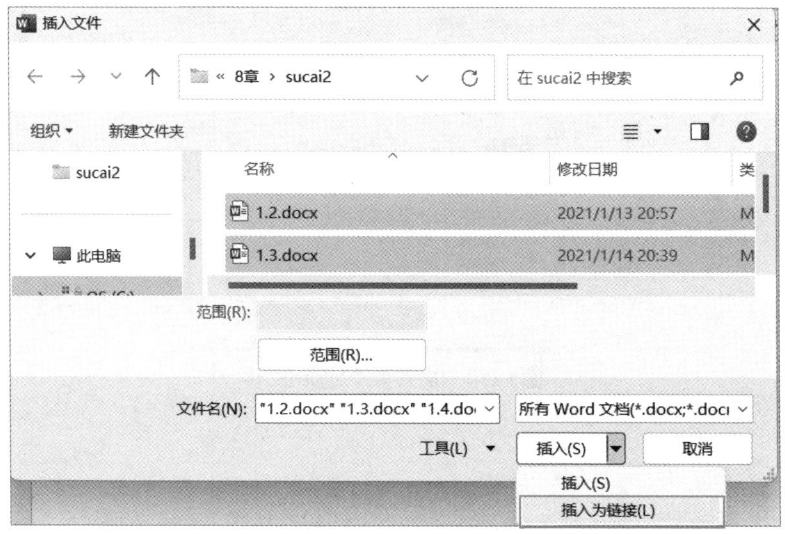

图1-12　重新插入文件以链接的方式

提示

插入链接的目的是当引用的原始文件发生变化时，合并后的文档也会相应发生变化。

步骤4 如果素材文件夹的Word文档的文字发生了增加或者减少变化，可以按“Ctrl+A”快捷键全选合并后的文档内容，单击鼠标右键在弹出的快捷菜单中选择“更新域”命令即可，结果如图1-13所示。

图1-13　更新文字

1.5　文字快速长短对齐

单位人员姓名有两个字的也有三个字的，如果想要把两个字的姓名快速与三个字的姓名对齐，就可以使用 Word 查找的通配符结合调整宽度命令实现。

步骤1 选定所有姓名，单击“开始”→“查找”→“高级查找”，如图 1-14 所示，在弹出的“查找和替换”对话框中，单击“查找”选项，在查找内容的文本框中输入“<??>”，单击“更多”按钮，“搜索选项”下勾选“使用通配符”，单击“在以下项中查找”按钮，选择“当前所选内容”命令，就可以快速选择两个字的姓名。

步骤2 选定内容后，单击“开始”→“中文版式”→“调整宽度”，在弹出的“调整宽度”对话框中的“新文字宽度”输入“3 字符”即可。结果如图 1-15 所示。

图1-14　查找姓名长度为两个字的

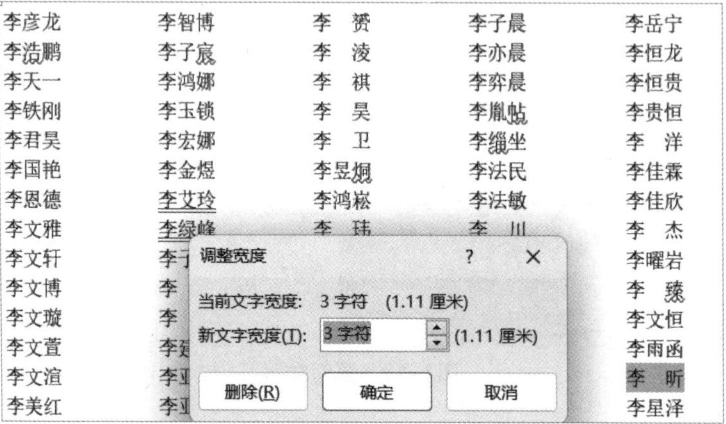

图1-15 调整文字宽度为3字符

“调整宽度”对话框是执行后再打开的结果。

1.6 节省纸张——双面打印

如果打印机支持双面打印，只需要在打印机首选项下设置即可。如果打印机不支持双面打印，也可以使用下面的这个方法。作者使用的打印机是 HP DJ2130，初始文档共四页，如图 1-16 所示。

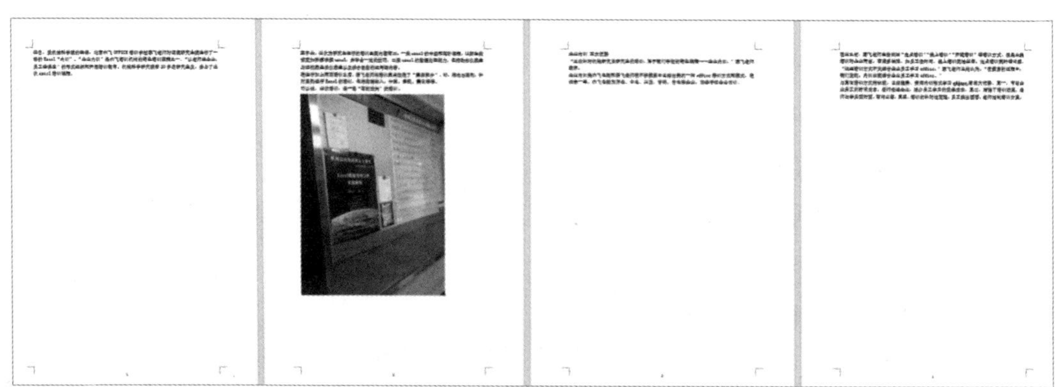

图1-16 需要打印的文档

步骤1 单击“文件”→“打印”，在打印窗口“单面打印”选项下选择“手动双面打印”，如图 1-17 所示。

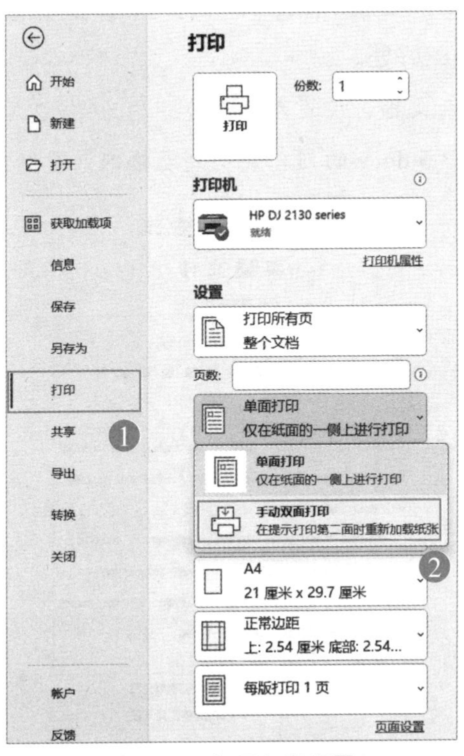

图1-17　打开打印设置

步骤2 单击“打印”按钮后，会先打印出第 1 页与第 3 页，打印后如图 1-18 所示，出现一个“请将出纸器中已打印好一面的纸取出并将其放回到送纸器中……”的提示框，先不做任何操作。

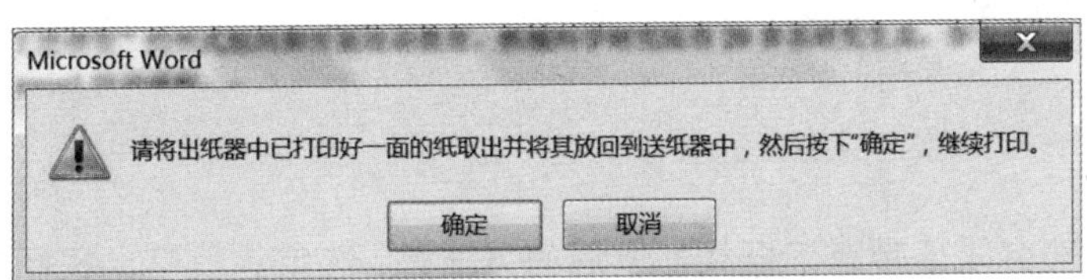

图1-18　打印提示

步骤3 让第 1 页在上，第 3 页在下，然后垂直翻转 180°，把纸放到送纸器中，再单击步骤 2 提示框的“确定”按钮即可完成双面打印。

1.7 公司统一模板的排版

为了排版方便、减少后续的工作量，本节将对 3.5 节排版的文档内容使用表格与样式重新排版，以体现模板的好处。

步骤1 新建一个空白文档，设置左右页边距均为“2.2 厘米”，然后插入一个 1 列 6 行的表格，把素材文件 3.5.docx 的内容复制到表格内，复制后的结果如图 1-19 所示。

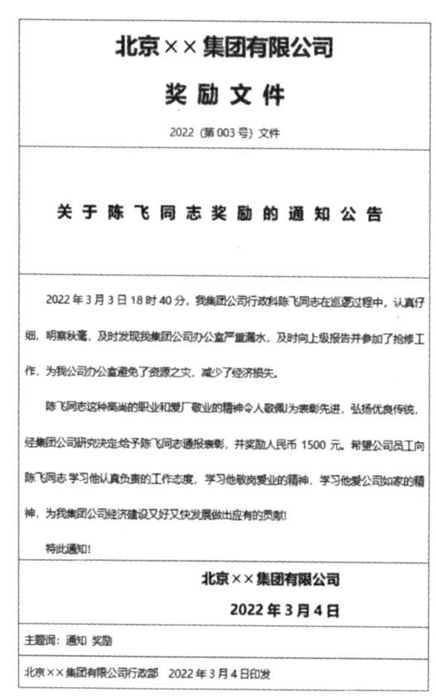

北京××集团有限公司 奖 励 文 件 2022（第 003 号）文件
关 于 陈 飞 同 志 奖 励 的 通 知 公 告
2022 年 3 月 3 日 18 时 40 分，我集团公司行政科陈飞同志在巡逻过程中，认真仔细，明察秋毫，及时发现我集团公司办公室严重漏水，及时向上级报告并参加了抢修工作，为我公司办公室避免了资源之灾，减少了经济损失。 陈飞同志这种高尚的职业和爱厂敬业的精神令人敬佩!为表彰先进，弘扬优良传统，经集团公司研究决定:给予陈飞同志通报表彰，并奖励人民币 1500 元。希望公司员工向陈飞同志 学习他认真负责的工作态度，学习他敬岗爱业的精神，学习他爱公司如家的精神，为我集团公司经济建设又好又快发展做出应有的贡献! 特此通知!
北京××集团有限公司 2022 年 3 月 4 日
主题词：通知 奖励
北京××集团有限公司行政部 2022 年 3 月 4 日印发

图1-19 素材内容放到表格内

提示 1

复制时如果有多余的空白段落产生，解决办法就是将光标定位在空白段落上按“Backspace”键即可。

提示 2

素材文档部分段落带有下框线，取消的方法是：选定该段落，鼠标依次单击“开始”→“边框”，在出现的下拉菜单选择“边框和底纹”命令，弹出“边框和底纹”对话框，在该对话框的“边框”选项下，首先在“应用于”下拉列表选择“段落”，然后在左侧的“设置：”中单击“无”按钮，设置完成后单击“确定”按钮即可。

"励"字下方自动出现了红色波浪线，代表拼写和语法错误，实际上并没有错，只是软件识别问题，如果不想出现红色波浪线，可以选定"励"字单击鼠标右键，在弹出的快捷菜单选择"忽略一次"即可。

步骤2 全选表格，鼠标依次单击"表设计"→"边框"，在下拉菜单中选择"无框线"。在任意空白处单击鼠标取消表格全选，如图 1-20 所示，选择表格第一行，参照第 4 章，依次在"表设计"下设置"笔画粗细"为"2.25 磅"、"笔颜色"为"深蓝"，然后单击"边框"命令，在下拉菜单中选择"下框线"，分别对第 5 行和第 6 行进行同样的操作。

图1-20　设置表格的框线属性

步骤3 如图 1-21 所示，将鼠标光标定位在正文段落任意位置，然后单击"开始"下"样式"对话框的启动按钮，打开"样式"窗口，单击"新建样式"按钮，在弹出的"根据格式化创建新样式"对话框中的"名称"输入框中输入"通知书模板正文段落"，选择"基于该模板的新文档"，单击"确定"按钮。

提示

步骤 3 创建样式的方法适用于段落已经设置好格式（例如首行缩进 2 字符）的情况，这样创建的样式就自动包含了鼠标光标所在段落的所有格式。

步骤4 先删除第三行正文的文本内容，鼠标光标定位在第三行，然后单击鼠标右键在弹出的快捷菜单中选择"表格属性"命令，如图 1-22 所示，在弹出的"表格属性"对话框中选择“行”，“指定高度”设置为“9.8厘米”，“行高值是”下拉列表选择“固定值”。

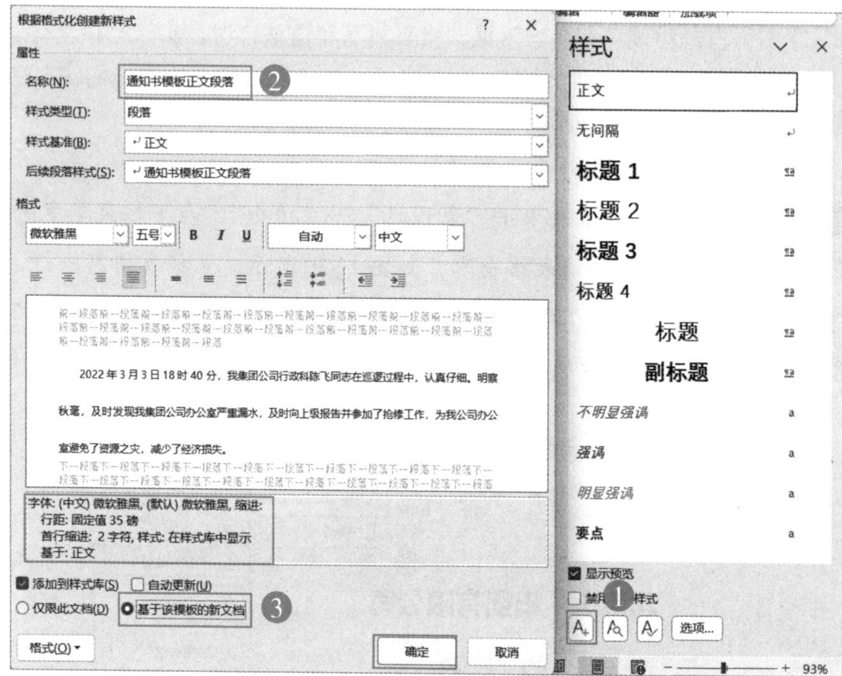

图1-21 创建样式

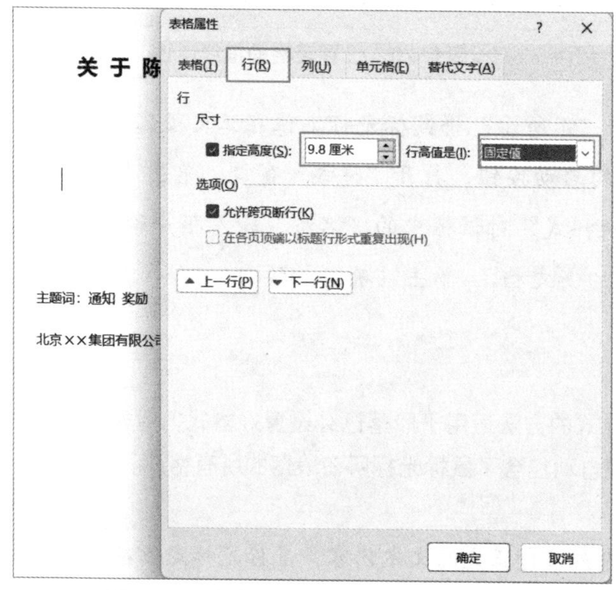

图1-22 表格属性对话框设置行的高度

行高值设置为“固定值”的作用是把这一行的高度固定，不管字号多大，这一行就只显示到规定的高度值。

步骤5 最后进行一些细节调整，删除多余的换段，把需要每次填写内容的地方使用“*”代替，完成后效果如图 1-23 所示。

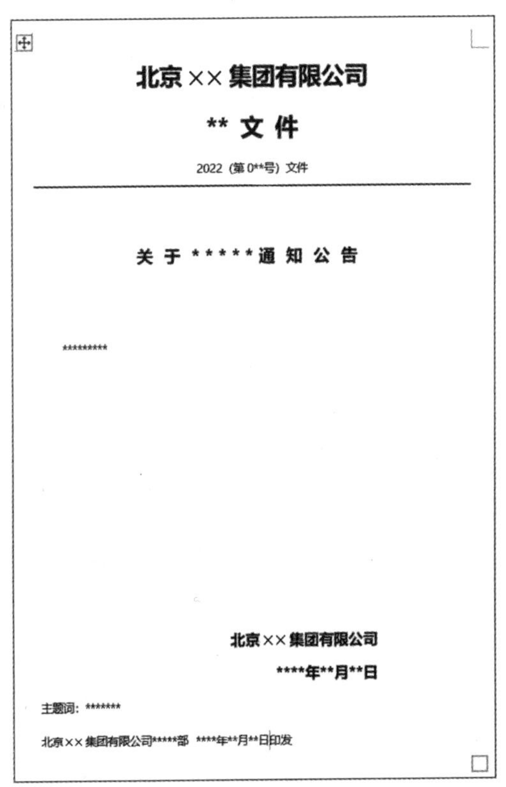

北京××集团有限公司

** 文 件

2022（第0**号）文件

关 于 *****通 知 公 告

****

北京××集团有限公司

****年**月**日

主题词：*******

北京××集团有限公司*****部　****年**月**日印发

图1-23　替换文字内容

提示

在一些文档中尤其是一些单位名称的位置，文字下方会自动出现蓝色的波浪线，这代表语法错误，打印时不会出现。如果想不显示，可单击“审阅”下的“拼写和语法”进行忽略即可。

1.8 模板与常用文本块

把一些工作中常用的文档保存成模板，可以提高工作效率。除了整篇文档保存成模板，还可以把一些常用的短语制作成“文档部件”，需要时直接调用。

示例一：模板

步骤1 打开第1.7节保存的素材文档，鼠标单击“文件”→“另存为”，然后单击“浏览”命令，弹出“另存为”对话框，在该对话框中“保存类型”下选择“Word模板（*.dotx）”，文件位置会自动变化，再为模板输入文件名“moban”，如图1-24所示。

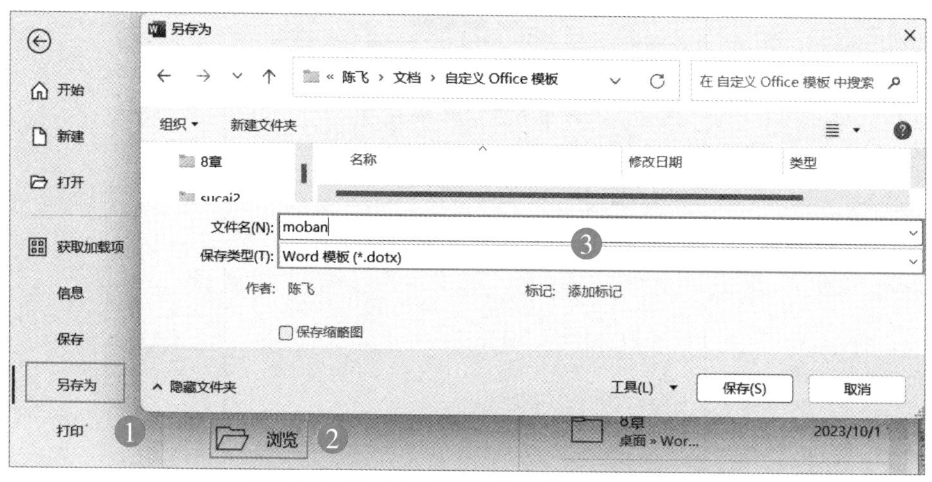

图1-24 另存为对话框类型选择模板保存

> **提示**
>
> 模板文件的默认保存位置为“C:\Users\Administrator\Documents\自定义Office模板”。

步骤2 新建基于模板的文档，鼠标光标单击“文件”→“新建”图标，在右侧“新建”窗口下选择“个人”，选择步骤1保存的模板文件“moban”，如图1-25所示。

步骤3 选择“moban”文件后，会新建一个基于模板的新文档，只需更改里面需要替换的文字即可快速完成一份新的文档，结果如图1-26所示。

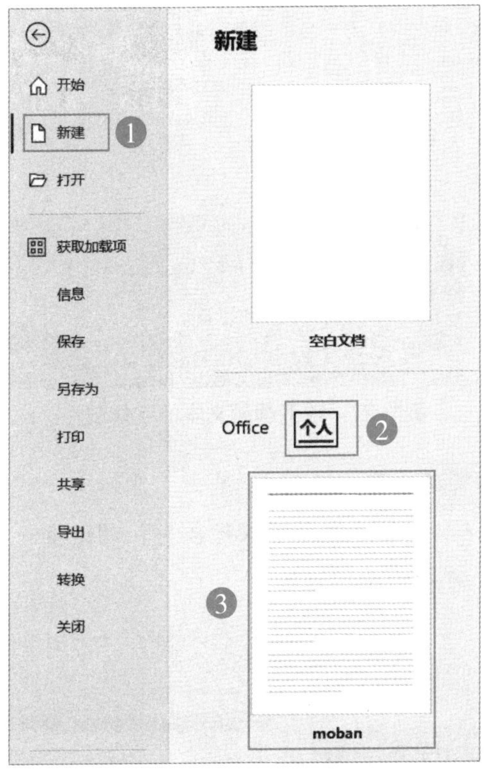

图1-25　新建窗口选择个人模板

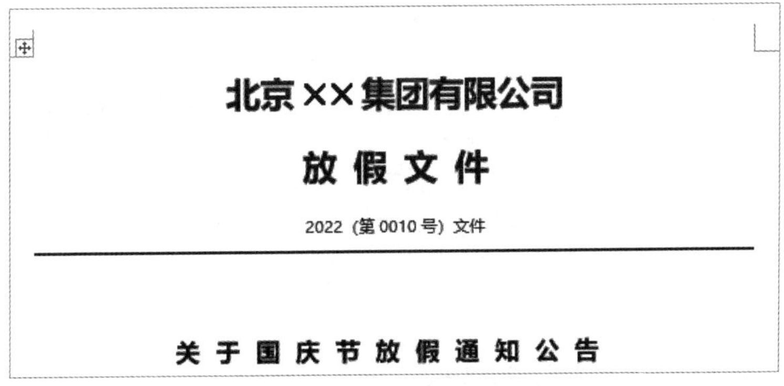

图1-26　使用模板新建文件

示例二：常用文本块－制作公司“联合抬头文件”

步骤1 选定输入的文字，调整字体为“思源宋体 CN VF Heavy”、字号为“一号”、字体颜色为“红色”，完成后效果如图1-27所示。

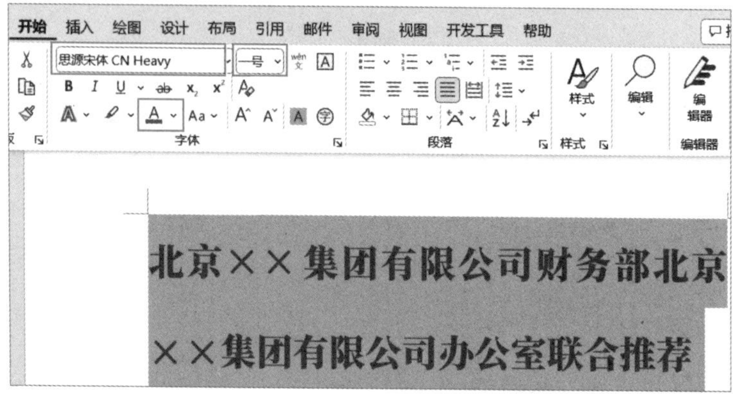

图1-27 改变标题文本的字体属性

步骤2 选定所需的文本（北……室），单击“开始”→“中文版式”，在出现的下拉菜单中选择“双行合一”命令，弹出“双行合一”对话框，直接单击“确定”按钮，完成后的效果如图 1-28 所示。

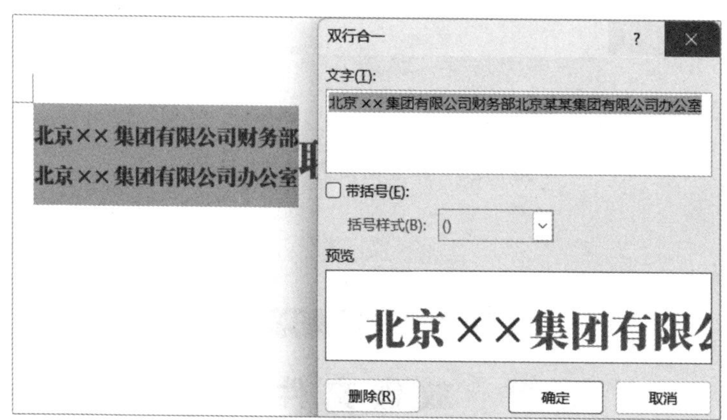

图1-28 双行合一改变标题文字

提示

示例对话框是执行后再次打开的效果。

步骤3 选定内容并“居中”对齐，如图 1-29 所示，鼠标单击“插入”→“文档部件”→“将所选内容保存到文档部件库”，会弹出的“新建构建基块”对话框，直接单击“确定”按钮。

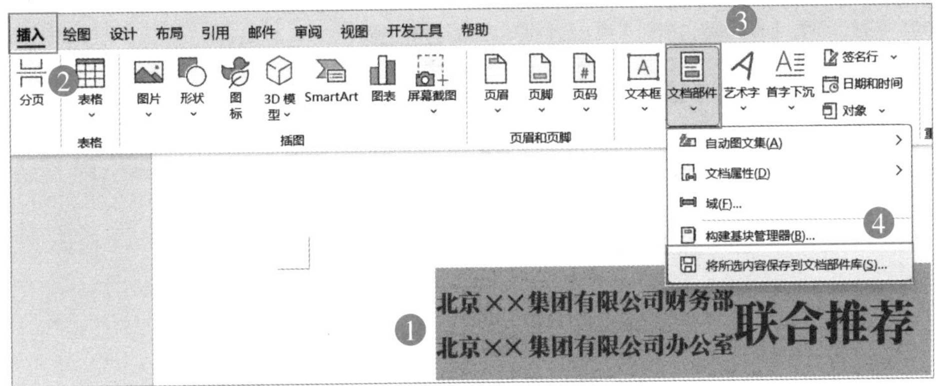

图1-29　标题文字保存到文档部件

步骤4 新建一篇空白文档，如图 1-30 所示，单击“插入”→“文档部件”，在出现的下拉菜单中，单击选中保存过的文字块，即可完成文字块的快速输入。

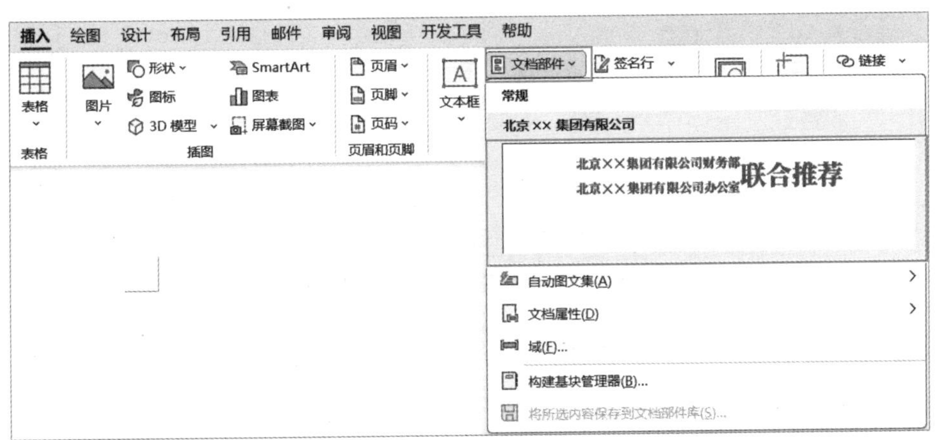

图1-30　插入文本块

示例三：常用页眉块

步骤1 先设计一个页眉样式，单击“插入”→“页眉”→“编辑页眉”，在文档顶部页眉编辑区域，一般通过绘制图形结合文字内容或插入公司标志图片等方式来制作页眉。完成后的效果如图 1-31 所示。

步骤2 在 Word 页眉处于编辑状态时，按“Ctrl+A”快捷键可以把页眉上的元素全部选定，然后单击“插入”→“文档部件”→“将所选内容保存到文档部件库”，如图 1-32 所示。

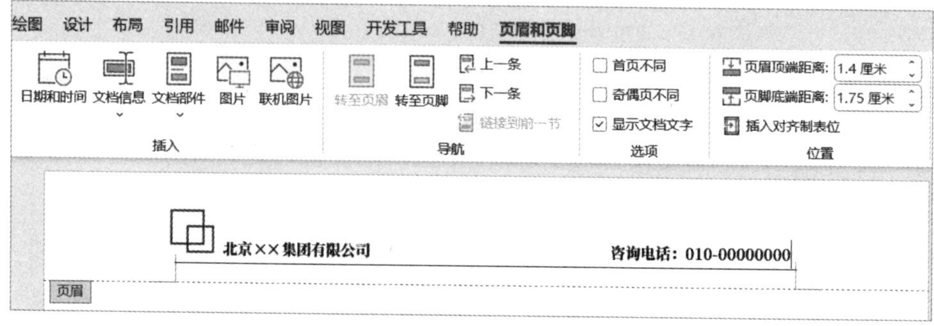

图1-31　设计后的页眉样式

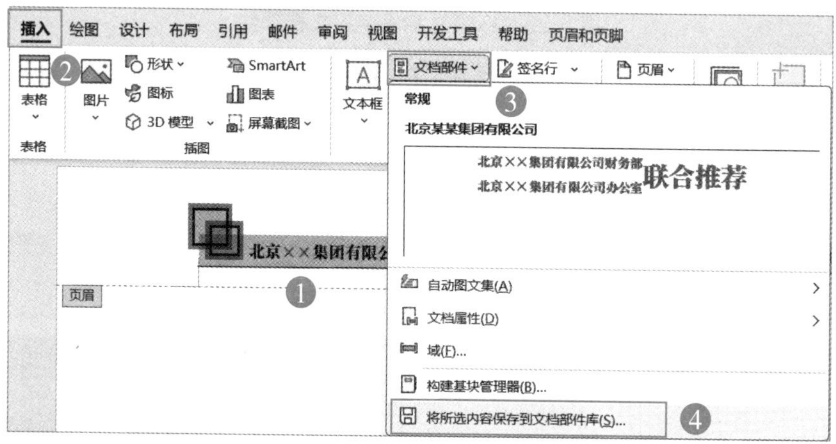

图1-32　页眉保存到文档部件

步骤3 如图1-33所示，在弹出的“新建构建基块”对话框，为库起名为“公司页眉”，然后在“库”选择“页眉”，说明可填可不填，其他选项默认即可，设置完成后单击“确定”按钮。

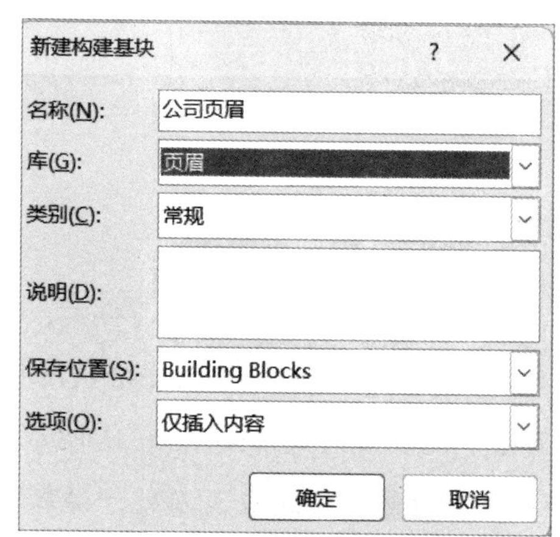

图1-33　新建构建基块对话框

步骤4 再新建一篇文档，单击“插入”→“页眉”，如图1-34所示，默认会出现所有的预设页眉样式列表，直接单击即可把选定的页眉样式应用到正文，这样就实现了Word页眉的重复使用。

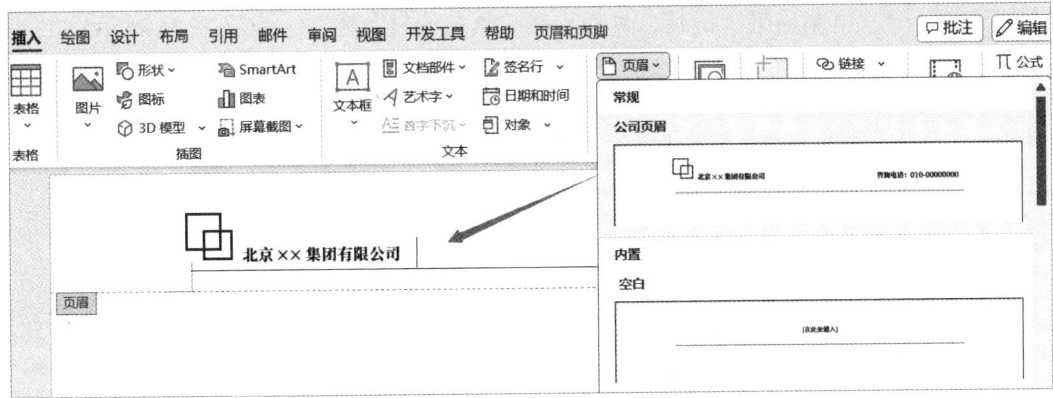

图1-34　新文档快速插入页眉

步骤5 如图 1-35 所示，在预设页眉列表上，先移动鼠标光标到对应的页眉样式上，单击鼠标右键，在弹出的快捷菜单中，选择“整理和删除”命令，在弹出的“构建基块管理器”对话框中直接单击“删除”按钮，这样就可以把定义的页眉删除了。

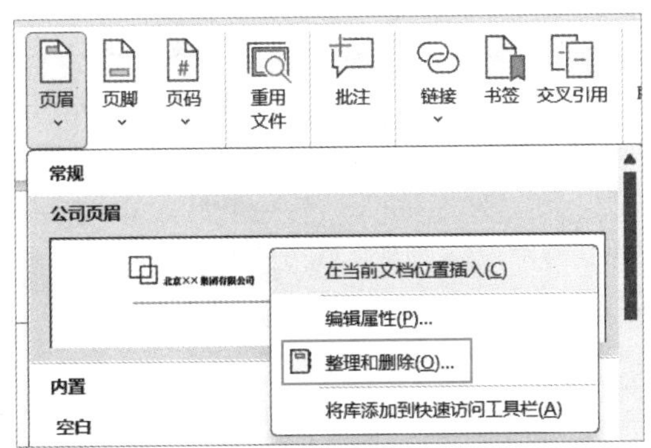

图1-35　整理和删除自定义的页眉样式

1.9　内容的规范输入——限制编辑

限制编辑的作用是对文档的内容进行限制，允许对无限制部分进行编辑，但是无限制部分的格式编辑只允许使用样式，这样便于团队编辑时使用样式更改格式，也便于后期的格式修改。

示例一：限制编辑

步骤1 打开素材文件 1.9.docx，选定可以编辑的内容（2022 年 3 月……损失），单击“审阅”→“限制编辑”图标，右侧出现“限制编辑”窗口，如图 1-36 所示。

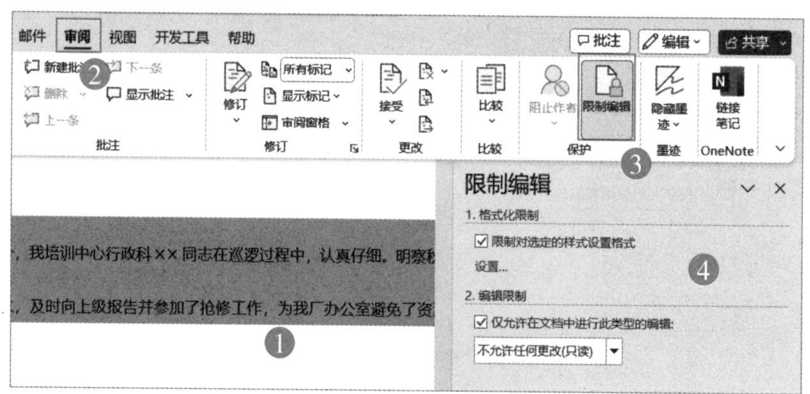

图1-36 “限制编辑”窗口

步骤2 在“限制编辑”窗口，勾选“限制对选定的样式设置格式”复选框和“仅允许在文档中进行此类型的编辑”复选框，在下方的下拉列表中选择“不允许任何更改（只读）”选项，然后在下面继续选中“每个人”复选框，最后单击“是，启动强制保护”按钮。弹出“启动强制保护”对话框，如图 1-37 所示。

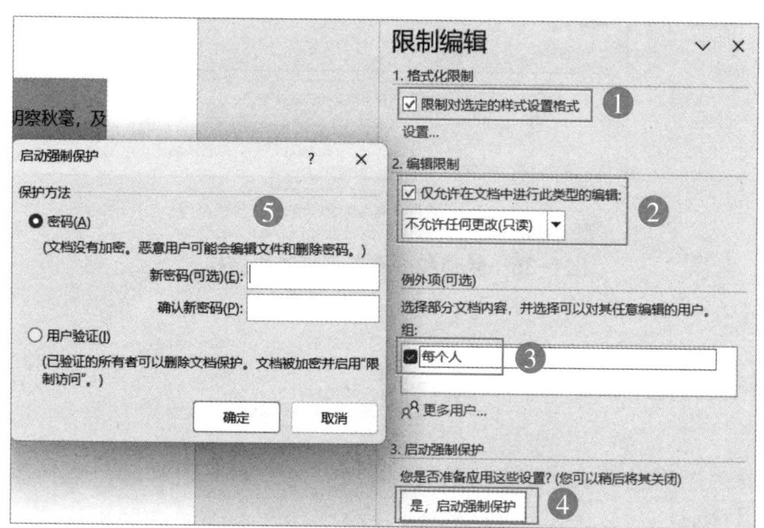

图1-37 限制编辑设置过程

步骤3 在“启动强制保护”对话框中分别输入“新密码”与“确认新密码”并单击“确定”按钮，文档可尝试先保存，关闭后再重新打开，文档可以被查看，但文档除了步骤 1 设置的段落可以被编辑（只能增加、修改、移动文字）外，其余段落均不能再做任何编辑操作，如图 1-38 所示。

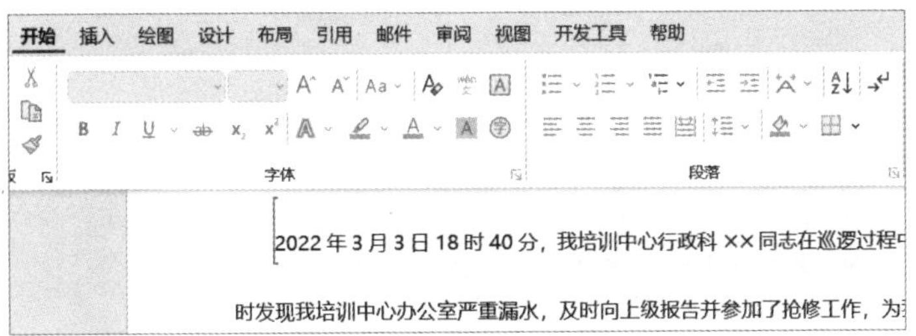

图1-38　字体与段落设置变灰

步骤4 将鼠标光标定位在步骤 1 选定的段落，在“限制编辑”窗口，单击“有效样式”命令，弹出“样式”窗口，可对该段落应用样式（示例单击了“引用”样式），达到格式变化的效果，如图 1-39 所示。

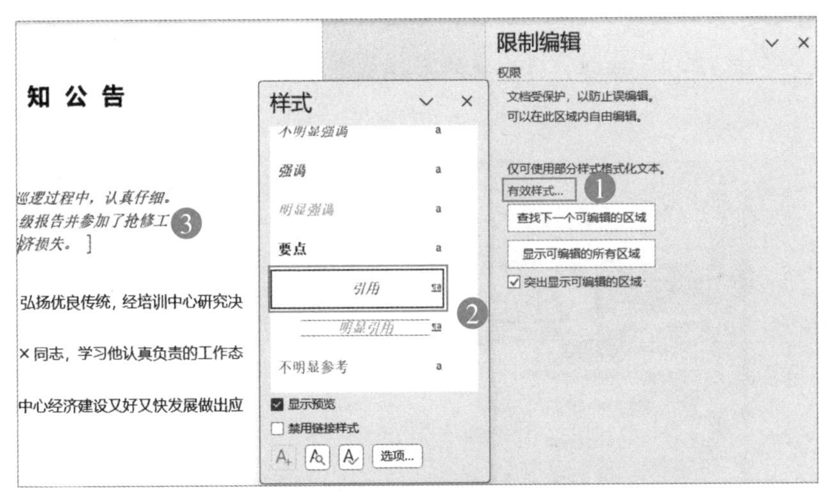

图1-39　允许段落的样式的选择

提示

可编辑段落除了应用样式，还可以执行增加文字、删除文字等操作。

步骤5 如图 1-40 所示，在“限制编辑”窗口，单击“停止保护”按钮，在弹出的“取消保护文档”对话框中输入“密码”，单击“确定”按钮即可取消该文档的限制编辑功能。

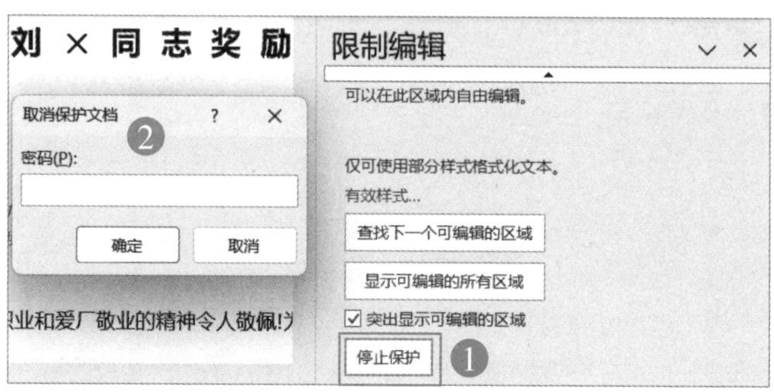

图1-40 停止保护

示例二：文档查看、编辑的限制

限制过的文档还可以查看，部分可以编辑。但如果想要限制查看与编辑文档，就需要对删除文档进行密码设置。

步骤1 打开素材文件“1.91.docx”，单击“文件”→“另存为”，在弹出的“另存为”对话框中单击“工具”按钮，在出现的下拉菜单中选择“常规选项”命令，如图 1-41 所示。

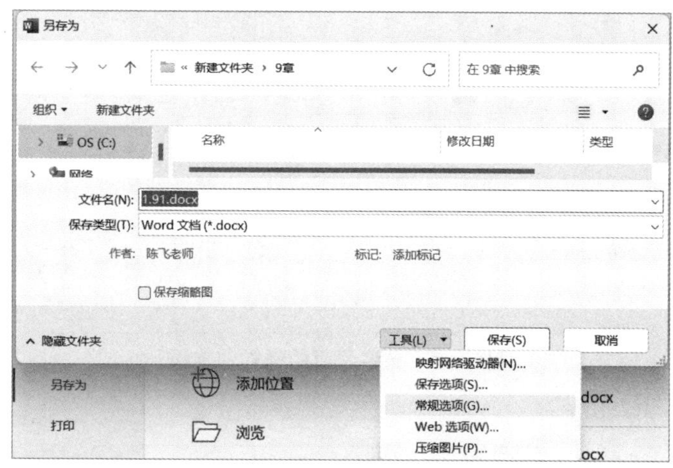

图1-41 “另存为”对话框

如果是打开的文档，使用文件下的“保存”命令，将不会出现“另存为”对话框。

步骤2 弹出“常规选项”对话框，如图 1-42 所示，在该对话框中有两个密码输入框，分别在“打开文件时的密码”与“修改文件时的密码”文本框中输入密码，当单击“确定”按钮后，会再弹出“确认密码”对话框两次，输入对应的密码即可。

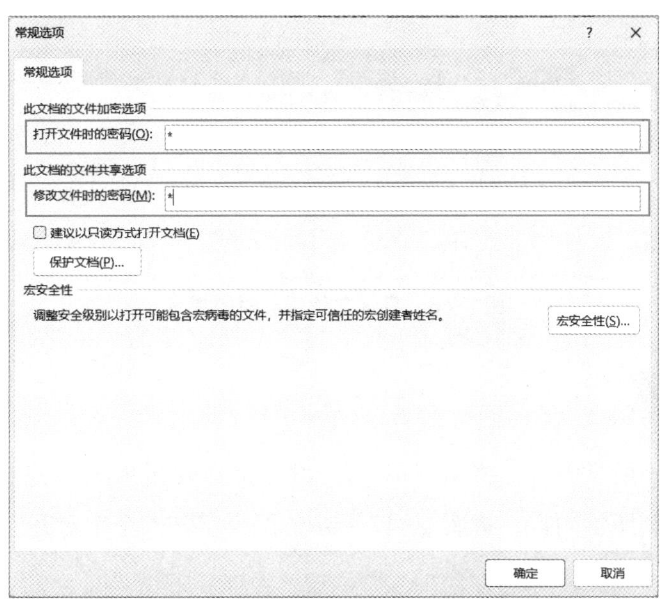

图1-42　常规选项对话框设置密码

步骤3 该文件在打开时，会先弹出如图 1-43 所示的“密码”对话框，输入步骤 2“打开文件时的密码”，单击“确定”按钮，然后打开如图 1-44 所示的“密码”对话框，这时输入的密码就是“修改文件时的密码”，如果不知道，可以单击“只读”按钮，文件也会打开。

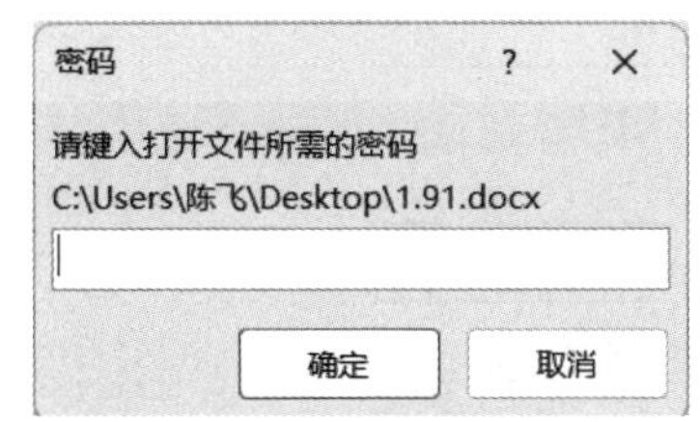

图1-43　打开文件时密码输入对话框

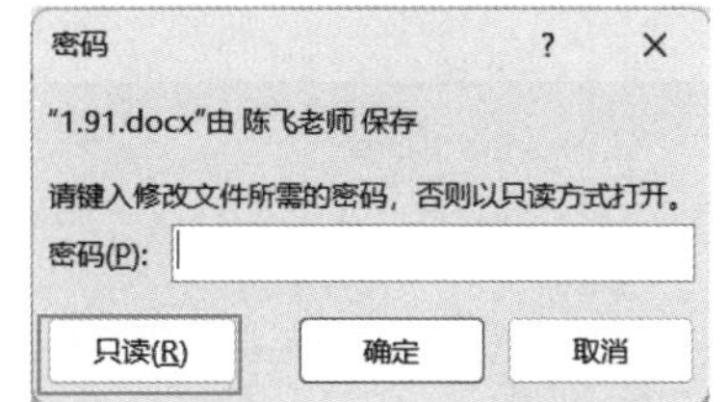

图1-44　修改文件时的密码输入对话框

步骤4 以“只读”方式打开文件后，虽然可以正常查看、编辑文档，但是在保存时，会弹出“无法保存此文件”的警示对话框，如图 1-45 所示。

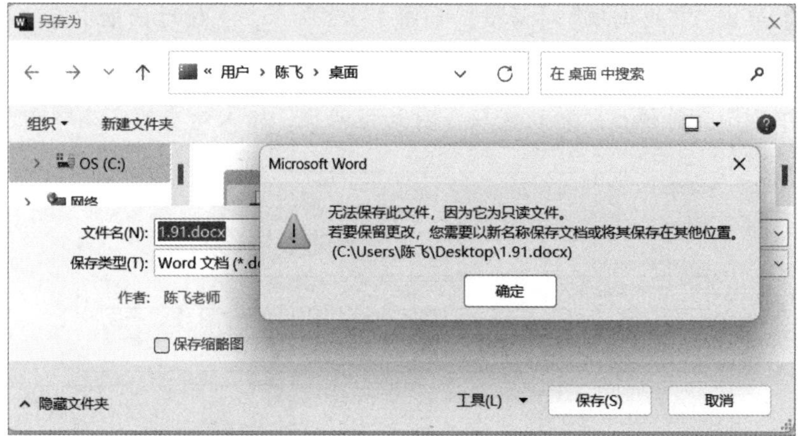

图1-45　只读文件保存时的提示

举一反三

（1）参照之前所学内容，将图 1-46 所示的文档存储成模板。

（2）参照之前所学内容，将图 1-47 所示的四个字与七个字对齐显示。

北京××集团有限公司
天津××科技有限公司联合推荐

图1-46　文档

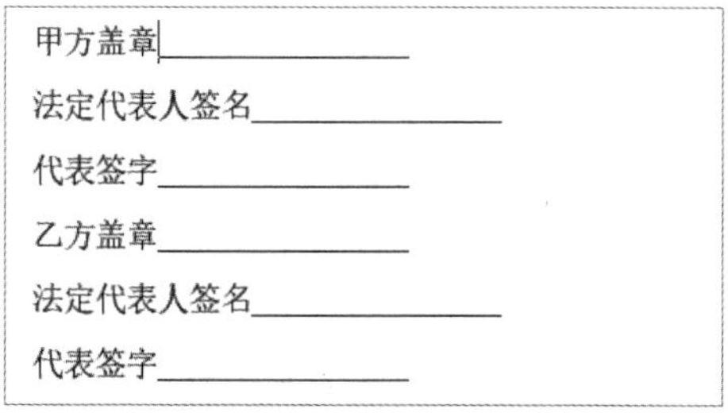

甲方盖章________________

法定代表人签名________________

代表签字________________

乙方盖章________________

法定代表人签名________________

代表签字________________

图1-47　文档

第 2 章 提升职场效率必会的技能

排版 Word 文档，不仅要追求美观，也要追求效率。在本章，将以 Word 排版效率作为目标，详细讲解如何借助“邮件合并”“制表位”“替换”等技巧来提升排版效率。

本章主要学习知识点

- 邮件合并的使用方法
- 制表位的使用方法
- 修订的使用方法
- 替换通配符的使用方法

2.1 邮件合并批量制作工资条

本节示例将通过邮件合并实现从工资表变成工资条的过程。使用邮件合并完成工资条制作要准备两个文件：一个是 Word 文件（模板），如图 2-1 所示；另一个数据源（Excel 表格）文件，如图 2-2 所示。邮件合并的作用就是基于模板文件，填充数据源的数据，最后批量生成文件。

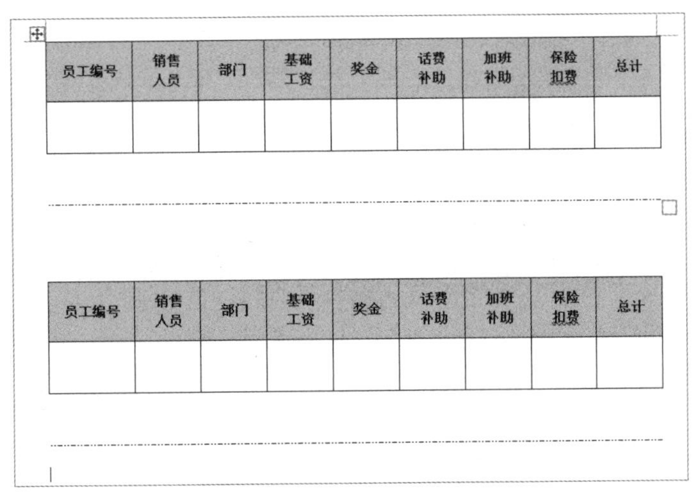

员工编号	销售人员	部门	基础工资	奖金	话费补助	加班补助	保险扣费	总计

员工编号	销售人员	部门	基础工资	奖金	话费补助	加班补助	保险扣费	总计

图2-1　邮件合并的模板文件

	A	B	C	D	E	F	G	H	I
1	员工编号	销售人员	部门	基础工资	奖金	话费补助	加班补助	保险扣费	总计
2	dushuwu-1	李××	销售部	4500	3650	300	150	-300	8300
3	dushuwu-2	李×	行政部	5000	4500	300	450	-300	9950
4	dushuwu-3	王×	销售部	5500	6870	300	366	-300	12736
5	dushuwu-4	房×	行政部	4500	9555	300	200	-300	14255

图2-2 邮件合并的数据文件

步骤1 打开素材文件“2.1.docx”，鼠标光标单击“邮件”→“开始邮件合并”→“邮件合并分步向导”命令，如图2-3所示，右侧出现“邮件合并”窗口，该窗口默认选择的就是所需的“信函”，直接单击“下一步：开始文档”，如图2-4所示。

步骤2 在“邮件合并”窗口，直接使用默认选择的“使用当前文档”，然后单击“下一步：选择收件人”，如图2-5所示。

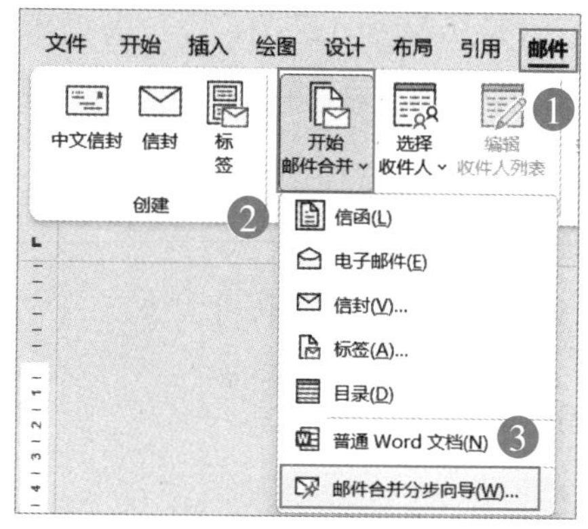

图2-3 邮件合并分布向导

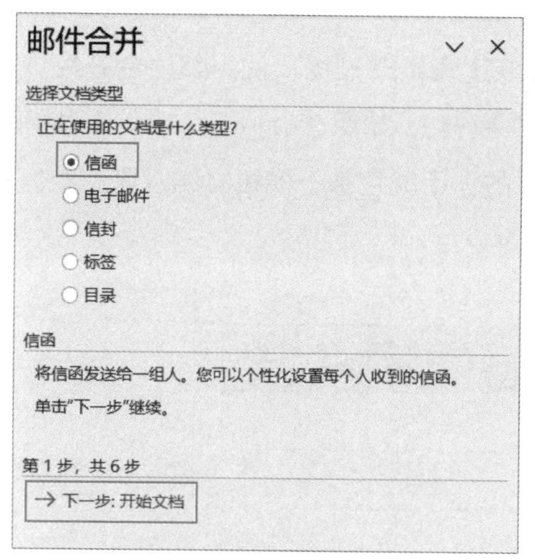

图2-4 邮件合并分布向导第一步

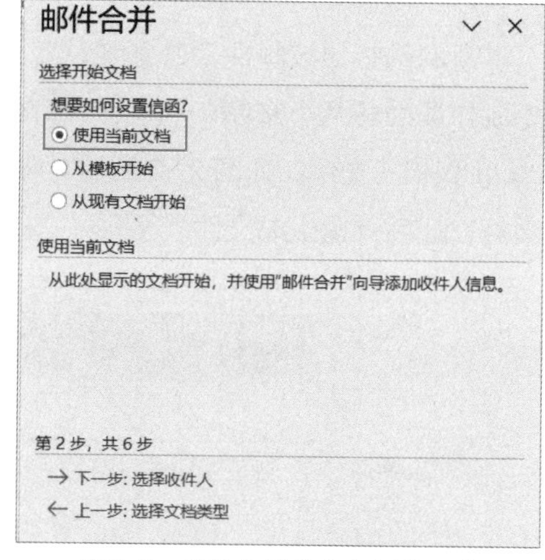

图2-5 邮件合并分布向导第二步

提示

选择“使用当前文档”的作用是将当前正在编辑的文档作为模板文件。

步骤3 在“邮件合并”窗口，由于数据文件已经存在，所以直接使用默认的“使用现有列表”。如图 2-6 所示，单击“浏览”按钮，在弹出的“选取数据源”对话框，选择素材文件“工资表 .xlsx”。选择 Excel 素材文件后，单击“打开”按钮，又出现“选择表格”对话框，如图 2-7 所示，选择“Sheet1$”工作表后单击“确定”按钮，会出现“邮件合并收件人”对话框，如图 2-8 所示，直接单击“确定”按钮即可。最后单击“下一步：撰写信函”。

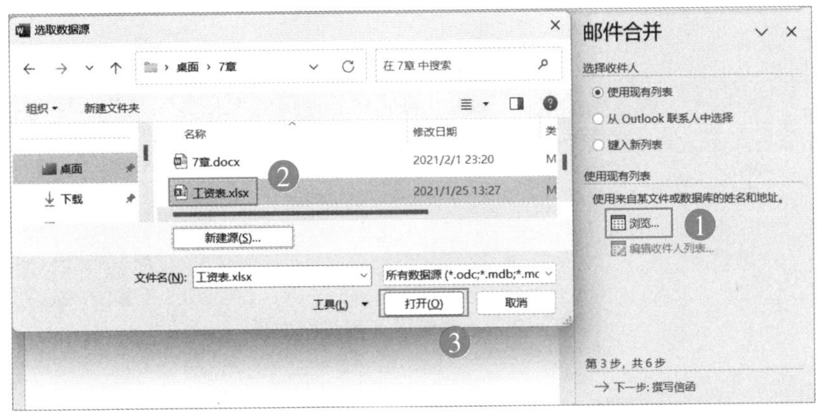

图2-6　邮件合并选择数据文件（Excel文件）

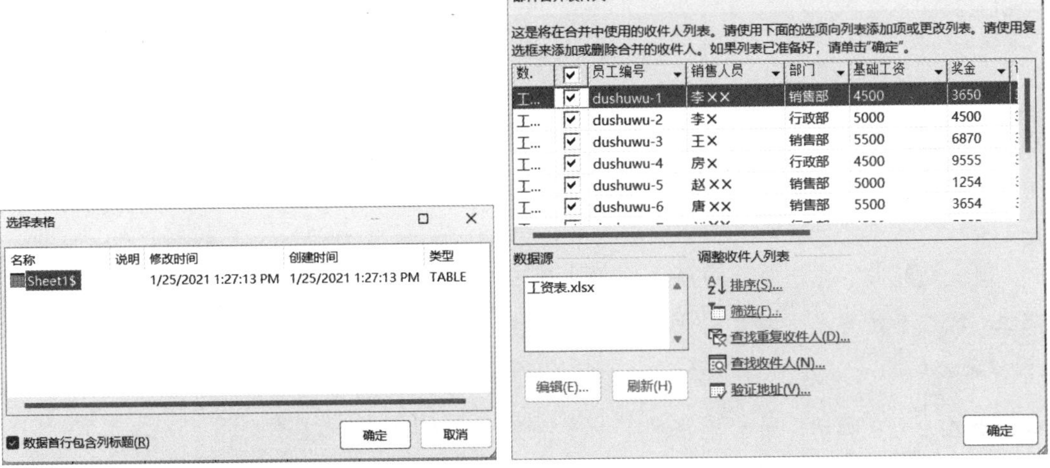

图2-7　选择Excel数据文件的具体工作表

图2-8　预览数据

选择收件人也就是选择数据文件。

步骤4 鼠标光标定位在第一个表格下方空白单元格，单击“邮件”→“插入合并域”，把下拉菜单中标题字段依次单击放入表格对应单元格中，如图 2-9 所示。

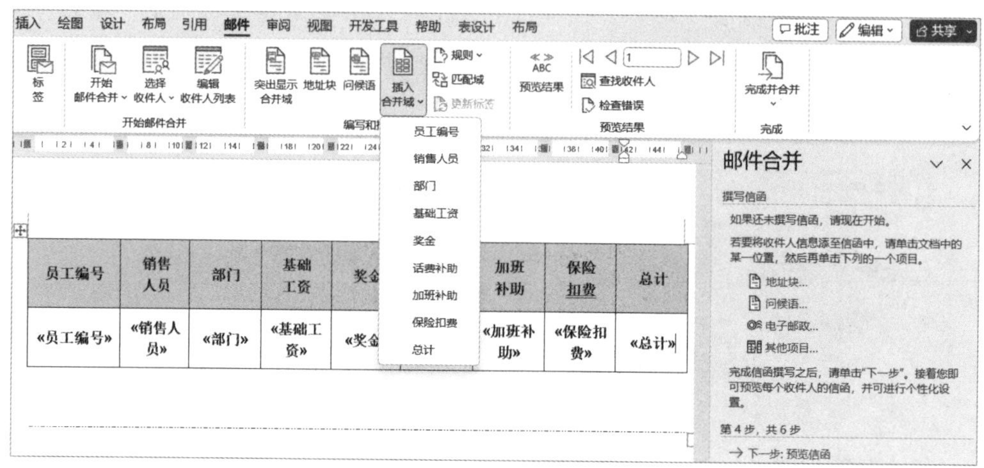

图2-9 合并域插入到模板文件

提示 1

在“邮件合并”窗口中，单击“其他项目”，在弹出的“插入合并域”对话框插入也可以。

提示 2

插入合并域就是获取数据文件的标题字段列表，而标题字段包含了该列所有数据。

步骤5 由于在一页空白纸上需要出现三个工资条，复制第一个工资条的合并域到第二、第三个工资条，将鼠标光标定位到第三个工资条的第二行的第一个单元格，再单击“邮件”→“规则”→“下一记录”，重复操作为第三个工资条添加规则，完成后的效果如图 2-10 所示。最后单击“下一步：预览信函”。

步骤6 工作区的当前文档已经正确显示数据，单击图 2-11 所示“数字 1”标识的按钮可以查看其他记录，如果某个记录不想显示，可以单击“排除此收件人”按钮。最后单击“下一步：完成合并”。

步骤7 单击“编辑单个信函…”按钮，弹出“合并到新文档”对话框，选择“全部”后单击“确定”按钮，完成后会自动创建一个新的包含多个工资条的文档，完成后的效果如图 2-12 所示。

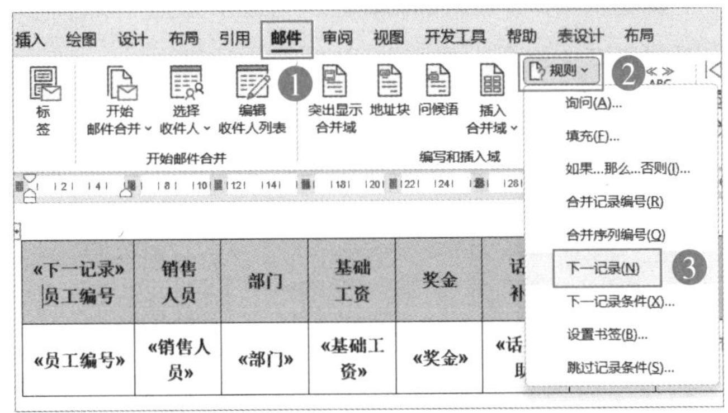

图2-10　插入“下一条记录”规则

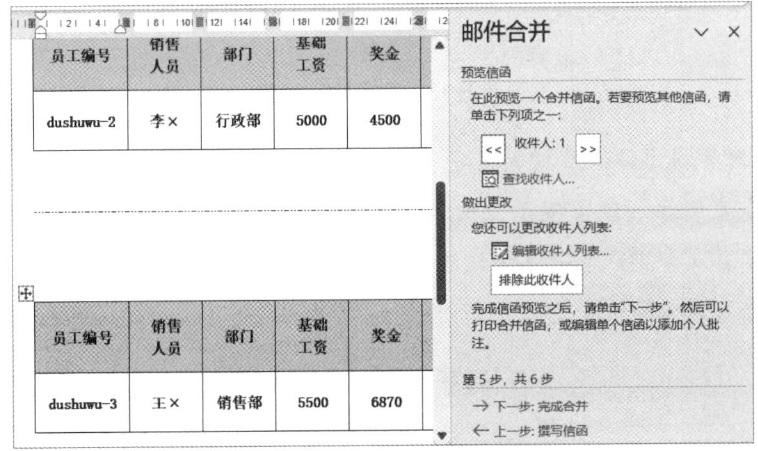

图2-11　排除不需要显示的数据

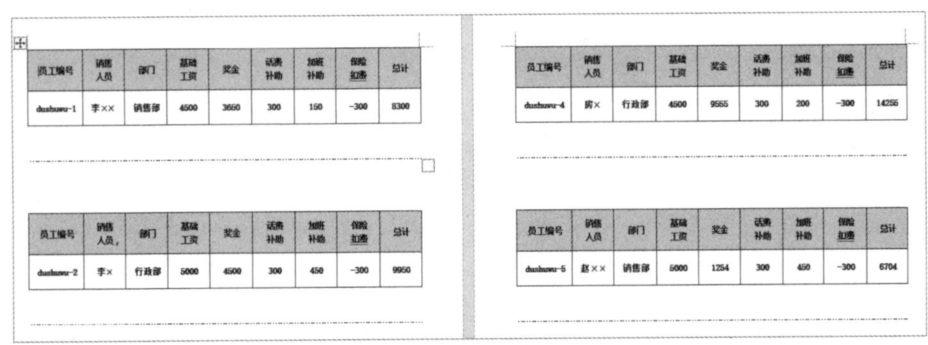

图2-12　邮件合并完成后的结果

2.2 别人动了文档我知道——审阅修订

一篇文档如果让其他人修改，但又想知道哪些被修改过，如文字的增加和减少、格式的变化，可以使用“修订”功能。修订可以理解为修改。

步骤1 打开素材文件“1.2.docx”，如图 2-13 所示，单击“审阅”→“修订”图标，当单击“修订”命令按钮后，表示修订状态打开。

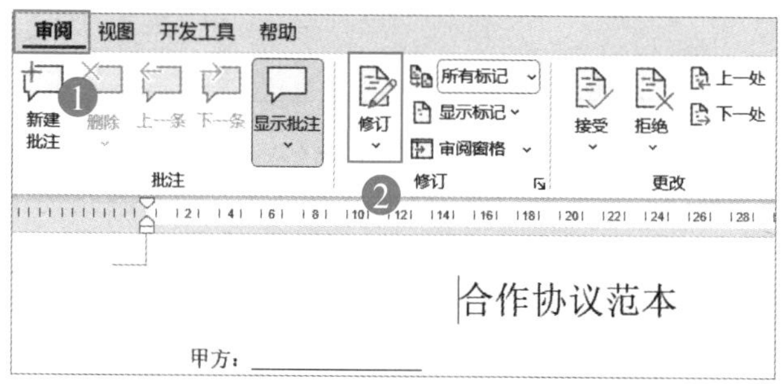

图2-13 开启修订状态

步骤2 对素材文件做“增加文字、删除文字、修改格式、移动文字”等操作，有修改的行会在左侧添加线条提示，增加文字内容时文字会自动变红并添加下划线，删除文字时文字自动会变红色并添加删除线，如图 2-14 所示，更改格式的话在文档右侧也会提示作者与具体的格式变化，如图 2-15 所示。

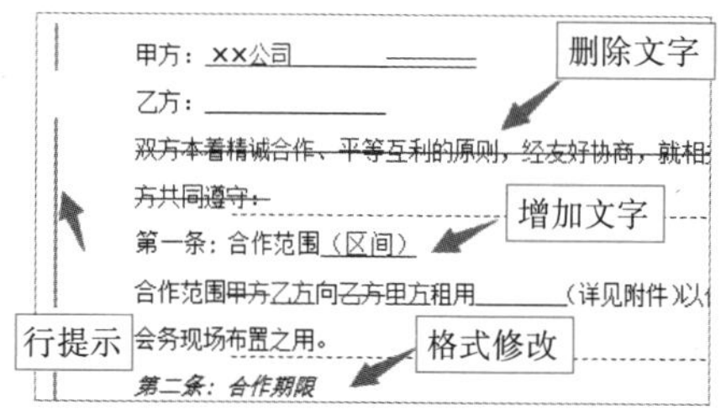

图2-14 文档开启修订后显示的样式

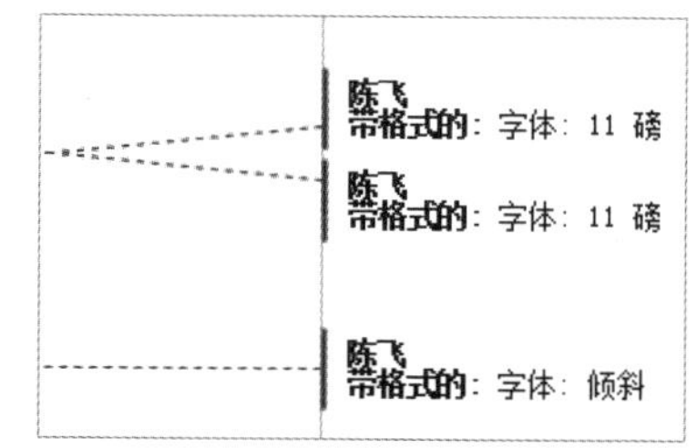

图2-15 文章开启修订后更改格式的提示

图 2-15 更改格式如果不显示，可通过“审阅”→“显示标记”→“批注框”→“仅在批注框中显示格式设置”开启。

步骤3 控制“修订”的显示状态，默认为“所有标记”状态（图 2-14 所示），当选择“审阅”→“修订”→“显示以供审阅”，在出现的下拉列表选择“简单标记”时，如图 2-16 所示，有修改的行会在左侧提示。如图 2-17 所示，在“显示以供审阅”下拉列表选择“无标记”时，文档会变成修改后的状态，没有任何提示。选择“原始状态”时，所有修改将不会显示。建议选择默认的“所有标记”。

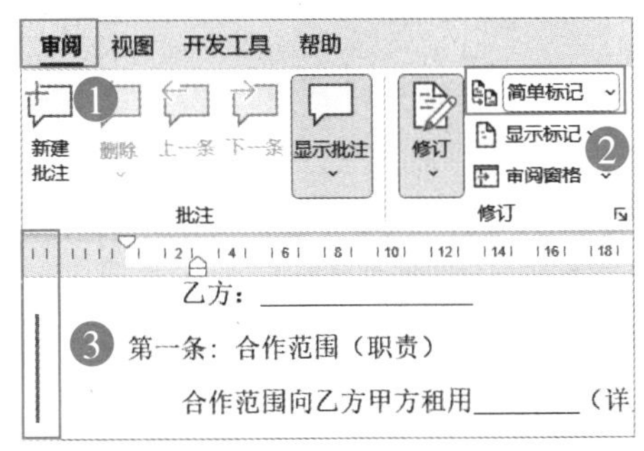

图2-16　修订下的“简单标记”状态

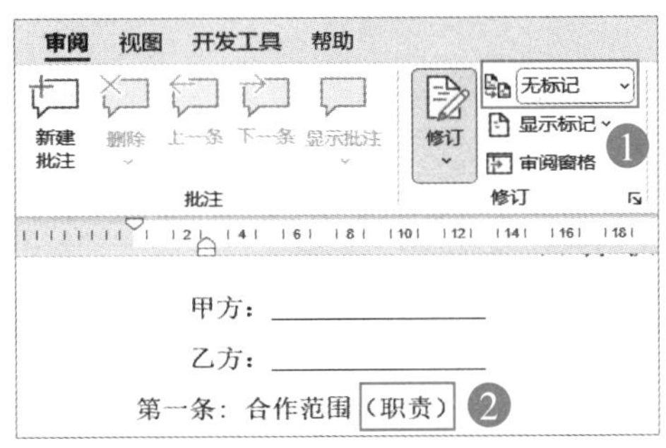

图2-17　修订下的“无标记”状态

步骤4 单击“审阅”→“审阅窗格”，工作区左侧显示“修订”窗口，如图 2-18 所示，在“修订”窗口会显示该文档共有“5 处修订”，并且下方会列出 5 处修订的明细。

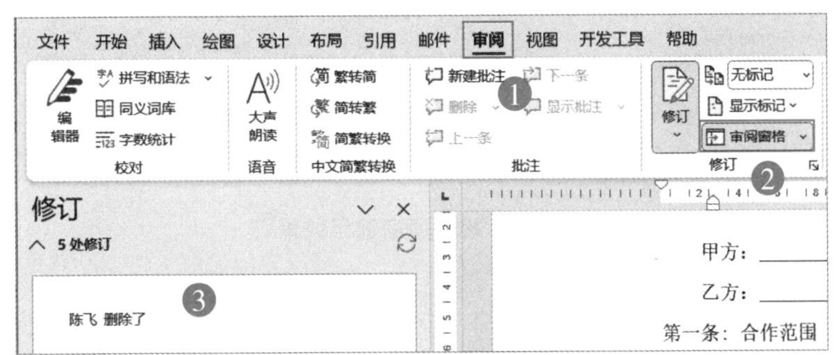

图2-18　打开审阅窗格

步骤5 如果是多人修改的文档，如图 2-19 所示，修改内容默认会以不同颜色提示，右侧格式修改提示也会以不同的颜色显示，单击“审阅”→“显示标记”→“特定人员”命令，会列出该文档的修改人员列表，默认均处于勾选状态，单击人员姓名（如陈飞）可以去掉勾选，这样可以暂时隐藏该人员（陈飞）所做的修改提示。

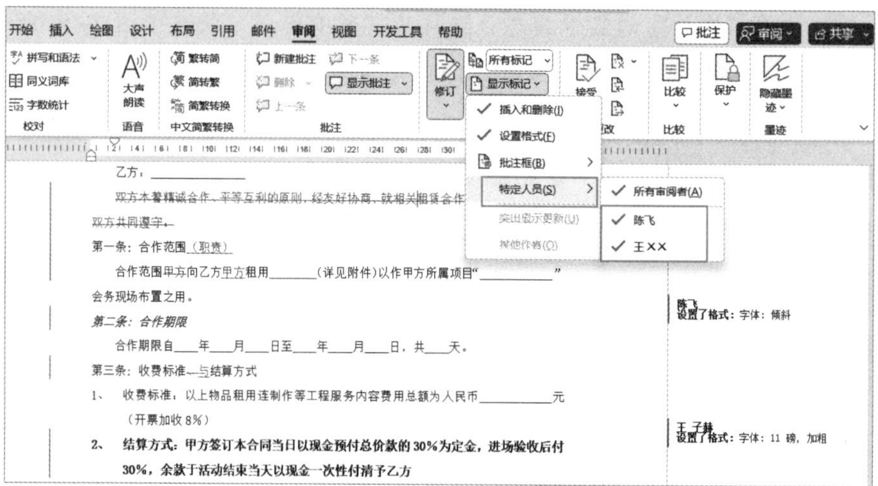

图2-19 隐藏其他人员所做修改提示

步骤6 对修改过的文档同意更改（接受），在步骤5时去掉“陈飞”的勾选，如图2-20所示，单击“审阅”→“接受”→“接受所有显示的修订”，对比图2-19所示，文档所有显示“王子赫”的修改（如结算方式加粗显示）将全部接受更改。

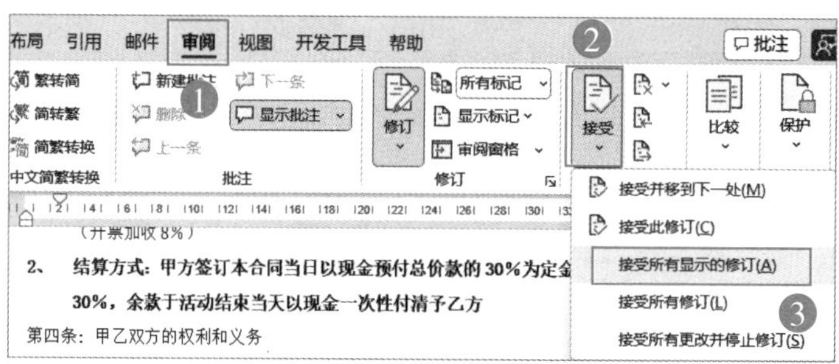

图2-20 接受所有显示的修订

提示

该方法可以比较快捷地一次性接受某一个人对文档所做的一系列更改，拒绝也是同样，不同的是选择的命令是“拒绝”→“拒绝所有显示的修订”。

步骤7 如图2-21所示，直接在“审阅”下单击“接受”或“拒绝”命令按钮，将不受上两步显示特定人员的影响，如不断地单击“接受”命令按钮，将依次对所做修改进行接受。拒绝也是同样的道理。

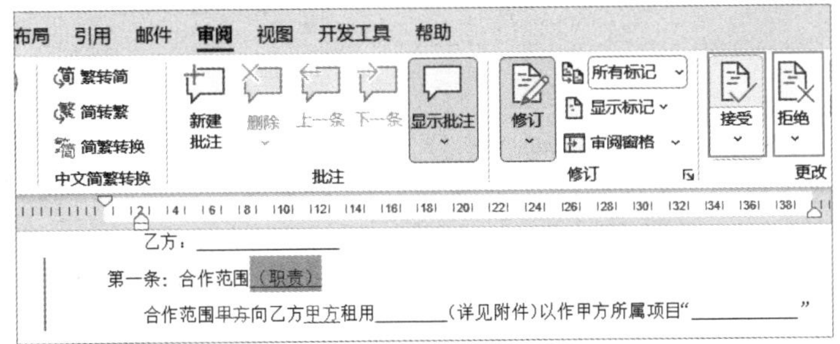

图2-21　执行接受或拒绝

2.3　我要对齐——制表位

制表位的主要作用是实现上下行文字对齐，用法是先设定需要的对齐位置，然后按“Tab”键定位到每个位置。下边通过如图 2-22 所示个人简历的工作经历来讲解制表位的具体用法。

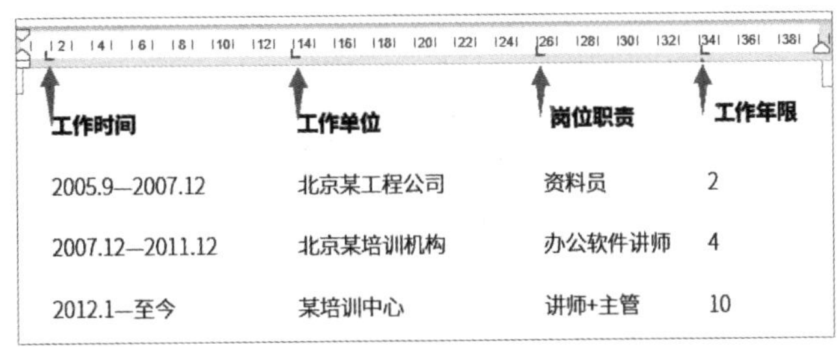

图2-22　制表位完成结果

步骤1 单击“开始”→“段落”对话框启动按钮，弹出“段落”对话框，在该对话框单击“制表位”按钮，弹出“制表位”对话框，如图 2-23 所示。

步骤2 如图 2-24 所示，在“制表位”对话框下的“制表位位置”分别输入“2、14、26、34”，每输入 1 个位置后单击“设置”按钮，这样就完成了对齐位置的设置。

软件会自动补上“字符”单位，故在“制表位位置”只输入数值即可。

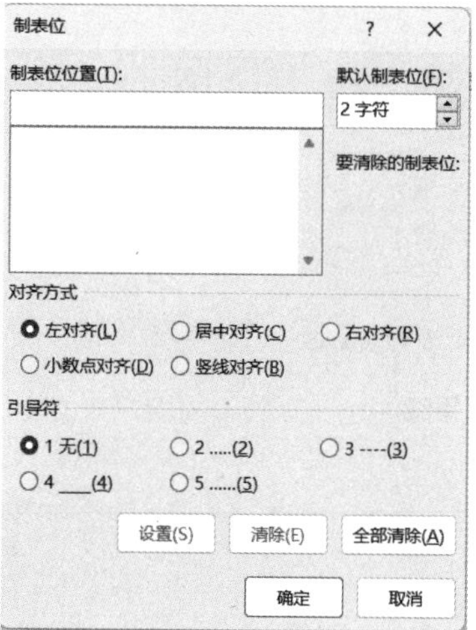

图2-23 打开“制表位”对话框

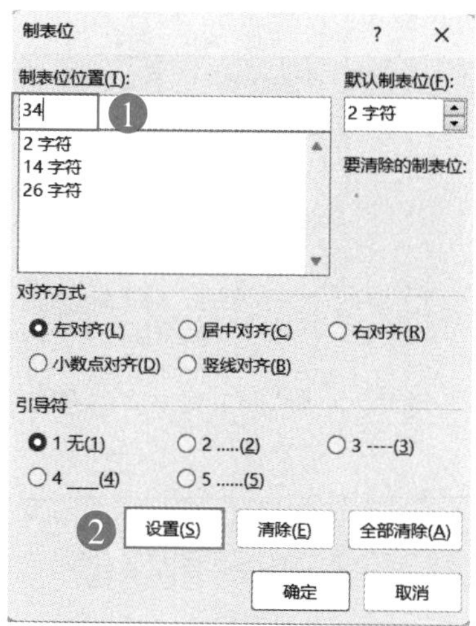

图2-24 设置制表位位置

步骤3 设置完四个对齐位置后，在工作区的标尺会出现四个对齐标记，上下行文字就是以这四个位置实现对齐的，至此对齐位置设置完成，如图 2-25 所示。

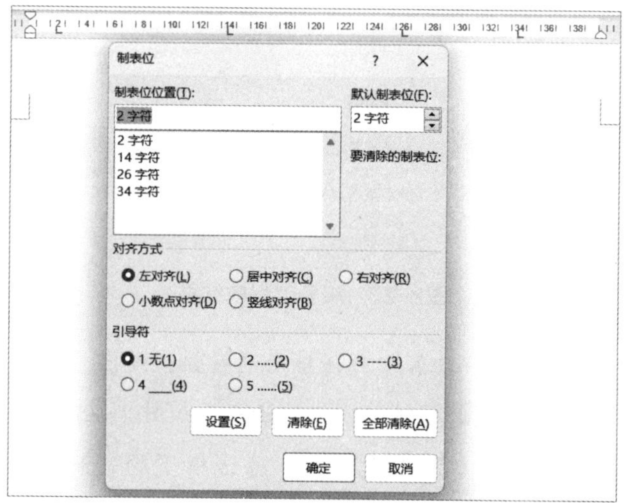

图2-25 完成四个制表位位置的设置

提示

图 2-25 所示“制表符”对话框是设置完成后又打开的效果，还要注意设置制表位后要按 Tab 键才能对齐到相应的位置。

步骤4 按 Tab 键把鼠标光标先定位在第一个位置，输入内容，输入后再按 Tab 键输入第二个标题内容，依此类推完成所有内容的输入。如图 2-26 所示，还可依次单击“开始”→“显示 / 隐藏编辑标记”命令按钮，把“制表符”标记显示出来。

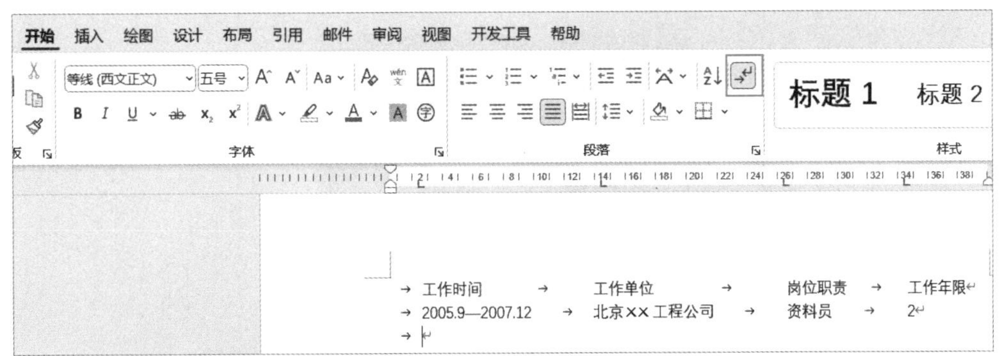

图2-26　按Tab键确定位置后并输入内容

总结：重复步骤 4 步骤，先按 Tab 键，然后输入内容，即可完成上下行内容的对齐，对齐后再调整字体为“思源黑体”。还有一个特殊情况需要注意，如果某个内容的长度超出，那么下一个制表位位置将不起作用，如图 2-27 所示。

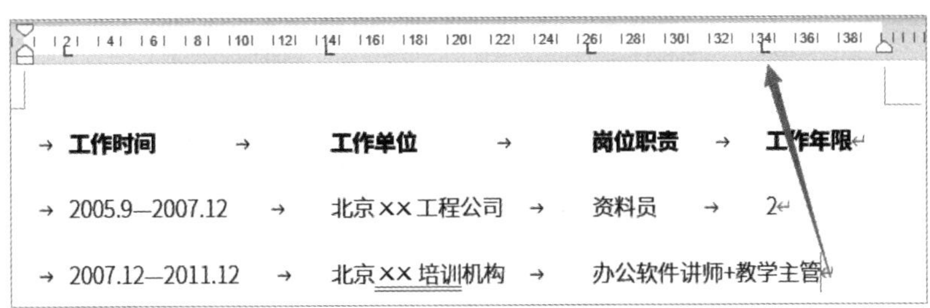

图2-27　制表符特殊情况

2.4　制表位制作目录

制表位制作目录的方法是人为设定一个对齐位置，然后借助制表位自带的“前导符”功能实现目录的排版。完成后的效果如图 2-28 所示。

步骤1 绘制一个直角三角形，绘制完成后该形状默认处于选择状态，如图 2-29 所示，鼠标光标依次单击“形状格式”→“旋转”，在下拉菜单中选择“向右旋转 90 度”

命令。翻转后再单击“形状轮廓”下的“无轮廓”命令，如图 2-30 所示，然后移动形状到合适位置。

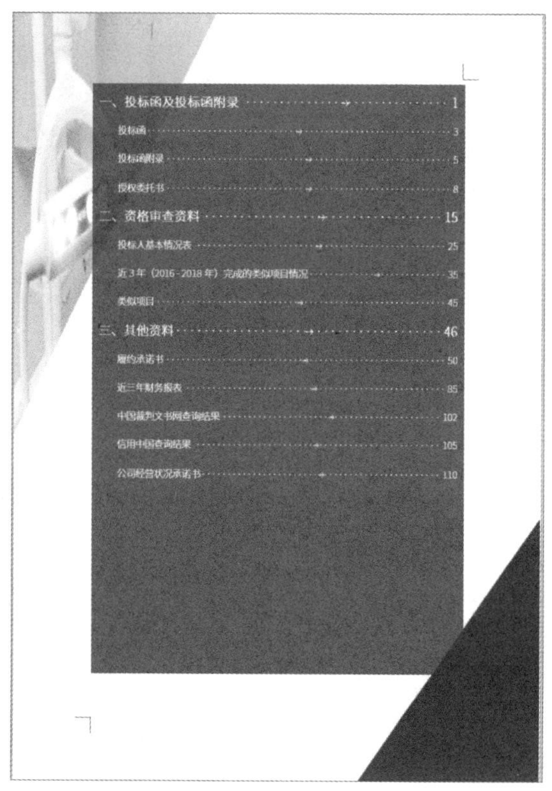

图2-28 制表符制作的目录结果

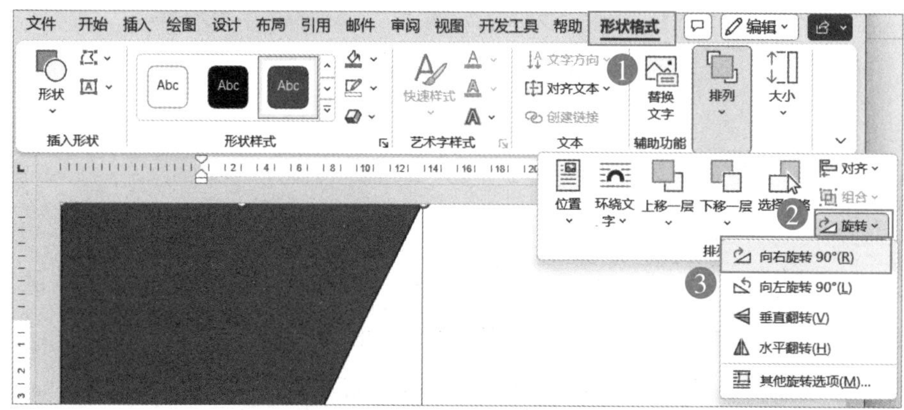

图2-29 绘制三角形旋转方向

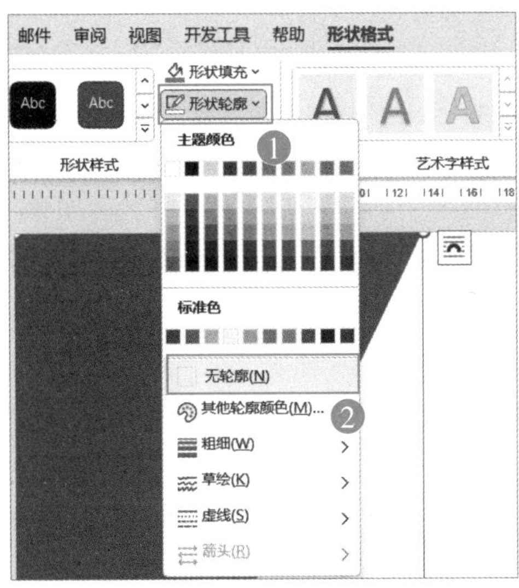

图2-30　改变形状轮廓属性

步骤2 在形状上单击鼠标右键选择“设置形状格式”命令，在右侧“设置图片格式”窗口下选择“填充与线条”，再单击“填充”→“图片或纹理填充”按钮，单击“插入”按钮，在“插入图片”对话框选择图片后，去掉“与形状一起旋转”的勾选，如图 2-31 所示。

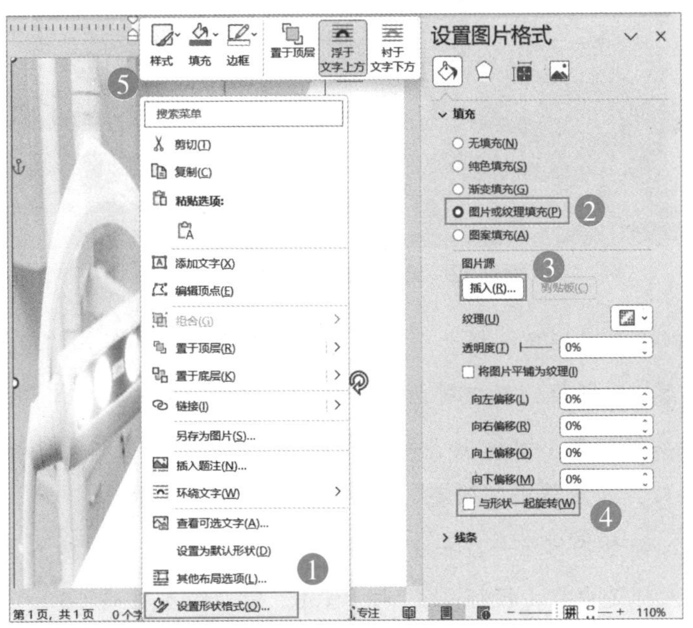

图2-31　三角形填充图片

提示

选定形状单击鼠标右键，弹出的快捷菜单选择“设置形状格式”命令，默认弹出“设置形状格式”窗口，在选择“图片或纹理填充”选项并插入图片后窗口名称就自动变成了“设置图片格式”。

如果“与形状一起旋转”处于勾选状态，则插入的图片也会进行旋转，因为示例形状做了90°旋转。

步骤3 绘制一个同页面一样宽高的矩形，绘制后形状默认处于选定状态，在右侧“设置形状格式”窗口，先单击“填充与线条”按钮，然后在“填充”选项下更改颜色为“蓝色”、设置“透明度”为“30%”，“线条”选项下选择“无线条”选项，结果如图2-32所示。

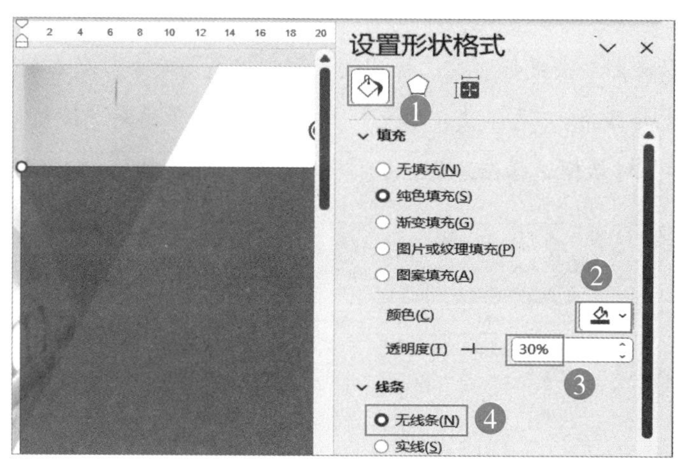

图2-32　绘制矩形后改变填充颜色

步骤4 绘制一个同矩形一样大小的文本框，单击“开始”→“段落”对话框启动按钮，弹出“段落”对话框，在该对话框单击“制表位”按钮，弹出“制表位”对话框，在该对话框“制表位位置”输入40，对齐方式选择右对齐，引导符选择“5……（5）”，单击“设置”按钮，最后单击“确定”按钮，如图2-33所示。

步骤5 输入标题内容（一、投……附录），按“Tab”键，输入页码（1），再按“Enter”键，输入标题内容（投标函），按“Tab”键，输入页码（3）。依此类推完成其余各行的输入。目录输入完成后，对其选定改变其字体与颜色，结果如图2-34所示。

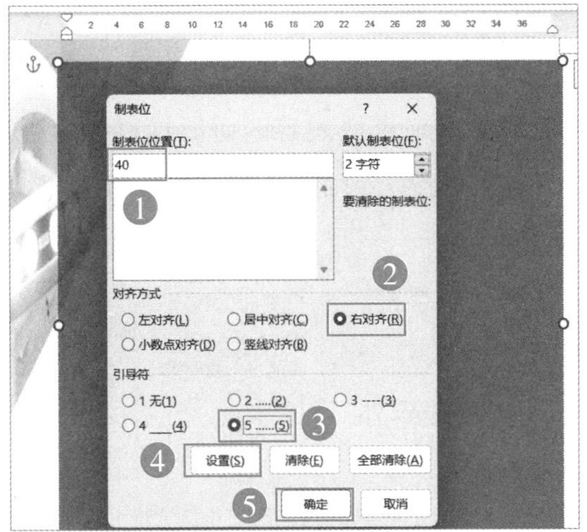

图2-33　设置制表位位置

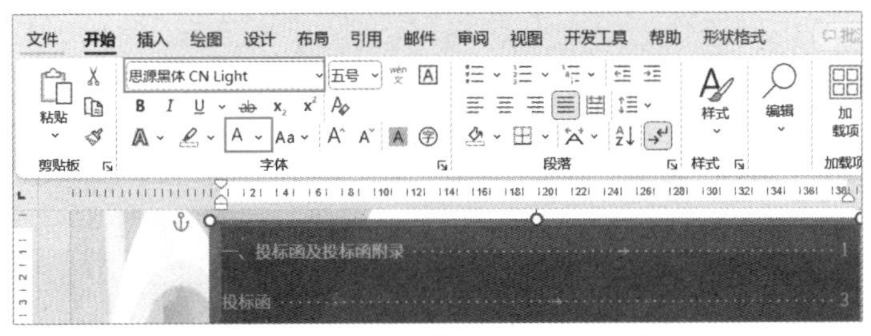

图2-34　输入文字并设置字体颜色

总结：默认页面最左侧或者文本框的左侧不需要设置制表位，在步骤 4 设置的制表符为右对齐，所以输入的页码会靠右对齐，而标题与输入的页码之间的点是“引导符”在起作用，一级标题（一、二、……）需要加粗（B）并单独增大字号到四号。如图 2-35 所示，二级标题选定后，单击“布局”→“缩进”，设置左的值为“2 字符”即可。

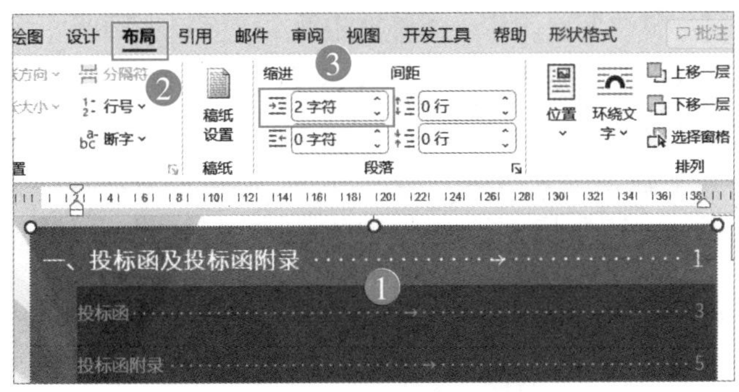

图2-35　设置段落左缩进

2.5 妙用通配符完成各种查找

通配符是一些特殊字符，用来查找内容时可以模糊搜索，可有效提高工作效率，常用的通配符有“？”“*”等，示例使用的是第 8 章素材文件。

示例一：任意单个字符

“？”通配符代表了任意一个字符，需要几个任意字符，那么就输入几个“？”。如使用“??? 称”，可以匹配到如“项目名称”或“条款名称”等。

鼠标单击“开始”→“查找”→“高级查找”按钮，打开“查找和替换”对话框，如图 2-36 所示，在该对话框单击“查找”，在“查找内容”文本框输入“??? 称”，单击“更少”按钮，勾选“使用通配符”选项，然后每次单击“查找下一处”按钮，就可以一处一处查找匹配的内容。

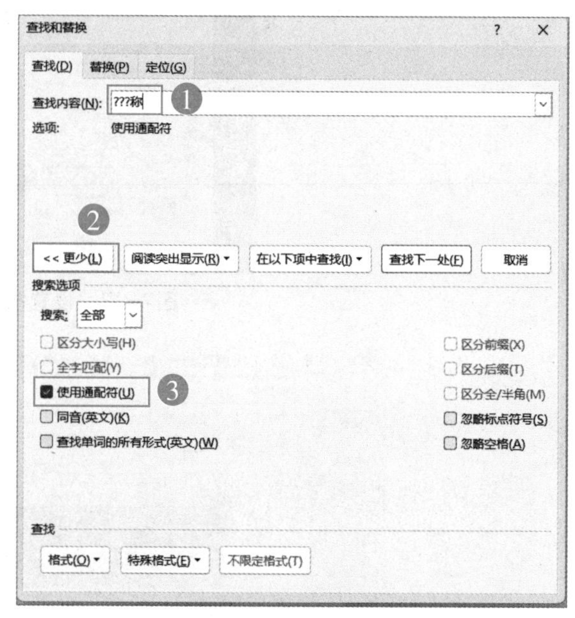

图2-36　查找内容

提示

如果不勾选“使用通配符”选项，那么通配符将不起作用，不能实现模糊查找。

在“查找和替换”对话框，单击“阅读突出显示”按钮，选择“全部突出显示”，这样把文档所有能查找到的内容全部高亮显示，如图 2-37 所示。

示例二：任意多个字符

“*”通配符代表了任意多个字符，如“* 称”，可以匹配到如“职称”或“工程名称”等，查找结果如图 2-38 所示。

示例三：指定字符之一

“[]”通配符框内可以指定要查找的字符，也就是说把要出现的字符全部放到“[]”

内，如“[名职] 称”，就可以匹配到如“职称”或“名称”，如图 2-39 所示。

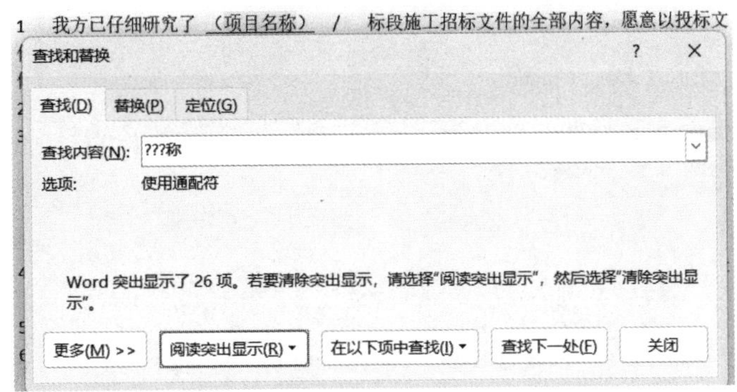

图2-37　高亮显示查找的内容

图2-38　查找内容并高亮显示

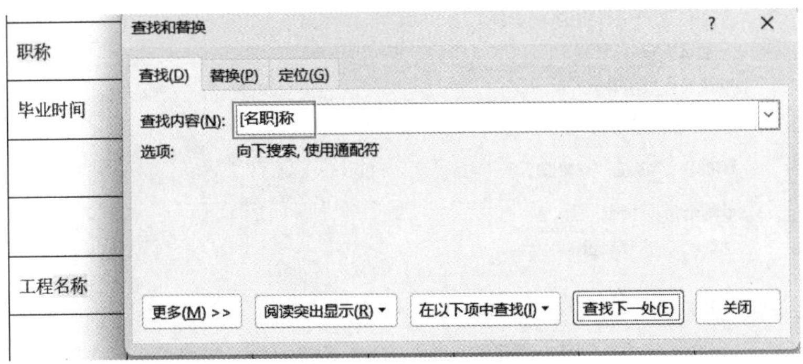

图2-39　使用“[]”查找内容

示例四：指定范围内的字符之一

“[a-z]”可以指定一个范围内的任意字符，如图 2-40 所示的“[1-9].？”，其中

“[1-9]”表示可以匹配到 1 ～ 9 的任意 1 个数字，点后边使用“？”代表任意一个字符，这样就可以把示例文档如“3.1、3. 的”等查找出来。

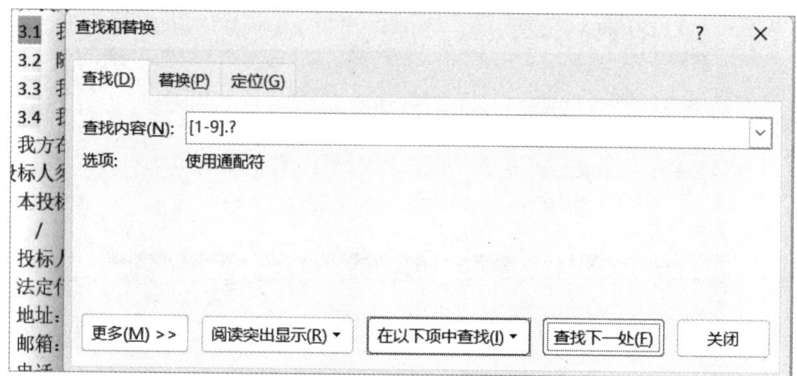

图2-40 使用“[1-9].？”查找内容

提示

如果使用“[!1-9]”则表示不是 1 ～ 9 的任意一个数字。

示例五：匹配到指定开始或者结尾的字符

使用“<”与“>”可以匹配到指定字符开始或者指定字符结束，如“< 项目”，表示可以匹配到文字是“项目”开始的；如“项目 >”则表示可以匹配到以“项目”结束的文字，如图 2-41 所示。

图2-41 使用“项目>”查找内容

2.6　妙用通配符完成各种替换

替换就是使用其他内容替换文档的现有内容，不仅可以替换内容，也可以替换格式，还可以替换一些特殊符号。

示例一：查找文字替换格式

查找示例文档“素材文件.docx”中的“项目名称”内容，替换成具体项目名字并加粗显示。按“Ctrl+H”快捷键，打开“查找和替换”对话框，如图2-42所示，在“查找内容”文本框中输入“项目名称”，在“替换为”文本框中输入“某办公室改造装修”，单击“更多>>”按钮，“查找和替换”对话框将出现“搜索选项”与“替换”选项，同时“更多>>”按钮的文字会自动变成“<< 更少”。再单击定位到“替换为”文本框，下方单击“格式”按钮，在弹出的快捷菜单选择“字体”命令，在弹出的“替换字体”对话框中，选择“加粗”，单击“确定”按钮。最后在“查找和替换”对话框，单击“全部替换”按钮。

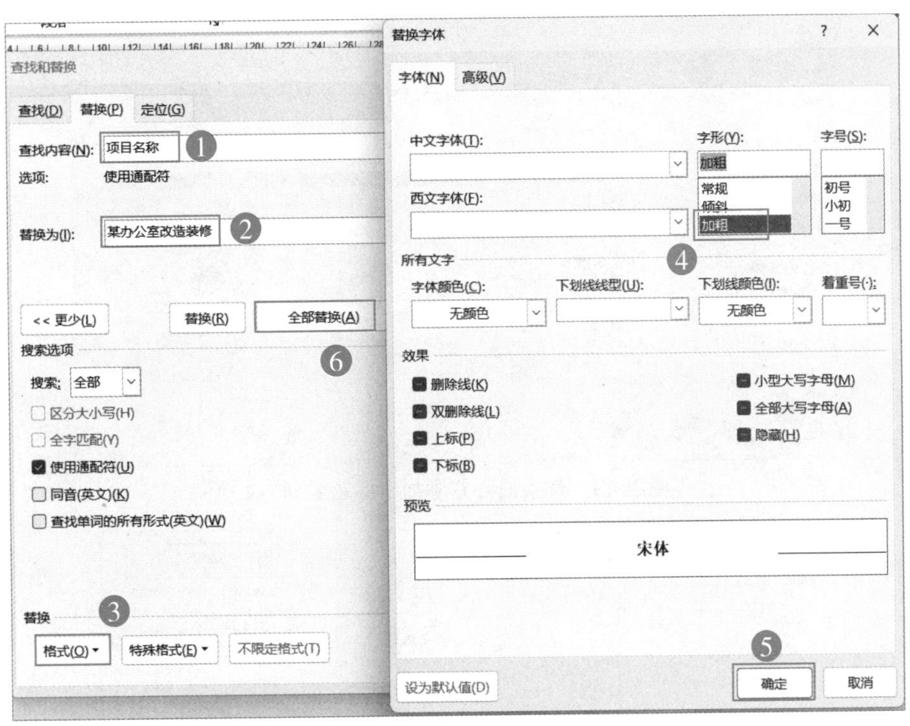

图2-42　替换内容并更改格式

如果设定过的格式想取消，可以单击“查找和替换”对话框中的“不限定格式”按钮。

示例二：查找文字替换样式

示例文档“素材文件.docx”凡是带有“(一级标题)”字样的段落，统一添加“标题1”样式。首先按“Ctrl+H”快捷键，打开“查找和替换”对话框，如图2-43所示，在查找内容的文本框输入“(一级标题)”，再次单击“替换为”文本框，然后单击“格式”按钮，在弹出的下拉菜单中选择“样式”命令，在弹出的“替换样式”对话框中选择“标题1”后，单击“确定”按钮，在“替换为”下方就会出现“样式：标题1”字样。最后单击“全部替换”按钮。替换完成后的结果，可以在图2-44所示“样式”窗口下选择“标题1”样式验证。

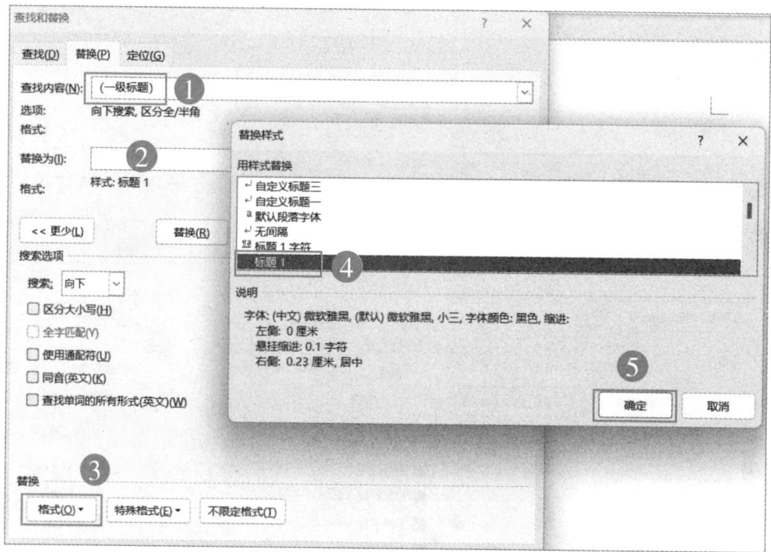

图2-43 替换内容并添加“标题1”样式

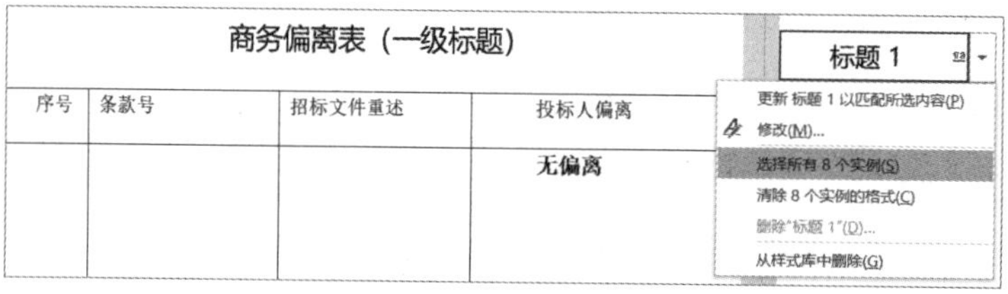

图2-44 选择使用了标题1样式的段落

提示 1

如果多级列表关联了标题 1 样式，那么替换后也将带有多级列表的效果。

提示 2

图 2-43 所示“替换样式”对话框是执行后再次打开的效果。

示例三：换行符替换成段落

很多从网站上复制的文档的段落使用的都是强制性换行（“Shift+Enter”快捷键），但是这样的段落不能使用“段落”排版命令，如图 2-45 所示，对这样的段落设置段后间距只对第 4 项起作用。

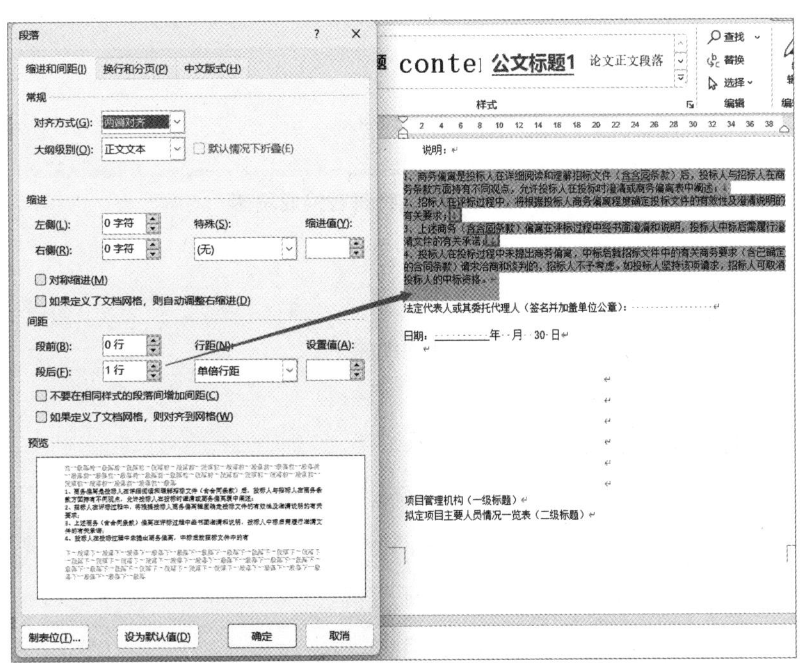

图2-45　强制性换行的段落应用段落设置

操作步骤：按“Ctrl+H”快捷键，打开“查找和替换”对话框，将鼠标光标定位在查找内容文本框里，在下方单击“特殊格式”按钮，选择“手动换行符”，再定位到“替换为”的文本框，在下方单击“特殊格式”按钮，选择“段落标记”。最后单击“全部替换”按钮完成操作，结果如图 2-46 所示。

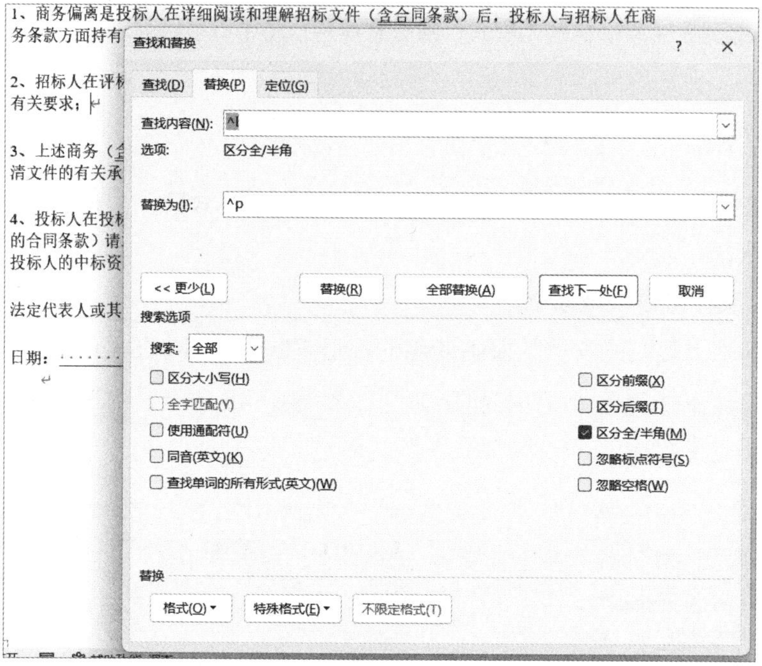

图2-46 手动换行符替换成段落

“查找和替换”对话框是执行后再打开的结果。

示例四：清除制表符与不间断空格标记

如图 2-47 所示的文档中的目录带有空格（“Ctrl+Shift+Backspace”快捷键）或者大面积空白区域、制表符标记，如果想清除这些标记可以在“查找和替换”对话框中进行设置，如图 2-48 所示。将鼠标光标定位在查找内容文本框里，在下方单击“特殊格式”按钮，选择“不间断空格（^s）”，“替换为”文本框什么也不输入，单击“全部替换”按钮，如果是替换制表符则在查找内容文本框里选择“制表符（^t）”。

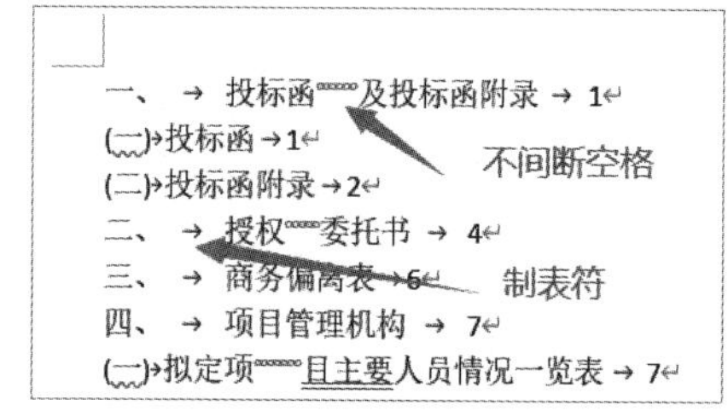

图2-47 目录带有空格的效果

图2-48　替换不间断空格

示例五：替换空格变成制表符实现目录效果

如图 2-49 所示，标题与页码之间使用了或多或少的空格，在查找时把每一行的空格替换成一个“Tab”键，在替换“Tab”键之前全选内容，参照第 2.4 节先设置一个制表符。

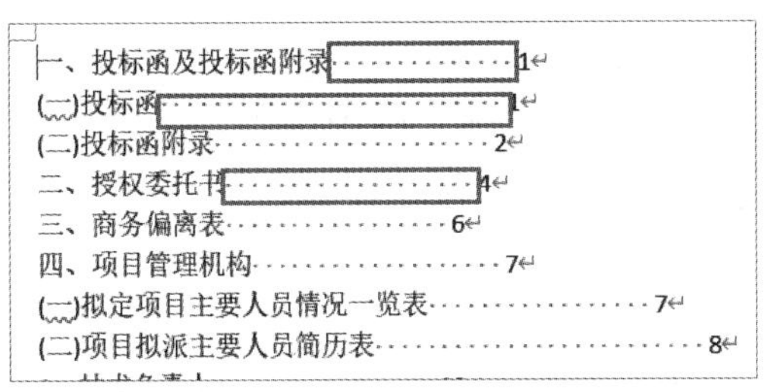

图2-49　标题与页码之间的空格

在“查找和替换”对话框，“查找内容”文本框输入“ {1,}”，在“替换为”文本框输入“^t”制表符，然后直接单击“全部替换”即可，如图 2-50 所示。

提示

使用通配符“{1,}”代表前 *N* 个字符，先在“{1,}”前面打一个空格，这样就代表了任意多个空格。

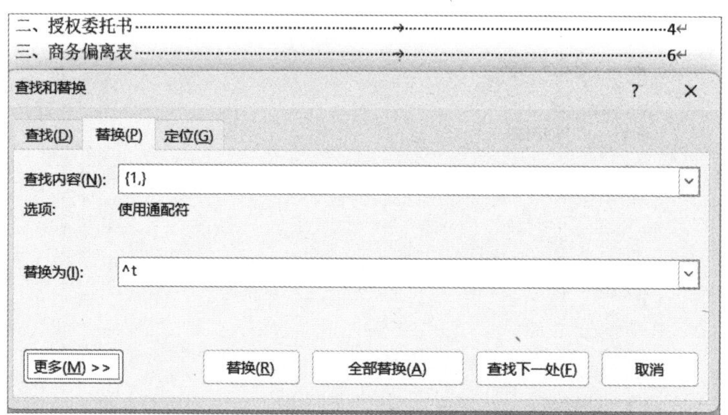

图2-50 制表符替换任意长度的空格

举一反三

参照之前所学的内容，使用邮件合并批量完成合同填写，数据源如图 2-51 所示，模板文件如图 2-52 所示。

	A	B	C	D	E	F	G	H	I
1	甲方名称	乙方名称	位置	起始日期	结束日期	天数	金额	甲方代表	乙方代表
2	北京AA科技公司	北京某某公司	1层C1	2022/1/5	2022/5/1	116	58000	张琪	陈飞
3	上海CC贸易公司	北京某某公司	1层D5	2022/2/10	2022/5/15	94	47000	赵克	陈飞
4	天津DD货运公司	北京某某公司	1层C7	2022/2/11	2022/6/15	124	62000	孙骏	陈飞
5	北京CC装饰公司	北京某某公司	1层D6	2022/2/15	2022/7/15	150	75000	刘柳	陈飞

图2-51 数据源

合作协议范本

甲方：______________

乙方：______________

双方本着精诚合作、平等互利的原则，经友好协商，就相关租赁合作事宜，达成如下，双方共同遵守：

第一条：合作范围

合作范围甲方向乙方租用_______（详见附件）以作甲方所属项目会务现场布置之用。

第二条：合作期限

合作期限自_____________至_____________，共_______天。

第三条：收费标准、结算方式

1、 收费标准：以上物品租用连制作等工程服务内容费用总额为人民币___________元；

图2-52 模板文件

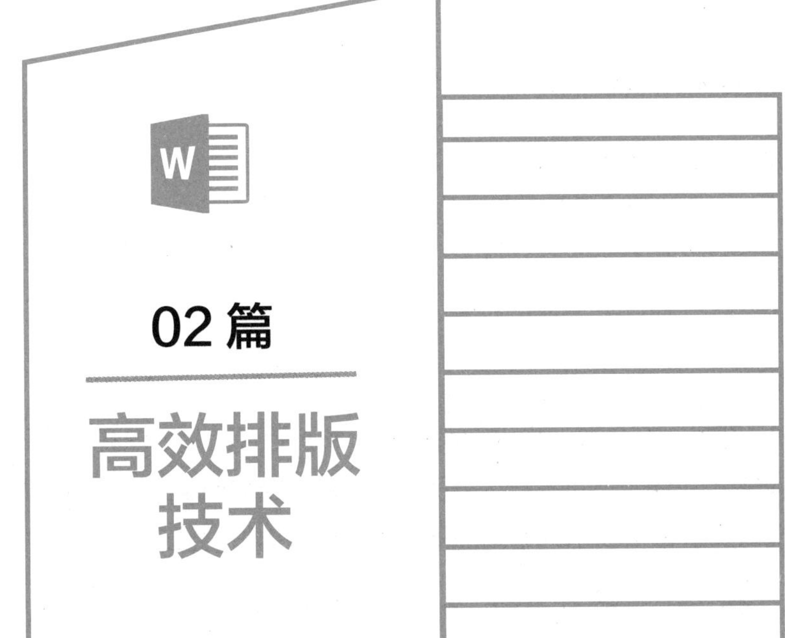
W
02 篇
高效排版
技术

第3章 规范的Word文档排版习惯养成

在日常工作中，经常需要排版的Word文档主要有三种，分别是“通知”“合同”“协议”，其中合同与协议又可以归为一类，但很多人在排版时还会犯各种不同的错误。这章就通过五个实例讲解这三种常见Word文档的排版方法和技巧，以及排版时如何避免错误的产生。

本章主要学习知识点

- 字体和段落的设置方法
- 多级列表设置与使用方法
- 边框的设置方法
- 分栏的设置方法

3.1 “通知书”正确的排版流程

Word在排版文档时，正确的流程是先输入所有的文字内容，然后进行格式排版，其中格式是一个统称，如图3-1所示，指的是根据需要进行“字体”“段落”设置。现在通过学习如图3-2所示的通知书排版来建立对排版的正确认识。

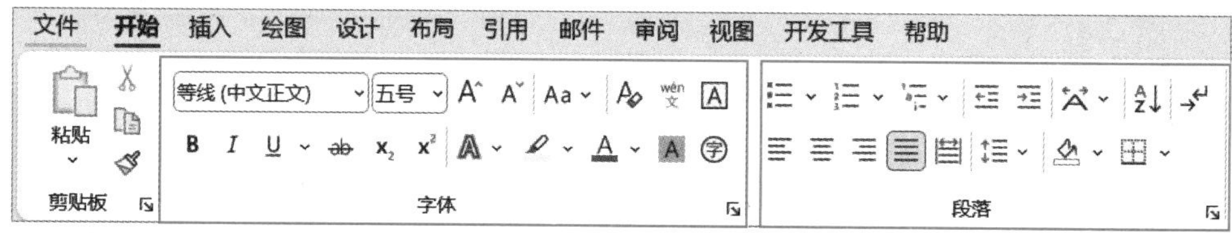

图3-1　格式设置的图标

步骤1 打开示例素材文件“1.1.docx”，单击“开始”→“选择”→“全选”按钮，也可以按“Ctrl+A”快捷键，如图3-3所示，选择整篇文档后，再单击“开始”→“字体”按钮，在出现的下拉列表选择“微软雅黑”，如图3-4所示。

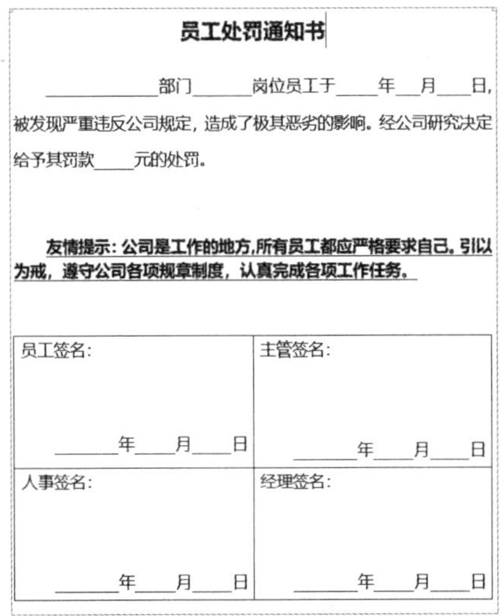

员工处罚通知书

__________部门_____岗位员工于____年___月___日，被发现严重违反公司规定，造成了极其恶劣的影响。经公司研究决定给予其罚款____元的处罚。

友情提示：公司是工作的地方，所有员工都应严格要求自己。引以为戒，遵守公司各项规章制度，认真完成各项工作任务。

员工签名： ______年___月___日	主管签名： ______年___月___日
人事签名： ______年___月___日	经理签名： ______年___月___日

图3-2　通知书完成后的效果

员工处罚通知书
部门岗位员工于年月日,被发现严重违反公司规定，造成了极
定给予其罚款元的处罚。
友情提示：公司是工作的地方,所有员工都应严格要求自己。引
度，认真完成各项工作任务。

图3-3　全选文档

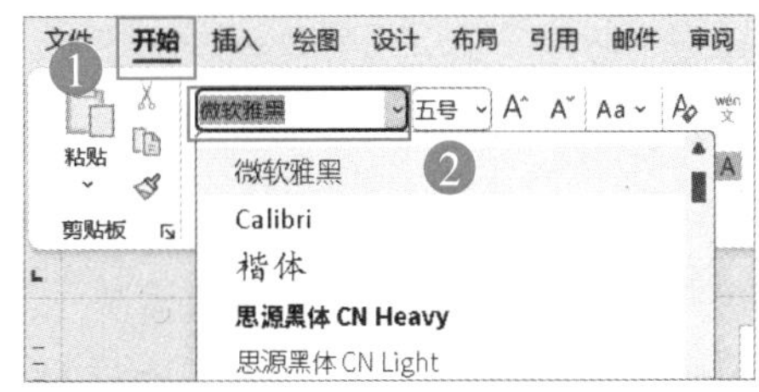

图3-4　选择字体

步骤2 将鼠标光标移动至标题左侧单击，选定标题后，如图3-5所示，先设置“字号”到“小二”(也可多次单击“增大字号”按钮)，然后再依次单击“加粗(B)”“居中”按钮，最后再选定除标题文字以外的其他段落，更改字号为“四号”。

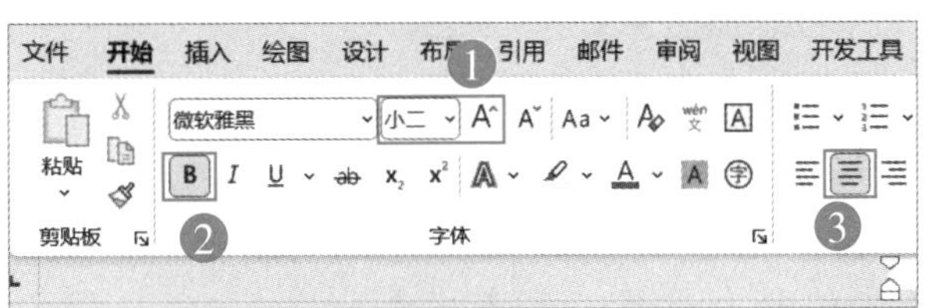

图3-5　标题文字格式设置

步骤3 可以把鼠标光标定位到标题段落任意位置，单击“开始”→“段落”按钮，在弹出的“段落”对话框中，设置“段后”间距值为“1行”，如图3-6所示。

提示 1

在图 3–6 所示中，“段后”间距的作用是控制当前选定段落与下方段落之间的间距，而“段前”则是控制选定段落与上方段落的间隔空白。当对一个段落设置时，只需要把光标定位到该段落的任意位置，如果需要同时设置多个段落，需要把多个段落都选定。

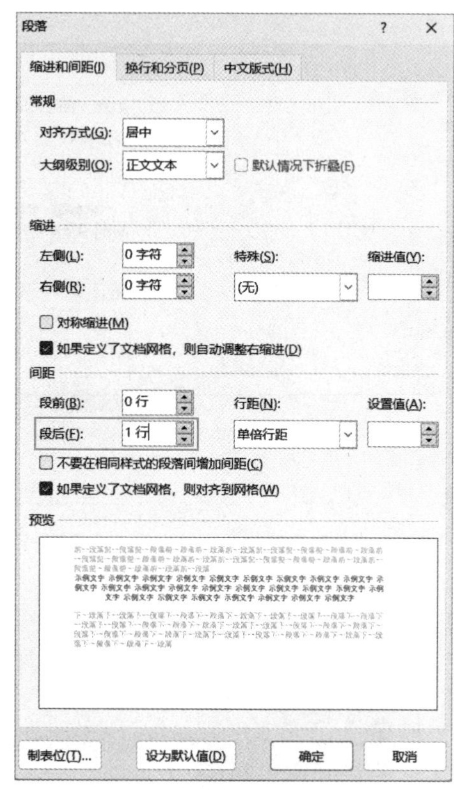

图3–6 段落设置对话框

提示 2

调整标题与段落之间的间隔，初学者往往喜欢用“Enter”键去调整，此种方法不太合适，不利于控制间隔的大小。

步骤4 将鼠标光标定位到正文第一段落段首的位置，如图 3–7 所示，先任意输入一个文字如“任”，然后单击“开始”选项卡下的“U”命令按钮，最后不断按键盘上空格键将鼠标光标移到合适位置，下划线完成后，再删除第一个字（任）即可。

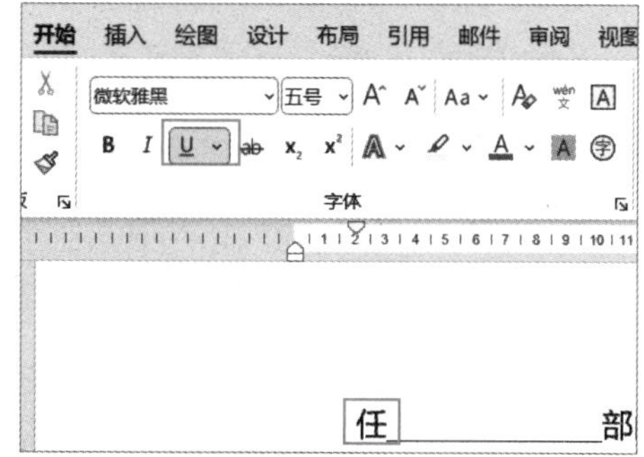

图3–7 正文第一段落前的下划线制作

提示

在有些版本，如果不添加任意文字，把鼠标光标定位到段首，再单击“U”命令按钮，按空格键，行首的下划线并不会出现。

步骤5 选定正文的两个段落，单击“开始”→“段落”按钮，弹出“段落”对话框，如图 3–8 所示，在对话框“特殊”下选择“首行”，而“缩进值”则默认为“2 字符”，然后单击“确定”按钮，之后在文档任意处单击取消段落选择。

步骤6 将鼠标光标定位在正文第二个段落的任意位置，单击“开始”→“段落”按钮，在弹出的“段落”对话框设置“段前”与“段后”的间距值均为“3 行”“行距”，下拉列表选择“固定值”，设置值为“20 磅”，如图 3-9 所示。

在 Word 软件中，字号为四号及以上时，行与行的间隔会自动变大，如需调整行高，最常用的办法是使用行距选项下的“固定值”进行调整，这样可以根据实际需要调整。图 3-9 所示对话框是执行后再次打开后的结果，是为了便于读者看到设置参数。

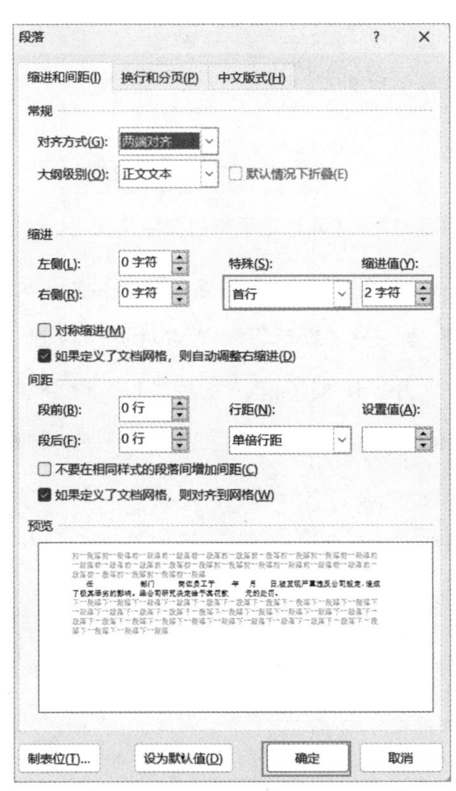

图3-8　设置首行缩进

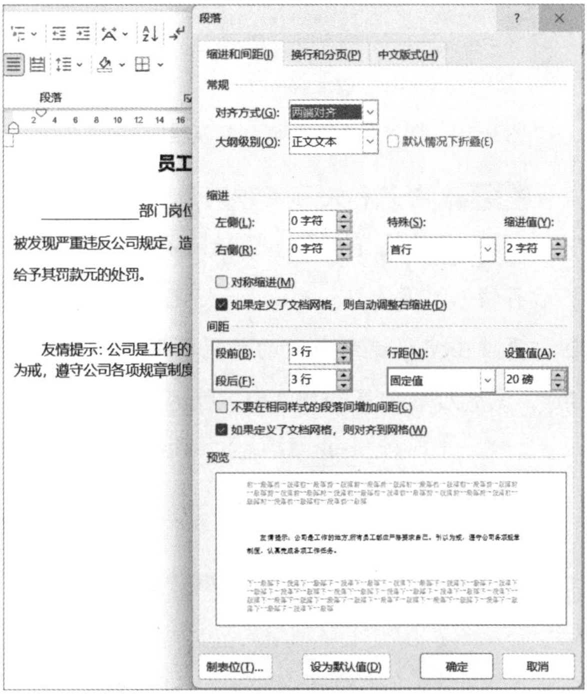

图3-9　设置段落间距与行间距

步骤7 如图 3-10 所示，鼠标单击“插入”→“表格”按钮，在出现的下拉菜单选择“2×2 表格”，目前插入的表格行高会相对较高，这是由于步骤 2 将文档字号改为“四号”。

提示

选定表格，单击“开始”→“清除所有格式”按钮，可把表格恢复成默认效果，结果如图 3–11 所示，如果选定的是格式化后的文本，则清除所有格式，恢复为默认的“英 Calibri(西文正文)”“5 号”“单倍行距”。

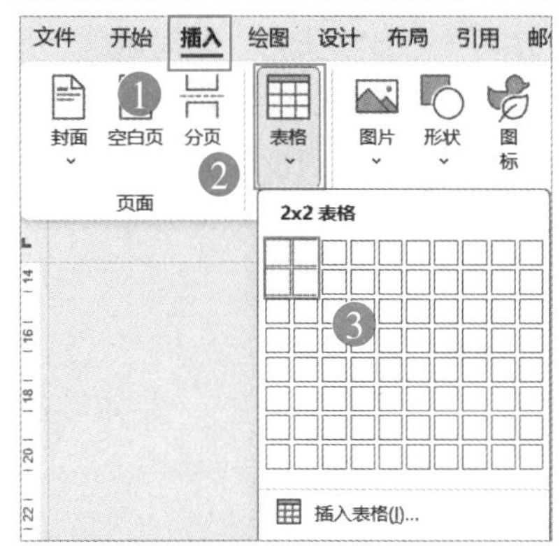

图3–10 插入一个两行两列的表格

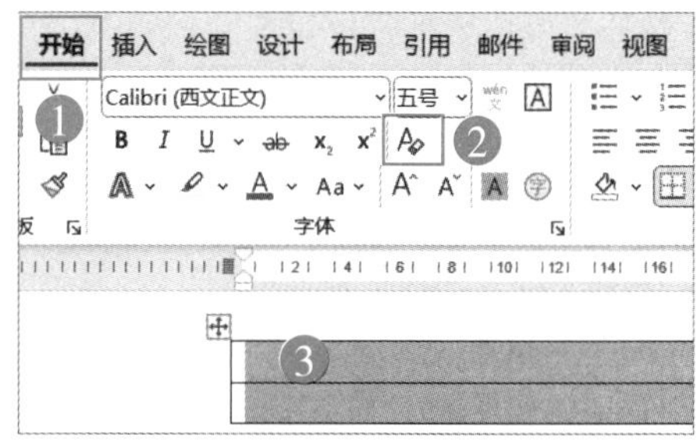

图3–11 清除选定表格的文字格式

步骤8 将鼠标光标定位到第一个单元格输入文字内容“员工签名:”，再按五次“Enter”键空出上下间隔，最后一行内容先单击“开始”→“段落”→“右对齐”按钮，然后再输入“年、月、日”，鼠标光标分别定位到年、月、日文字前，先按“U”命令按钮，再敲击空格键到合适的位置，同时将设置“字体”为“微软雅黑”,“字号”为“四号”，完成后的效果如图 3–12 所示。

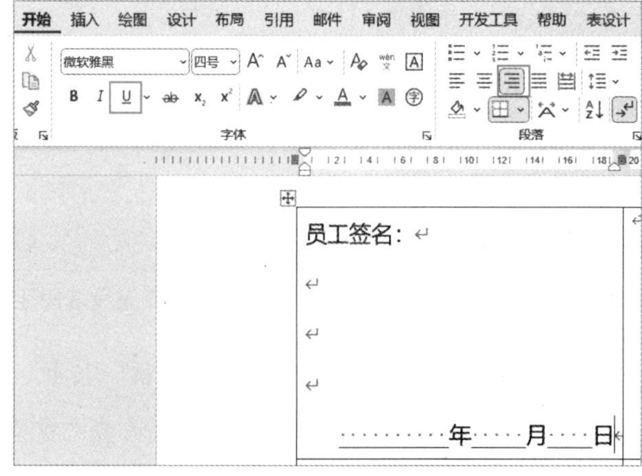

图3–12 签名日期的排版

步骤9 将鼠标光标定位在第一个单元格的任意位置，单击“布局”→“选择”→“选择单元格”按钮，选定单元格后，按“Ctrl+C”快捷键复制该单元格内容，再将鼠标光标依次定位在第二、第三、第四个单元格，按“Ctrl+V”快捷键粘贴内容，粘贴后更改文字，并参照步骤8将最后一行内容“右对齐”，完成后效果如图3-13所示。

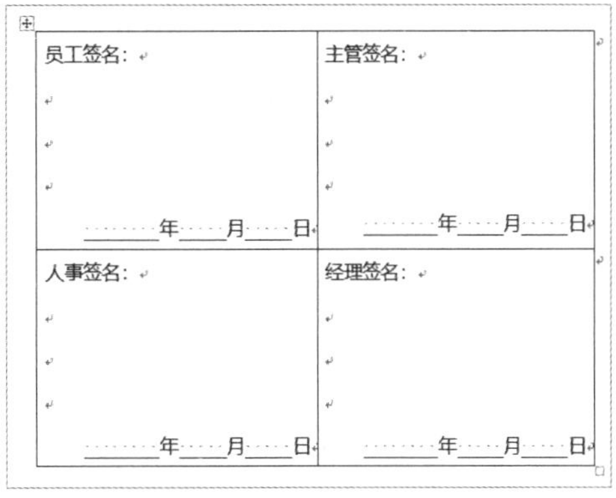

图3-13　签名的复制

提示

图3-13中的“↵”代表换段标记，而“····”则是空格标记，这些标记打印时不会出现，只是在排版时起到提示作用，如果想隐藏显示，可单击“开始”→“显示/隐藏编辑标记”按钮，如图3-14所示。

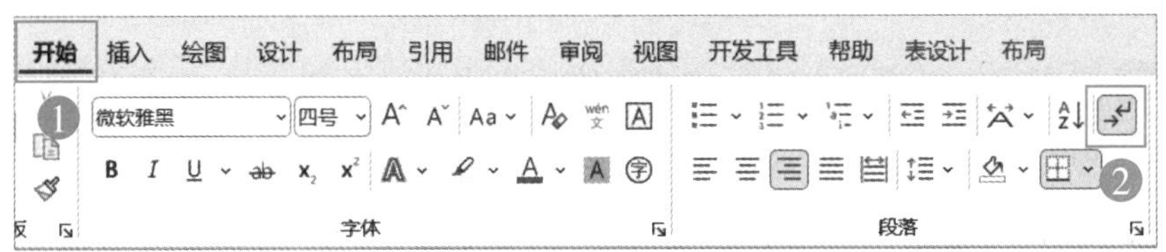

图3-14　隐藏编辑标记

3.2　“合作协议”应该这样排

合作协议条款的段落前边需要使用不同的数字编号标识，还需要甲乙双方签字与盖章。如图3-15所示的协议，有三种数字的编号形式，第一条、第二条……（图3-15矩形边框所标），在对应的第一条或第二条下有具体详细的（一）（二）……（图3-15椭圆形边框所标）的数字形式，而（一）（二）下方又具体分1、2、……（图3-15三角形边框所标）的数字形式。如果想要灵活地控制段落前边的数字编号，可以借助“多级列表”功能来实现。

甲方：____________

乙方：____________

双方本着精诚合作、平等互利的原则，经友好协商，就相关租赁合作事宜，达成如下，双方共同遵守：

第一条：合作范围

合作范围甲方向乙方租用______（详见附件）以作甲方所属项目“__________”会务现场布置之用。

第二条：合作期限

合作期限自___年___月___日至___年___月___日，共___天。

第三条：收费标准、结算方式

1. 收费标准：以上物品租用连制作等工程服务内容费用总额为人民币__________元（开票加收8%）。

2. 结算方式：甲方签订本合同当日以现金预付总价款的30%为定金，进场验收后付30%，余款于活动结束当天以现金一次性付清予乙方。

第四条：甲乙双方的权利和义务

（一）甲方的权利和义务

1. 负责提供活动场地，提供必要的活动协助。
2. 双方签署合同之日起，甲方将其所属项目现场制作工程部分委托乙方代理。

（二）乙方的权利和义务

1. 乙方管理及工作人员在甲方场所活动期间，应遵守国家的法律法规，自觉遵守甲方的规章制度，配合甲方管理人员的安排。
2. 乙方必须根据甲方要求按时、按质、按量地完成相关作业。

第五条：其他

1. 本协议一式二份，甲乙双方各执一份。均具有同等法律效力。
2. 本协议中未尽事宜，双方协商解决，并另行签定补充协议。

甲方（盖章）：__________　　乙方（盖章）：__________

法定代表人（签名）：__________　　法定代表人（签名）：__________

图3-15 协议样本

步骤1 参照第3.1节，先完成前三段落文字内容的输入，然后按“Enter”键另起一个新段，如图3-16所示，鼠标单击“开始”→“多级列表”按钮，在弹出的下拉菜单中选择“定义新的多级列表”命令，当单击“定义新的多级列表”命令后，弹出“定义新的多级列表”对话框。

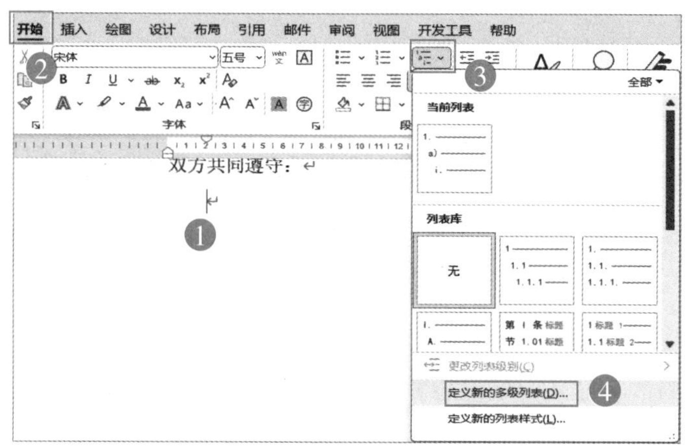

图3-16 执行“定义新的多级列表”命令

现在先了解“定义新多级列表”对话框的具体作用，图 3-17 所示的“数字 1”区域：可以选择要设置的是哪个级别的数字编号，最多可以设置 9 级，也可以理解为设置 9 个不同的数字编号形式；“数字 2”区域是预览框，可以看到每一个级别设置后的效果；“数字 3”是文本框，可以在数字编号前后添加符号文字等如“第”“、”等；“数字 4”是数字形式选择列表框，在多级列表中所有级别的数字都必须从列表框选择。

步骤2 按照图 3-15 所示效果，第一级别的数字编号形式为“第一条：”，首先在“此级别的编号样式”的下拉列表选择“一，二，三（简）…”，此时“输入编号的格式”下方文本框会从数字“1”自动变成“一”的形式，然后把鼠标光标分别定位在“一”的前后输入“第”和“条：”，完成后的效果如图 3-18 所示。

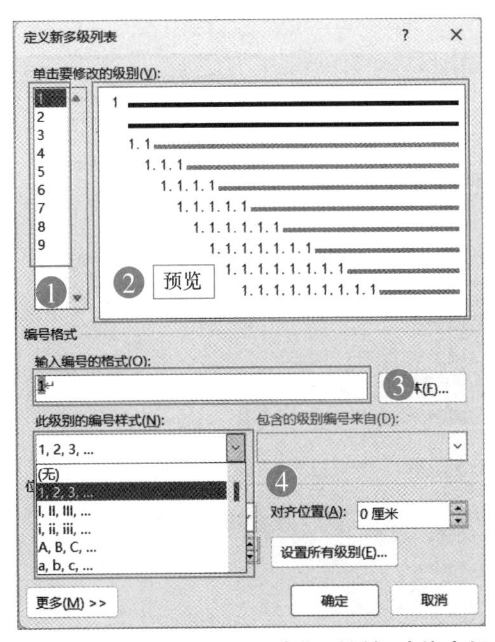

图3-17　“定义新多级列表”对话框功能介绍

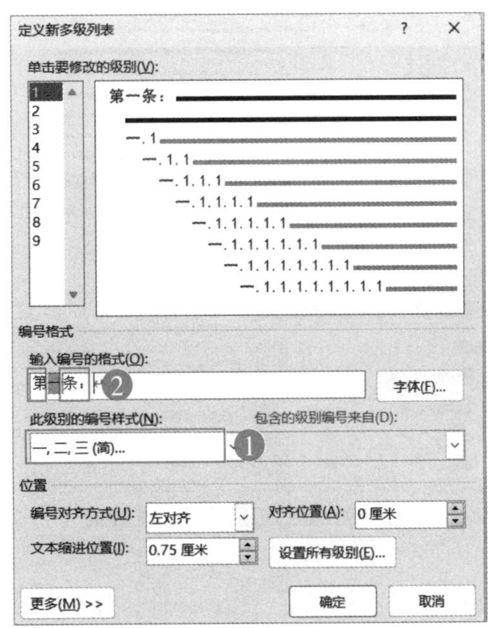

图3-18　设置第一级别编号

文本框内的数字通过“此级别的编号样式”选择，不能自行输入数字。自行输入的数字不会产生变化，如从第一条变成第二条。

步骤3 先在“单击要修改的级别”单击选择数字2，而“输入编号的格式”会自动变成“一.1”形式，其中一代表的是级别1的数字，而1代表的则是当前的级别编号。先在“此级别的编号样式”下拉列表选择“一，二，三（简）…”，而“输入编号的格式”会自动变成“一.一”形式，如图3-19所示。

步骤4 把对话框“对齐位置”从默认“0.75厘米”改成“0厘米”，而“文本缩进位置”从默认的“1.75厘米”改成“1厘米”，在“输入编号的格式”下方文本框将“一.一”前边的“一.”删除，删除后在数字“一”前后再添加括号，完成结果如图3-20所示。

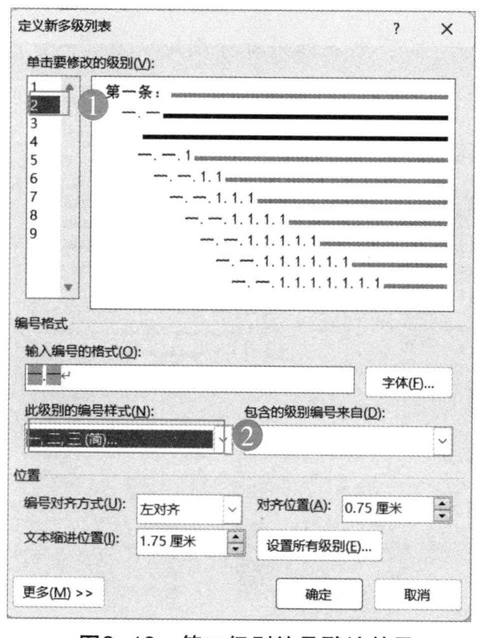

图3-19 第二级别编号默认效果

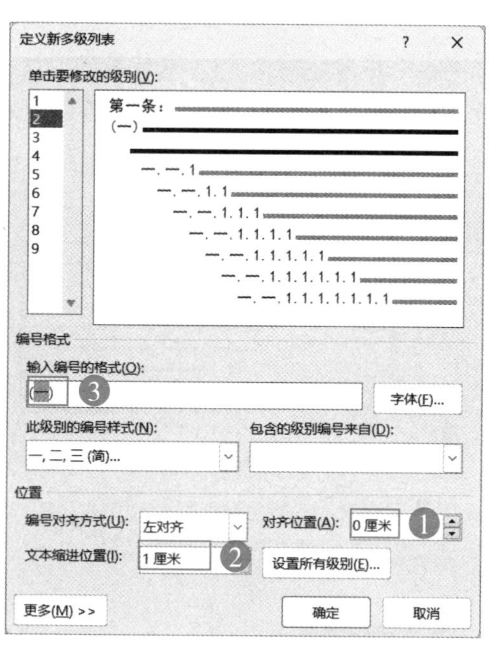

图3-20 设置第二级别编号

提示

对齐位置从第二级别以后默认每个级别都是向右递增缩进，改成“0厘米”则是与第一级别对齐，而文本缩进位置是正文段落文字距页面左边距所隔空间。添加括号要在英文输入法下。

步骤5 在“单击要修改的级别”选择3，把“对齐位置”改成“0厘米”，把“文本缩进位置”改成“1 厘米”，在“输入编号的格式”下方文本框则默认会变成“一．一．1”，删除“一．一．”，并在数字 1 后边输入顿号，结果如图 3–21 所示，最后单击“确定”按钮。

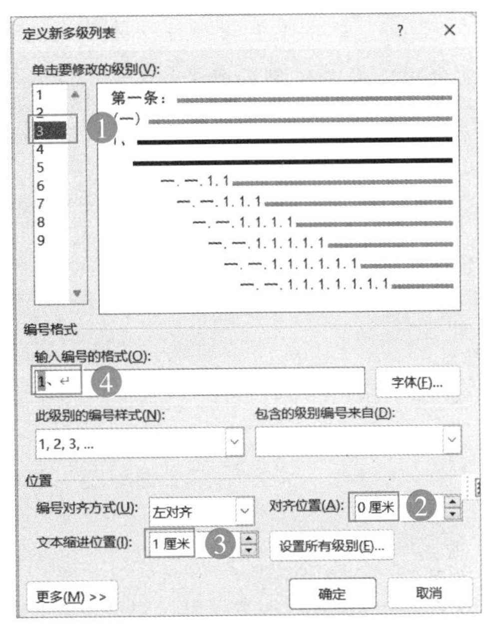

图3-21　设置第三级别编号

步骤6 确定后文档会自动出现“第一条：”，直接输入内容，第一个段落内容输入后，按“Enter”键换段，换段后会自动出现“第二条：”，结果如图 3–22 所示。但是这并不符合示例要求，示例要求“合作范围”下方段落不需要编号，但现在也不要有多余操作。

步骤7 先保留“第二条：”编号，直接输入正文内容（合作范围……之用），然后按“Enter”键，会出现“第三条：”，当“第三条：”编号出现并输入文字后，如图 3–23 所示，再把鼠标光标定位在“第二条：”后边，按两次“Backspace”键。删除“合作范围……之用”段落前边的编号及空白，这样“第三条：合作期限”会自动变成“第二条：合作期限”，达到示例要求，结果如图 3–24 所示。

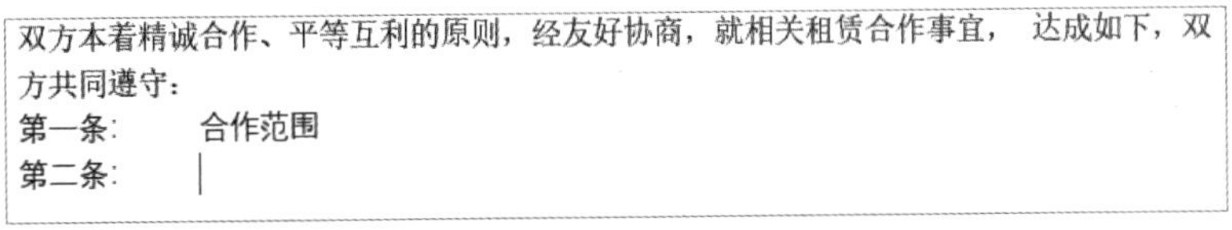

双方本着精诚合作、平等互利的原则，经友好协商，就相关租赁合作事宜，达成如下，双方共同遵守：
第一条：　合作范围
第二条：

图3-22　多级列表设置后自动出现编号

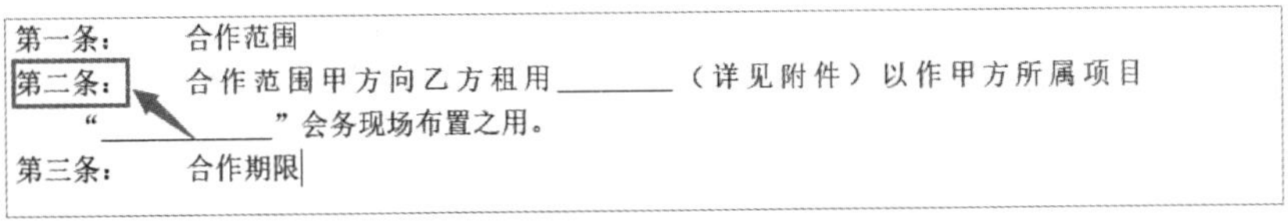

第一条：　合作范围
第二条：　合作范围甲方向乙方租用________（详见附件）以作甲方所属项目“__________”会务现场布置之用。
第三条：　合作期限

图3-23　先保留“第二条：”编号

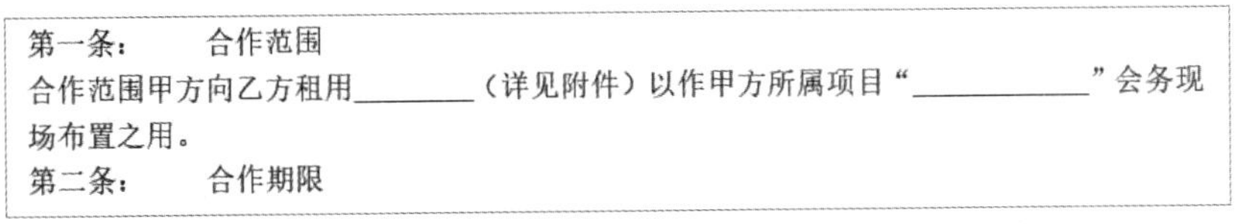

第一条：　合作范围
合作范围甲方向乙方租用________（详见附件）以作甲方所属项目“__________”会务现场布置之用。
第二条：　合作期限

图3-24　最终结果

步骤8 参照步骤 6 与步骤 7 完成第二条与第三条内容输入，由于第三条下方段落需要出现第三级别的编号“1、2、……”形式，所以需要按两次“Tab”键或单击两次“增加缩进量”按钮实现多级列表编号从级别 1 到级别 3 的改变，结果如图 3-25 所示。

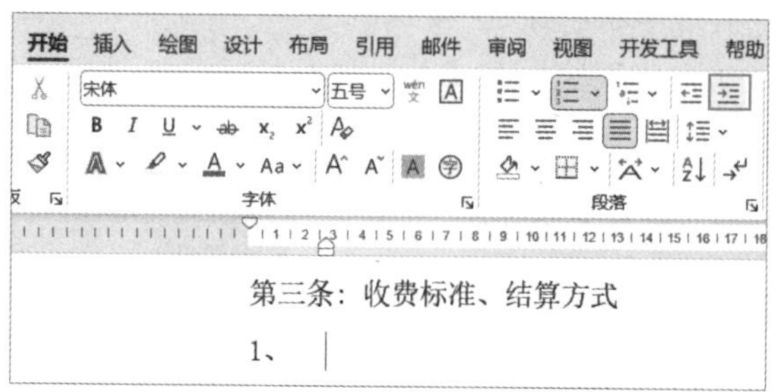

图3-25 “增加缩进”出现三级编号

在步骤 4 时改变了默认对齐位置，如从有缩进（如“0.75 厘米”）改成了无缩进（“0 厘米”），这只是对文字显示改变，但通过“增加”与“减少”缩进命令按钮还可以控制级别编号的变化。单击一次“减少缩进量”命令按钮可以把级别 3 提升到级别 2。

步骤9 完成第 3 级别编号的段落内容后，按“Enter”键，段落编号默认还是处于第 3 级别的编号，如图 3-26 所示，单击两次“减少缩进量”按钮，可以从级别 3 调整到级别 1（第四条：），其余内容参照之前步骤完成制作。

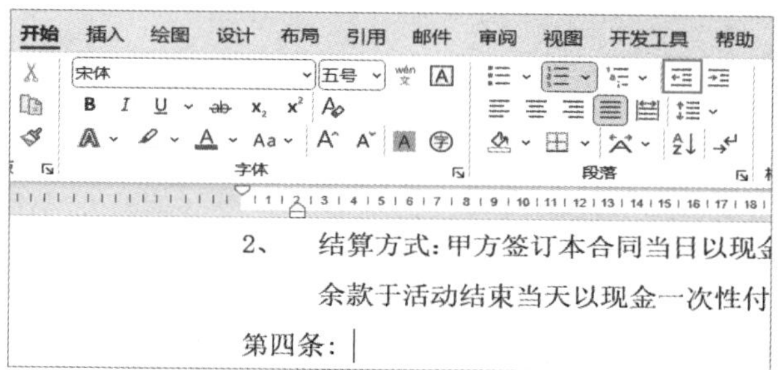

图3-26 增加与减少缩进按钮控制级别的变化

步骤10 参照 3.1 小节先完成下方签名信息的（甲方……授权人）输入，如图 3-27 所示，选定甲乙双方的信息，单击“布局”→“栏”按钮，在下拉菜单选择“两栏”命令，即可完成签名排版。

步骤11 先调整签名信息的文字大小为四号，然后选定文字最多的“法定代表人（签名）”，单击“开始”→“段落”→“中文版式”→“调整宽度”按钮，弹出“调整宽度”对话框，在对话框中会有一个“当前文字宽度”，记住这个值，单击“确定”按钮，再依次分别选定其余各行文字执行“调整宽度”命令，在新文字宽度的文本框中输入“9 字符”。完成后的效果如图 3-28 所示。

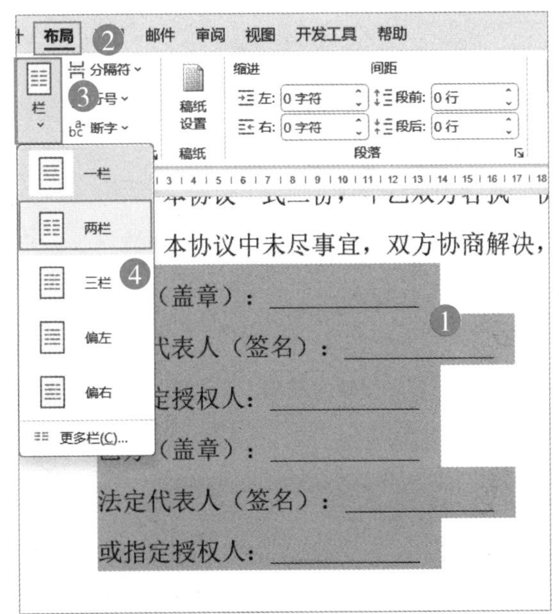

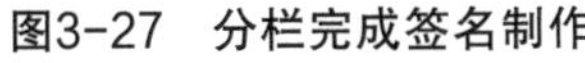
图3-27　分栏完成签名制作

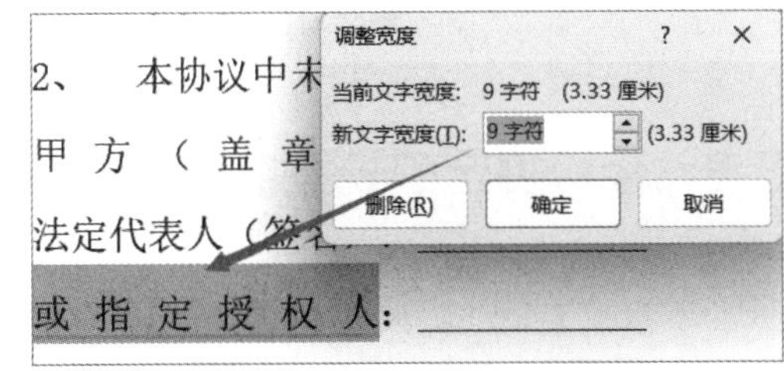

图3-28　调整宽度对齐内容

步骤12 由于定义多级列表时，使用中文标点符号（“：”与“、”），从图 3-23 中可以看到多级列表的数字编号与正文段落之间会有很大间隔，要解决这个问题，可以在多级列表设置时，单击下方“更多”按钮，“编号之后”的默认选项是制表符，把这个选择改成“不特别标注”即可，如图 3-29 所示。

最后参照第 3.1 节所学知识，按照图 3-15 所示，对段落文字设置首行缩进“2 字符”，段落行距为“固定值：21 磅”。

如图 3-29 所示当单击“更多”按钮后，按钮的文字就会从“更多”变成“更少”。

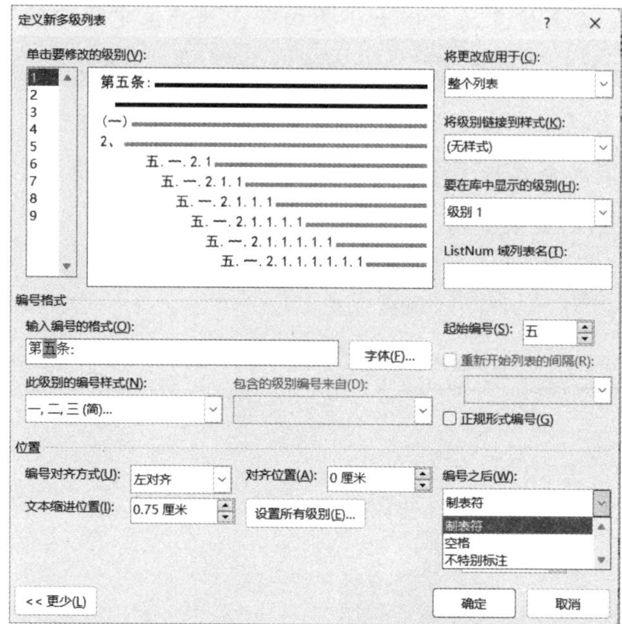

图3-29 解决多级列表编号与段落内容之间较大空白

3.3 轻松搞定“规章制度”的排版

不管是合同、协议还是规章制度，在排版时，难点还是对段落前边编号的设置。如图 3-30 所示的规章制度，就是两种不同的数字编号形式，同样也需要采用“多级列表”命令进行编号设置，编号设置的第 1 级别为“第一章：第二章：……”的形式，第 2 级别采用的是“第 1 条……第 8 条……”的形式。

步骤1 打开素材文件“3.3 源文件 .docx”，全选整篇文档，单击“开始”→“段落”→“多级列表”→“定义新的多级列表”按钮，弹出“定义新多级列表”对话框，如图 3-31 所示，在“定义新多级列表”对话框“此级别的编号样式”下拉列表选择“一，二，三（简）…”，“输入编号的格式”下方文本框的数字“一”前后分别输入“第”与“章：”，最后单击“更多”按钮，在“编号之后”的下拉列表选择“不特别标注”。

步骤2 先在“单击要修改的级别”选择“2”，去掉“输入编号的格式”下方文本框内的“一.”，然后在数字 1 前后分别输入“第”与“条、”，更改“对齐位置”为“0 厘米”，“文本缩进位置”为“1 厘米”，“编号之后”更改为“不特别标注”，对话框设置如图 3-32 所示。

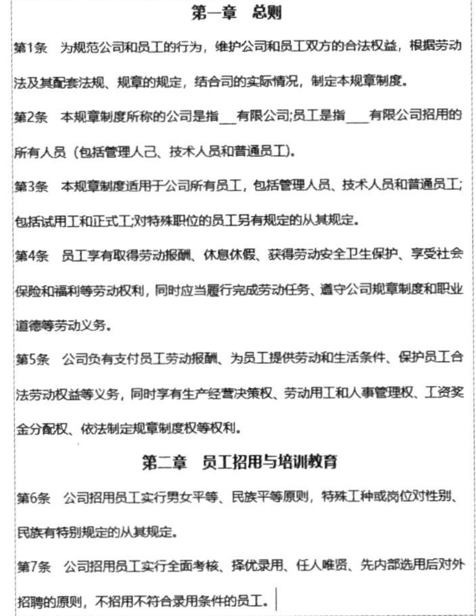

第一章　总则

第1条　为规范公司和员工的行为，维护公司和员工双方的合法权益，根据劳动法及其配套法规、规章的规定，结合司的实际情况，制定本规章制度。

第2条　本规章制度所称的公司是指___有限公司;员工是指___有限公司招用的所有人员（包括管理人己、技术人员和普通员工）。

第3条　本规章制度适用于公司所有员工，包括管理人员、技术人员和普通员工;包括试用工和正式工;对特殊职位的员工另有规定的从其规定。

第4条　员工享有取得劳动报酬、休息休假、获得劳动安全卫生保护、享受社会保险和福利等劳动权利，同时应当履行完成劳动任务、遵守公司规章制度和职业道德等劳动义务。

第5条　公司负有支付员工劳动报酬、为员工提供劳动和生活条件、保护员工合法劳动权益等义务，同时享有生产经营决策权、劳动用工和人事管理权、工资奖金分配权、依法制定规章制度权等权利。

第二章　员工招用与培训教育

第6条　公司招用员工实行男女平等、民族平等原则，特殊工种或岗位对性别、民族有特别规定的从其规定。

第7条　公司招用员工实行全面考核、择优录用、任人唯贤、先内部选用后对外招聘的原则，不招用不符合录用条件的员工。

图3-30　规章制度样本

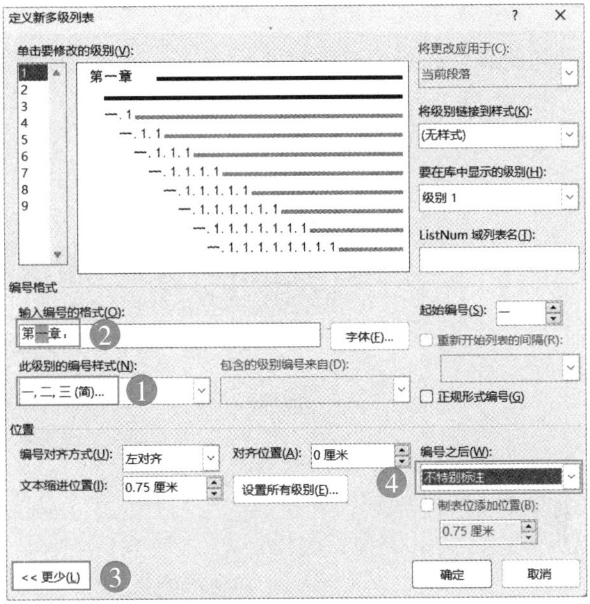

图3-31　定义多级列表第1级别设置

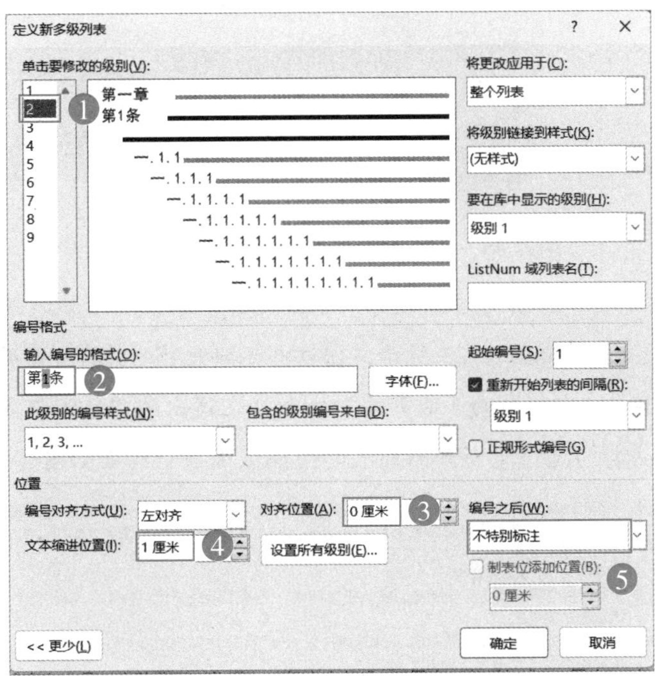

图3-32　定义多级列表第2级别设置

步骤3 单击“确定”按钮，如图 3-33 所示，整篇文档全部会应用第 1 级别的编号，选定需要使用第 2 级别的段落，单击“开始”→“增加缩进量”按钮，就可以把编号变成第 2 级别的编号样式，结果如图 3-34 所示。选定的段落在编号发生变化后，其他段落编号也会自动发生变化。

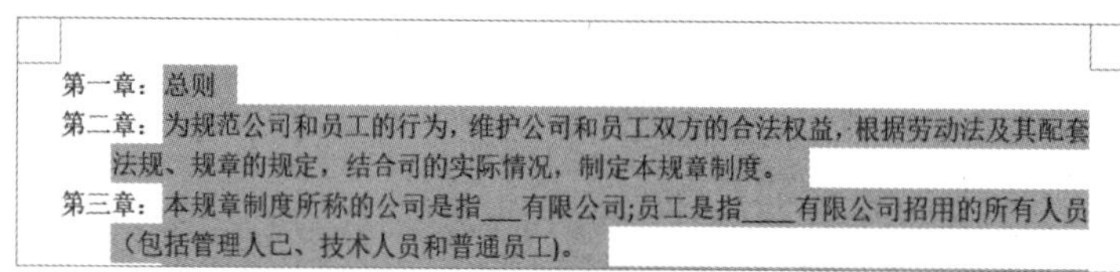

第一章：总则
第二章：为规范公司和员工的行为，维护公司和员工双方的合法权益，根据劳动法及其配套法规、规章的规定，结合司的实际情况，制定本规章制度。
第三章：本规章制度所称的公司是指___有限公司；员工是指___有限公司招用的所有人员（包括管理人己、技术人员和普通员工）。

图3-33 文章应用多级列表后的效果

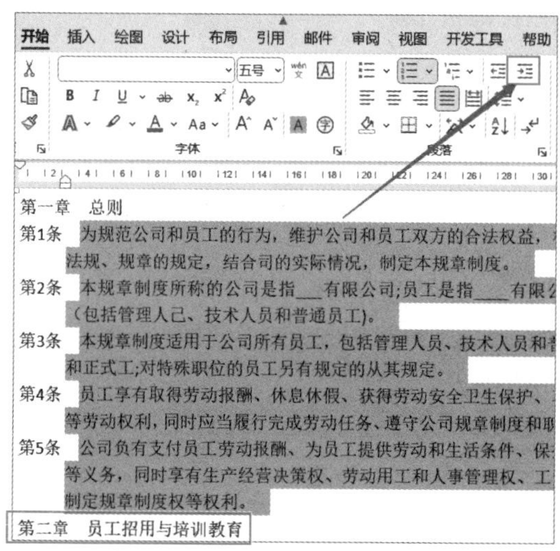

图3-34 应用“增加缩进量”后的编号变化

步骤4 选定（员工招用与培训教育）下方段落，单击“增加缩进量”按钮，编号会重新开始（第 1 条），如图 3-35 所示，但这并不满足图 3-30 所示的示例需要；再次选定全篇文档，单击“定义新的多级列表”命令，在弹出的“定义新多级列表”对话框选定“级别 2”，去掉勾选“重新开始列表的间隔”选项，结果如图 3-36 所示。

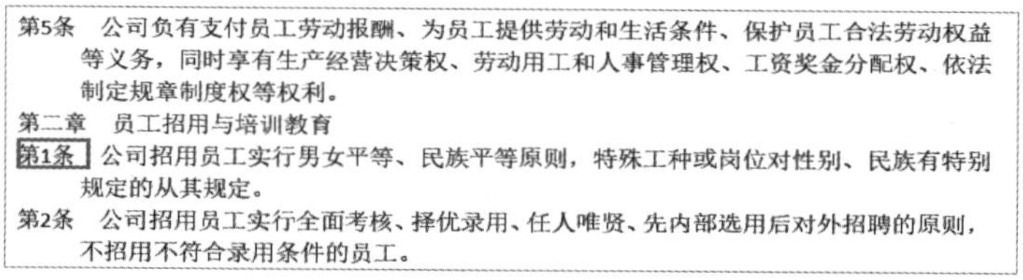

第5条 公司负有支付员工劳动报酬、为员工提供劳动和生活条件、保护员工合法劳动权益等义务，同时享有生产经营决策权、劳动用工和人事管理权、工资奖金分配权、依法制定规章制度权等权利。
第二章 员工招用与培训教育
第1条 公司招用员工实行男女平等、民族平等原则，特殊工种或岗位对性别、民族有特别规定的从其规定。
第2条 公司招用员工实行全面考核、择优录用、任人唯贤、先内部选用后对外招聘的原则，不招用不符合录用条件的员工。

图3-35 为其他段落应用“增加缩进量”后的效果

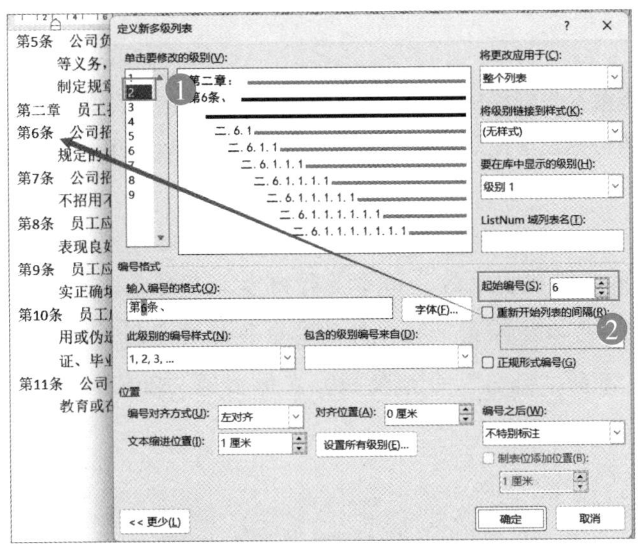

图3-36　级别2编号去掉“重新开始列表的间隔”选择

提示

当勾选“重新开始列表的间隔”选项时，级别 2 每次从 1 开始，去掉勾选后级别 2 编号不受级别 1 的影响而进行连续编号，如图 3-36 所示是执行后再次打开的效果。

步骤5 选定第 1 级别的编号内容调整字体为“微软雅黑”，字号为“四号”，并“加粗、居中”，调整后将鼠标光标定位在当前段落的任意位置，双击“开始”选项卡下的“格式刷”命令按钮，然后在同样级别的其他段落拖动即可，完成后的效果如图 3-37 所示。

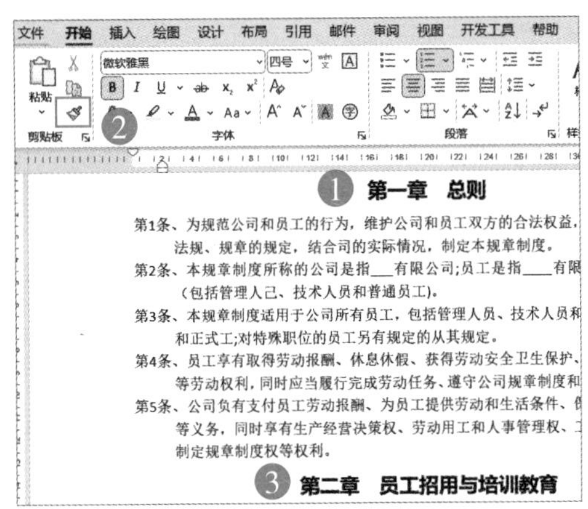

图3-37　格式刷复制格式

格式刷的作用就是复制格式，用法是选择带格式的文字或段落，执行“格式刷”命令，再选择需要使用的目标段落拖动即可，单击“格式刷”可以使用一次，双击“格式刷”可以使用多次。

步骤6 使用第2级别的段落，由于多行内容没有对齐，如图3-37所示，所以版面看起来不够美观，可以把除第一行以外的其余各行对齐到页面最左边，如图3-38所示，单击“开始”下的“段落”命令按钮，在弹出的“段落”对话框更改“特殊”为“无”。

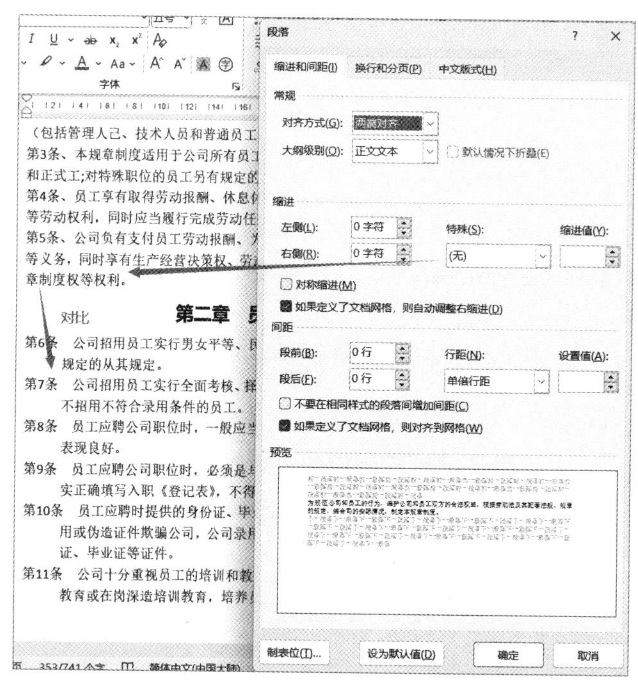

图3-38 段落对话框更改“特殊”为“无”

提示

示例对话框是执行后再次打开的效果。同时也可以在设置“定义多级列表”对话框设置“文本缩进值”为“0厘米”。

最后选定第 6 条及以后的段落，再次单击“段落”的命令按钮，在“段落”对话框更改“特殊”为“无”。

3.4　您的“合同”排版规范吗

当合同条目内容较多时，还有一种比较典型的排版方式是第一级别是“第一条、第二条……”的形式，而第二级别则是“1.1、1.2、2.1……”的形式，第三级别则是“1.1.1、1.1.2……”的形式。最终效果如图 3-39 所示。

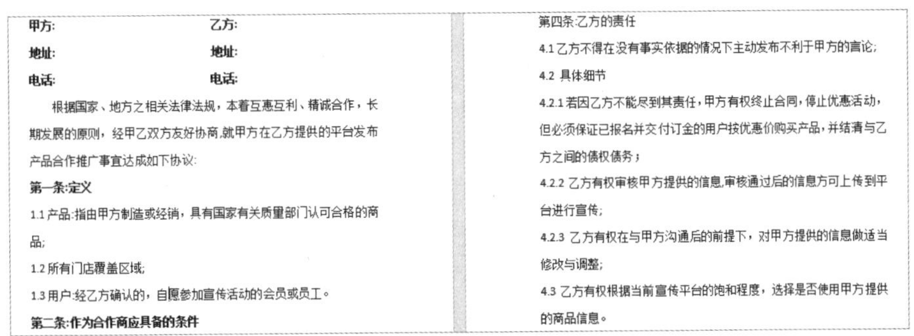

甲方:　　乙方:

地址:　　地址:

电话:　　电话:

根据国家、地方之相关法律法规，本着互惠互利、精诚合作，长期发展的原则，经甲乙双方友好协商,就甲方在乙方提供的平台发布产品合作推广事宜达成如下协议:

第一条:定义

1.1 产品:指由甲方制造或经销，具有国家有关质量部门认可合格的商品;

1.2 所有门店覆盖区域;

1.3 用户:经乙方确认的，自愿参加宣传活动的会员或员工。

第二条:作为合作商应具备的条件

第四条:乙方的责任

4.1 乙方不得在没有事实依据的情况下主动发布不利于甲方的言论;

4.2 具体细节

4.2.1 若因乙方不能尽到其责任，甲方有权终止合同，停止优惠活动，但必须保证已报名并交付订金的用户按优惠价购买产品，并结清与乙方之间的债权债务；

4.2.2 乙方有权审核甲方提供的信息,审核通过后的信息方可上传到平台进行宣传;

4.2.3 乙方有权在与甲方沟通后的前提下，对甲方提供的信息做适当修改与调整;

4.3 乙方有权根据当前宣传平台的饱和程度，选择是否使用甲方提供的商品信息。

图3-39　合同样本

步骤1 打开素材文件“3.4.docx”，参照第 3.2 节使用“布局”下的“栏”制作甲、乙双方的签名与地址效果，完成后的效果如图 3-40 所示，参照之前小节，将段落首行（根据……协议：）缩进 2 个字符。

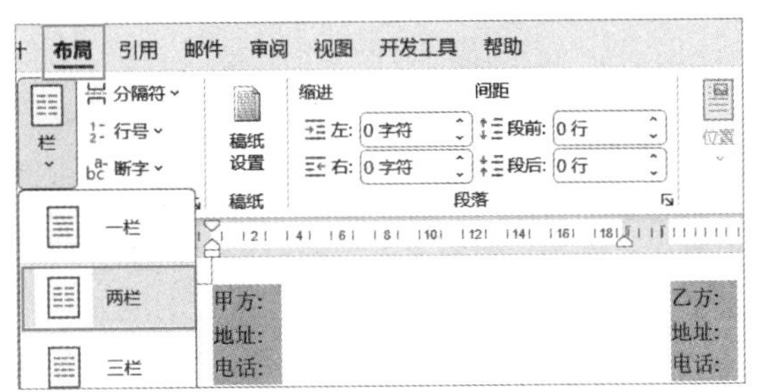

图3-40　分栏制作签名效果

步骤2 选定“定义”及下方段落，然后单击“开始”→“段落”→“多级列表”按钮，在弹出的下拉菜单中选择“定义新的多级列表”命令，弹出“定义新多级列表”

对话框，如图 3-41 所示，在该对话框“此级别的编号样式”下拉列表选择“一，二，三（简）…”，在“输入编号的格式”下方文本框的数字“一”前后分别输入“第”与“条：”。

步骤3 如图 3-42 所示，先在“定义新多级列表”对话框“单击要修改的级别”下选择“2”，“对齐位置”为“0 厘米”，然后设置“文本缩进位置”为“0 厘米”，级别 2 目前的编号形式是“一 .1”，单击“更多 >>”按钮，勾选“正规形式编号”，即可变成目标形式“1.1”。

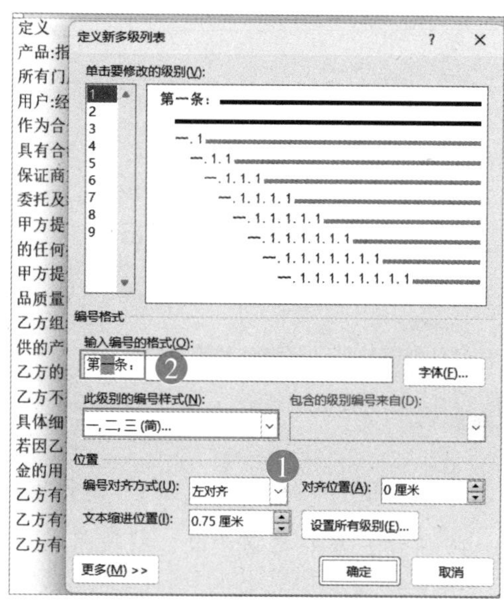

图3-41　定义多级列表第1级别设置

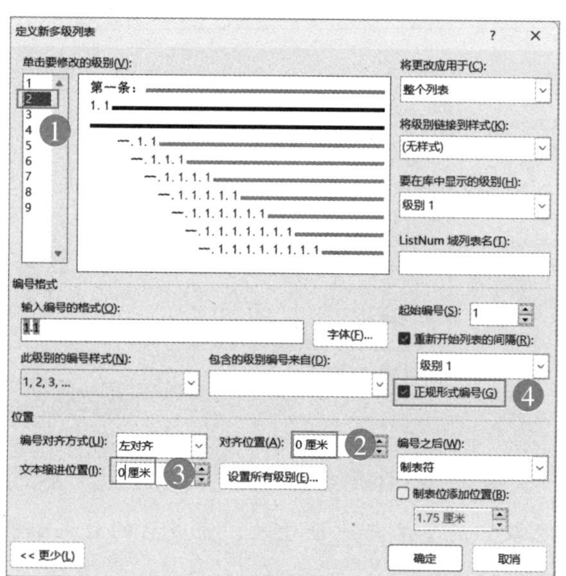

图3-42　定义多级列表第2级别设置

当勾选“正规形式编号”后，编号的样式不管选择的是哪种形式的数字，最终都会转化成普通的阿拉伯数字形式。单击“更多 >>”按钮后，按钮文字会自动变成“<< 更少”。

步骤4 继续在“定义新多级列表”对话框中操作，在“单击要修改的级别”下选择“3”，“对齐位置”为“0 厘米”，然后设置“文本缩进位置”为“0 厘米”，由于级别 3 的默认编号形式是“一 .1.1”，只需要再次勾选“正规形式编号”即可变成目标形式“1.1.1”。设置后的效果如图 3-43 所示。

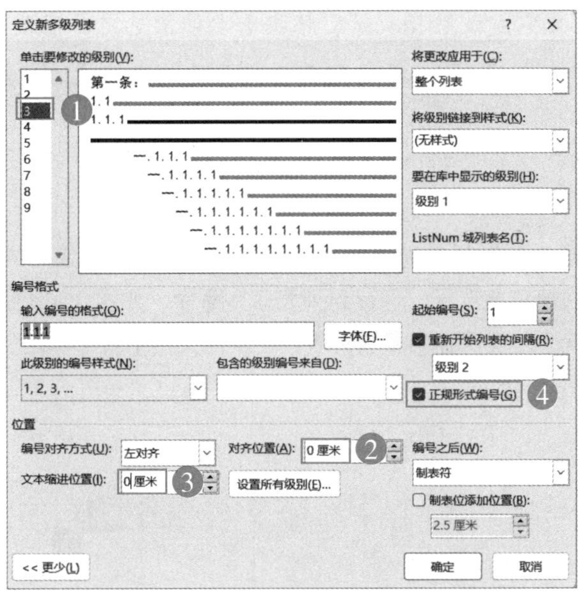

图3-43　定义多级列表第3级别设置

步骤5 单击“确定”按钮后，选定的段落全部会应用第一级别的编号，参照“3.4 完成效果 .docx”，根据需要选定段落，单击“开始”→“增加缩进量”按钮，段落前方编号会变成二级编号（1.1 形式），如图 3-44 所示。选定的段落编号发生变化后，下方段落的编号也会重新自动编号（如作为……条件段落变成了第二条）。

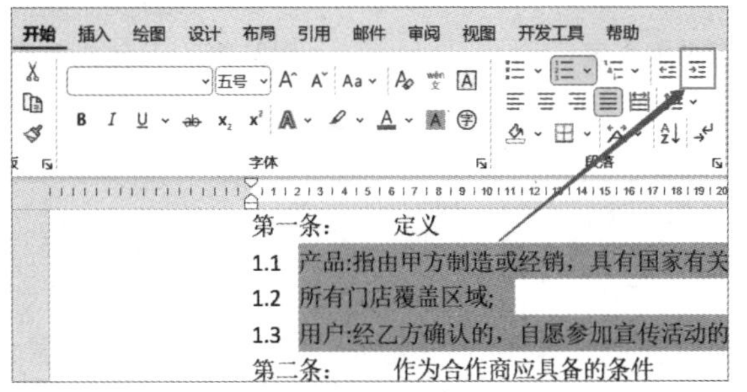

图3-44　“增加缩进量”按钮控制级别变化

提示

请读者朋友思考，第一级别编号与后边段落文字中间的空白的间距过大的问题如何解决。答案在第 3.3 节。

步骤6 参照“3.4 完成效果 .docx”，根据需要依次选定其他段落，执行“增加缩进量”命令，如果使用“级别 3”编号的段落，只需要单击两次“增加缩进量”就可以把级别 1 变成级别 3。

技巧

如果在工作中某个多级列表需要多次使用，可以在设置完成后的多级列表上，单击鼠标右键在弹出的快捷菜单选择“保存到列表库”命令，如图 3-45 所示。保存后，在多级列表的列表库中就会出现保存的多级列表，在其他文档中就可以在多级列表下拉列表直接选择使用了，如图 3-46 所示。

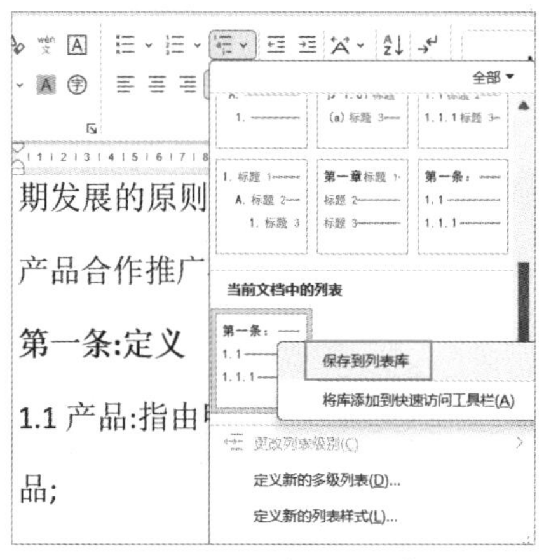

图3-45 保存多级列表

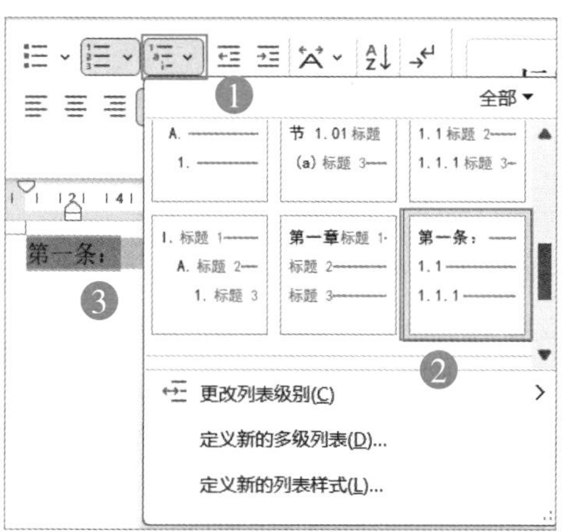

图3-46 其他文档应用新定义的多级列

3.5 制作规范的“企业内部公文”，学习高效排版

通常，企业内部公文都有一定的格式要求，本书模拟一个如图 3-47 所示的企业公文示例让读者朋友学习如何规范地设置文字的字体、字号、颜色、边框、段落等一系列格式。

对于这个企业内部通知，约定以下的排版格式：

- 页面 A4 纸张大小，上、下页边距为 2.2 厘米，左右页边距为 2 厘米。
- 通知抬头的公司名称采用“微软雅黑”字体，加粗，二号，深蓝色，并且居中。
- 通知抬头与正文中间使用一条粗细为 2.25 磅的深蓝色直线。

- 正文标题采用“微软雅黑”字体，加粗，三号，并且居中，段前、段后空三行。
- 正文段落首行缩进 2 个字符，采用“微软雅黑”字体，四号，行距为固定值 35 磅。
- 署名与日期右对齐，署名段前空三行，署名与日期距离右侧 8 个字符。
- 主题词与印发日期采用“微软雅黑”字体，四号，行距为固定值 30 磅，下方加 2.25 磅粗细的深蓝色实线。

步骤1 打开“3.5 源文件 .docx”素材文档，单击“布局”→“纸张大小”→“A4”按钮，把纸张调整为 A4 大小，再单击“布局”→“页边距”→“自定义页边距”按钮，在弹出的“页面设置”对话框中，更改上、下页边距均为 2.2 厘米，左、右页边距均为 2 厘米，如图 3-48 所示。

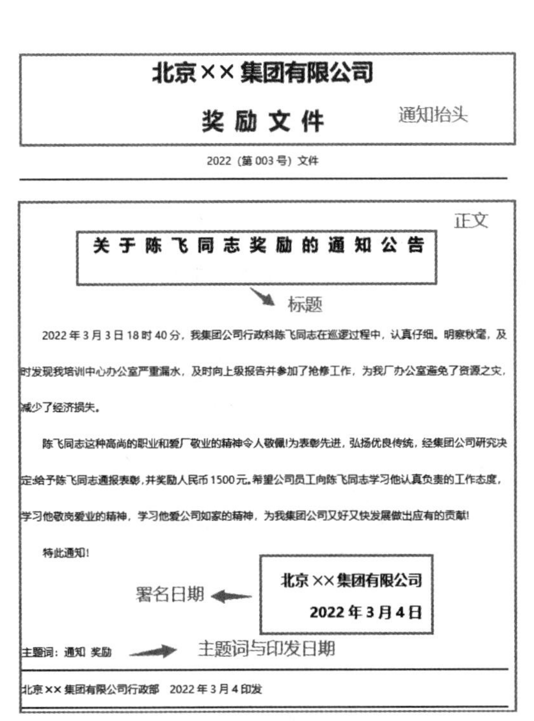

北京××集团有限公司

奖 励 文 件　　通知抬头

2022（第 003 号）文件

正文

关于陈飞同志奖励的通知公告

标题

2022 年 3 月 3 日 18 时 40 分，我集团公司行政科陈飞同志在巡逻过程中，认真仔细，明察秋毫，及时发现我培训中心办公室严重漏水，及时向上级报告并参加了抢修工作，为我厂办公室避免了资源之灾，减少了经济损失。

陈飞同志这种高尚的职业和爱厂敬业的精神令人敬佩!为表彰先进，弘扬优良传统，经集团公司研究决定:给予陈飞同志通报表彰，并奖励人民币 1500 元。希望公司员工向陈飞同志学习他认真负责的工作态度，学习他敬岗爱业的精神，学习他爱公司如家的精神，为我集团公司又好又快发展做出应有的贡献!

特此通知!

署名日期　北京××集团有限公司

2022 年 3 月 4 日

主题词：通知 奖励　主题词与印发日期

北京××集团有限公司行政部　2022 年 3 月 4 印发

图3-47　通知书样本

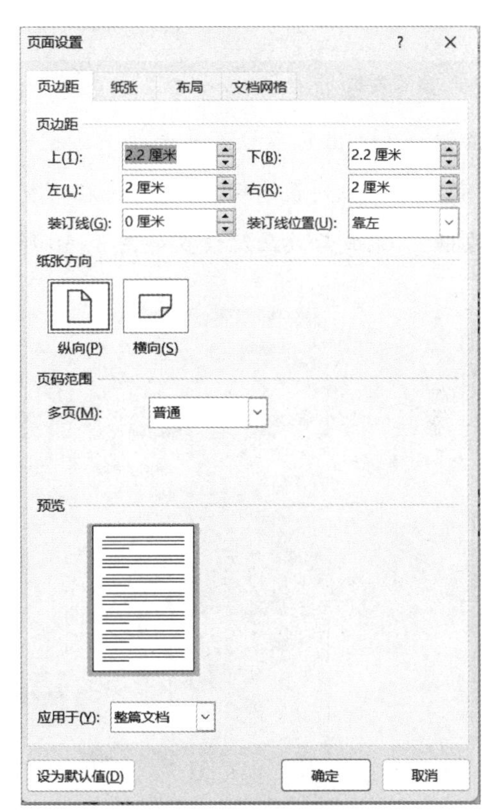

图3-48　页面设置

步骤2 如图 3-49 所示，选定抬头文字，对选定文字分别设置“字体”为“微软雅黑”、“字号”为“二号”“加粗（B）”、“颜色”为“深蓝”、“段落对齐”为“居中”，设置后在文档任意空白处单击取消选定，然后再选定其余文本，统一改“字体”为“微软雅黑”，最后再将“2022号……文件”段落文字“颜色”改为“深蓝色”、“居中”。

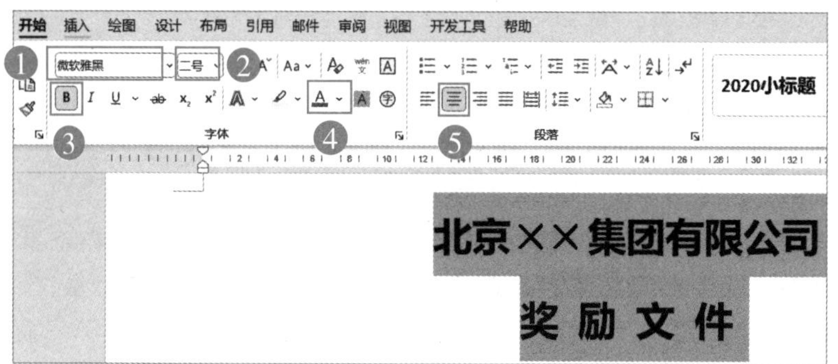

图3-49 通知书抬头的排版

步骤3 选定“2022号……文件”段落文字后，单击“开始”→“段落”→“边框”按钮，在弹出的下拉菜单选择“边框和底纹”命令，弹出“边框和底纹”对话框，在“颜色”下拉列表选择“深蓝”，在“宽度”下拉列表选择“2.25磅”，预览下单击“下边框”。完成后效果及设置如图3-50所示。

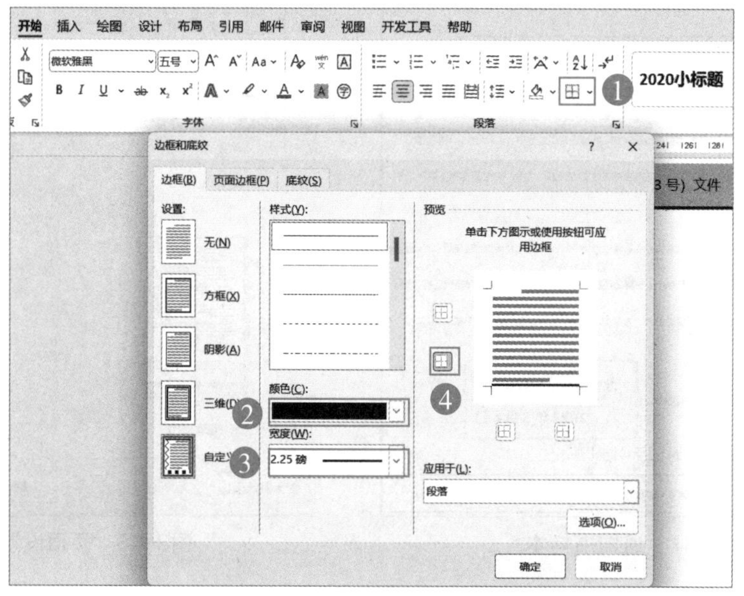

图3-50 绘制并设置分割线条

提示

在设置边框时，“样式”列表框是可以选择边框线条呈现方式的，“颜色”下拉列表改变的是线条颜色，“宽度”下拉列表改变的是边框线的粗细，预览下单击需要添加的位置。

步骤4 选定正文标题，参照第3.1节，更改字号为“三号”并单击“加粗”按钮，然后再单击“段落”对话框启动按钮，如图3-51所示，弹出“段落”对话框，在该对话框设置“段前”与“段后”值为“3行”，在“对齐方式”下拉列表选择“居中”。

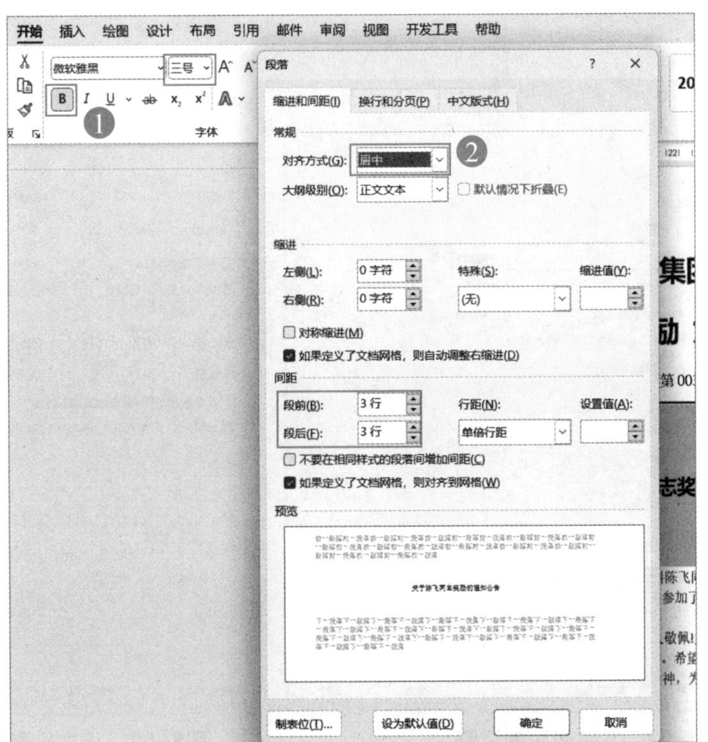

图3-51　公文标题字体与段落设置

步骤5 调整标题文本的字间距，选择标题文本后，单击“开始”下的“字体”按钮，弹出“字体”对话框，在该对话框选择“高级”选项，“间距”选项下选择“加宽”，设置其磅值为“5磅”。结果如图3-52所示。

“间距”选项也可以改为“紧缩”，实现的效果与加宽正好相反，如果紧缩的取值过大，文字之间可能会重叠在一起。还有一种做法是在每个字中间按“空格键”，但是当文字较多时，这个方法并不太合适。

步骤6 选定正文文字（“从2020……特此通知！”），单击“段落”命令按钮，会弹出“段落”对话框，在该对话框“特殊”下选择“首行”，将“缩进值”设为“2字符”，行距改成“固定值”，将“设置值”设为“35磅”，结果如图3-53所示。

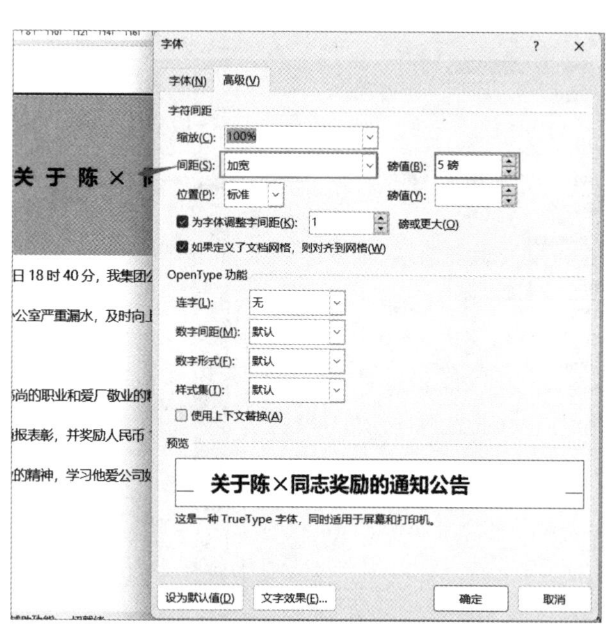

图3-52 文字间距的调整

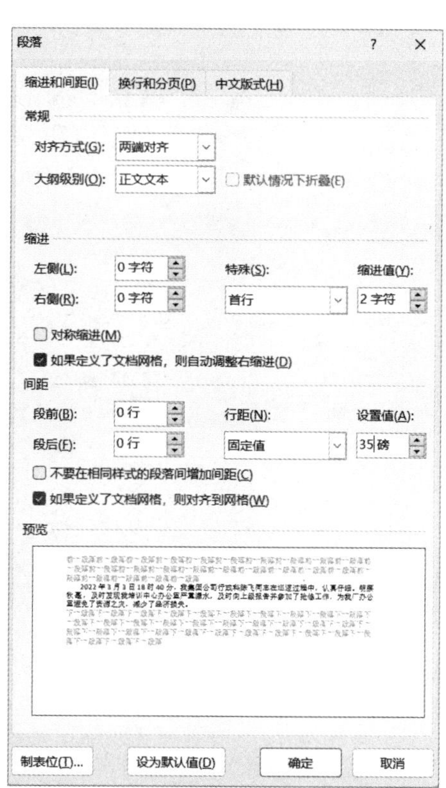

图3-53 正文段落的格式调整

使用“微软雅黑”字体会让段落行与行的间隔自动变大，通过使用固定值的方式可以改变行与行之间的间隔。

步骤7 选定署名与日期两个段落，先调整“字号”为“四号”并“加粗”，然后参照步骤6打开“段落”对话框，在“对齐方式”下改为“右对齐”，改变缩进“右侧”为“8字符”，完成后效果如图3-54所示。

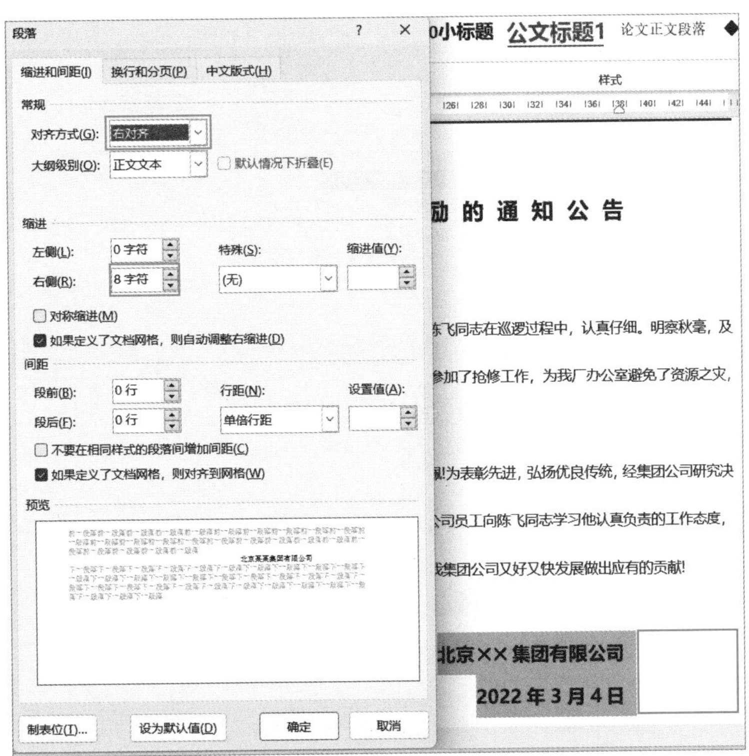

图3-54　署名的对齐与缩进调整

提示

缩进下“右侧”指的是段落所有行距离页面右边距的间隔。而缩进下“左侧”指的是距离页面左边距的间隔。“首行”指的是每段的第一行，“悬挂”指的是每段除第一行以外的其余各行。

步骤8 参照之前步骤调整主题词与印发日期的字体、字号、行距到合适的大小，并将这两个段落选定，单击“开始”→“段落”→“边框”按钮，在弹出的下拉菜单选择“边框和底纹”命令，弹出“边框和底纹”对话框，参照如图3-55所示设置即可。

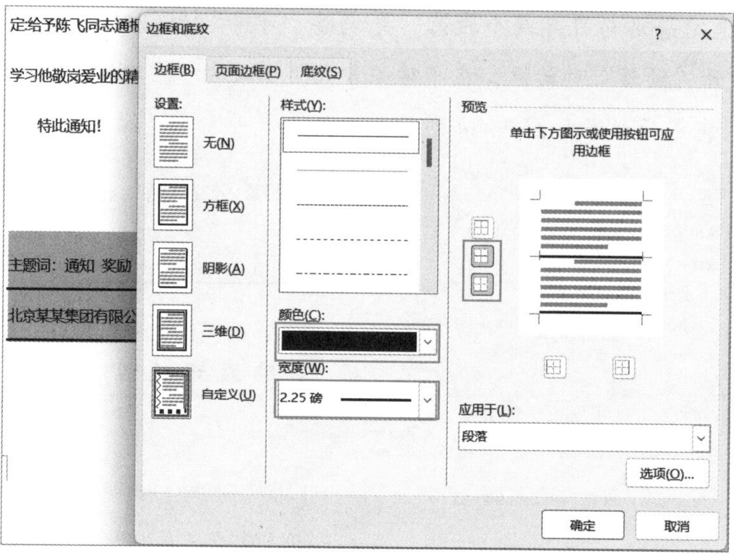

图3-55　抄送内容边框的添加

举一反三

（1）完成如图3-56所示的协议，需要设置两种数字编号形式，第一级别为：一、二、三……形式；第二级别为：(1)(2)……形式。

甲方：______

乙方：______

乙方承租甲方管理的上列房屋作为______使用，双方议定遵守事项如下：

房屋座落：______区______楼______单元______号 房屋使用面积：______平方米

一、本租约为乙方取得承租房屋使用权的凭证。甲、乙双方均有遵守国家有关住宅法律和本市房屋政策、法令的义务。

二、房屋租金数额因房屋条件或租金标准变动时，其租额得予调整，每月租金，乙方应于______日前交清。

三、乙方有下列情况之一时，甲方可以终止租约，收回房屋：

(1)把承租的房屋转让，转借或私自交换使用的；

(2)未经甲方同意私自改变承租用途的；

(3)无故拖欠租金三个月以上的。

图3-56　协议

第 4 章

30 分钟玩转表格排版

使用 Word 制作的表格大多是不涉及数值计算而且行列结构比较复杂，如入学登记表、毕业生登记表、招聘应聘登记表等，这就增加了排版的难度，因此需要掌握一定的排版方法和技巧。本章将通过四个不同的实例来介绍各种表格的排版方法和技巧。

本章主要学习知识点

- 如何制作表格
- 表格布局命令的使用
- 表格美化方法

4.1　通过“入职登记表”学习表格排版

Word 中的表格多是由横着的行、竖着的列和交叉的单元格组成，如图 4-1 所示，行列并不一一对应，这也是Word 与 ExceL 制作表格的区别所在。

这里给读者朋友分享一个制作表格的原理：数一下表格最多有多少行，最多有多少列，而图 4-1 所示的表格列不太规范，那么可以依据第一行的列为准，其余各行都以第一行的列对应。根据这个原理可以数出图 4-1 所示表格行是 17 行（最多），而第一行是 9 列（也可以称为 9 个单元格）。

姓　名		性　别		民　族		文化程度		
政治面貌		加入时间			联系电话			
出生年月		身份证号				婚姻状况		
籍　贯		家庭住址						
技术等级		应聘岗位		试用期工资		试用期后工资		
个人简历	起止时间	简历事项						备 注
主要家庭成员及社会关系	姓　名	称谓		工作单位（职务）				备注
录用意见				身份证复印件				
审批意见								
本人已阅读入职须知，同意执行厂纪厂规，并保证以上所填资料和所供身份证、学历、职称等证书证件，均真实有效，无任何许虚假现象；若填写资料、提供的证件与实际情况不符，本人自愿承担一切责任。　本人签名：　　日期：								

图4-1　结果表格

步骤1 调整页面的“左、右页边距”均为“2 厘米”，然后单击“插入”→“表格”→“插入表格”按钮，弹出“插入表格”对话框，如图 4-2 所示，在“列数”文本框输入“9”，在“行数”文本框输入“17”，在“‘自动调整’操作”下选择“根据窗口调整表格”，并单击“确定”按钮。

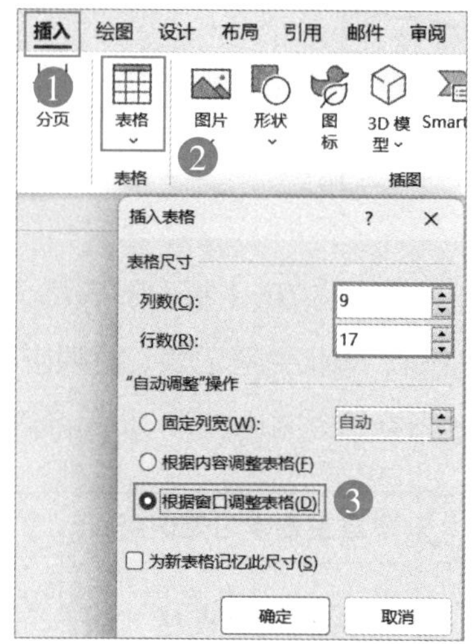

图4-2 插入表格对话框

提示

插入表格选择“根据窗口调整表格”，表格会自动均匀撑满页面，插入表格后再调整页边距、纸张方向、大小时，表格还会自动均匀撑满页面。

步骤2 表格插入完成后，鼠标光标默认会定位在第一个单元格，输入文字“姓名”，如图 4-3 所示，内容距单元格左右有一定间隔，但是最终完成的表格并没有间隔，将鼠标光标定位在任意一个单元格里，单击“布局”→“选择”→“选择表格”按钮，表格全选后，再单击“布局”→“单元格边距”按钮，弹出“表格选项”对话框，分别更改“左”“右”的值为“0 厘米”，如图 4-4 所示。

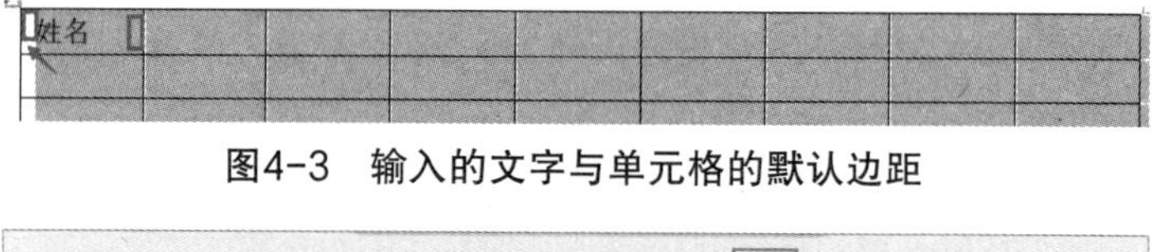

图4-3 输入的文字与单元格的默认边距

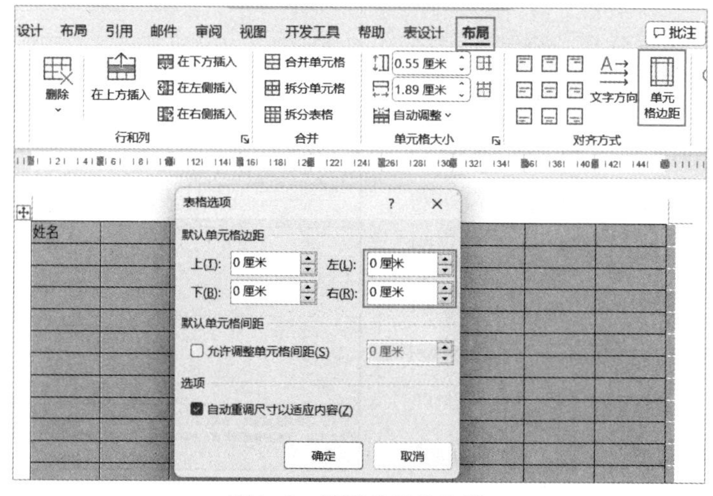

图4-4 设置单元格边距

提示 1

如图 4-4 所示“表格选项”对话框是执行后再次打开的结果，便于读者看到对哪些选项进行了设置。

提示 2

Word 2016 与 Word 2019 版本里面是“表格工具”→“布局”。

步骤3 如果第一个单元格的内容需要撑满整个单元格，使用空格或者调整字符间距是一种办法，更简单的方法是将鼠标光标定位在单元格后，单击“开始”→“段落”→“分散对齐”按钮，效果如图 4-5 所示。

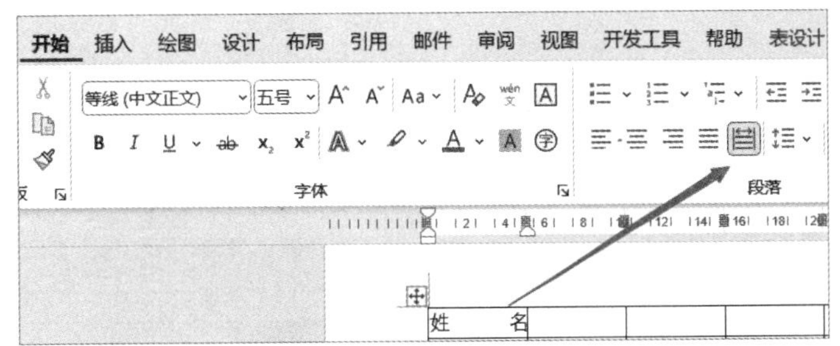

图4-5　“分散对齐”调整文字在单元格内的显示

提示

该步骤只是为了分享知识点，与完成的效果会有略微出入。

步骤4 按“Tab”键把鼠标光标向右移动，移动到合适的位置依次输入文本内容，在第 2 行加入时间输入完成后，选定“加入时间”右侧的两个单元格，如图 4-6 所示，单击“布局”→“合并单元格”按钮。

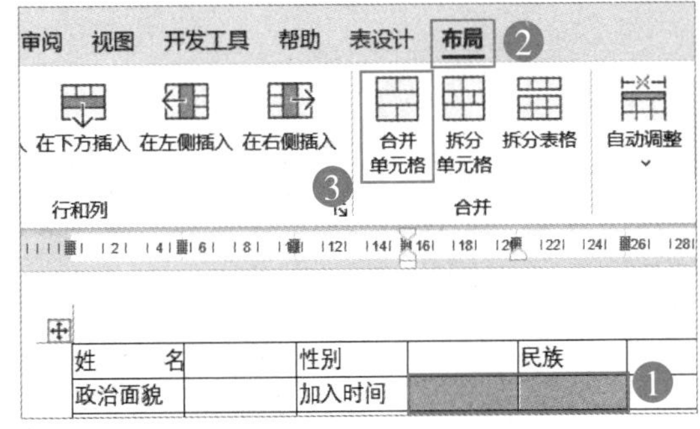

图4-6　合并选定的单元格

合并单元格的作用是将选定的两个以上的单元格合并为一个单元格，合并单元格可以横着选择合并，也可以竖着选定合并。

提示 2

后续章节在涉及改变合并单元格时，如无说明，其操作步骤均是选定两个以上单元格，单击“布局”→“合并单元格”按钮，故将此步骤简单描述成“合并单元格”。

步骤5 参照步骤 4，先完成“联系电话”的制作，再制作第 3 行“身份证号”。对照第 1 行，不同的是这次需要选定 3 个单元格，执行“合并单元格”命令，完成后效果如图 4-7 所示。

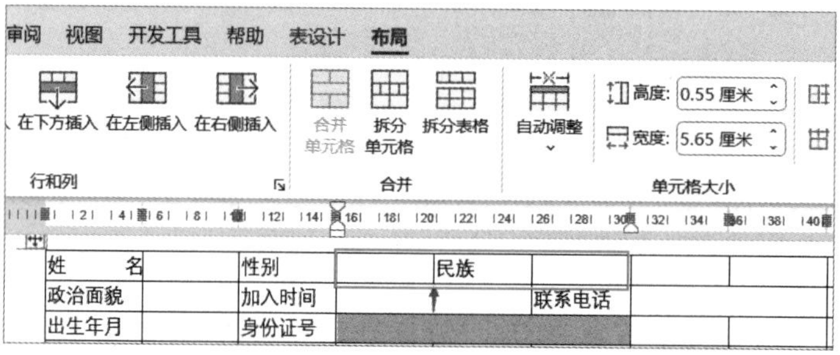

图4-7 合并选定的单元格

步骤6 参照步骤 4 与步骤 5，完成第 4 行的制作，其中第 9 列前 4 个单元格选定并执行“合并单元格”命令，由于当前表格列数较多，而页边距较宽，再次调整页边距左右均为“1.5 厘米”，调整后，表格会自动变宽并均匀撑满页面，如图 4-8 所示。

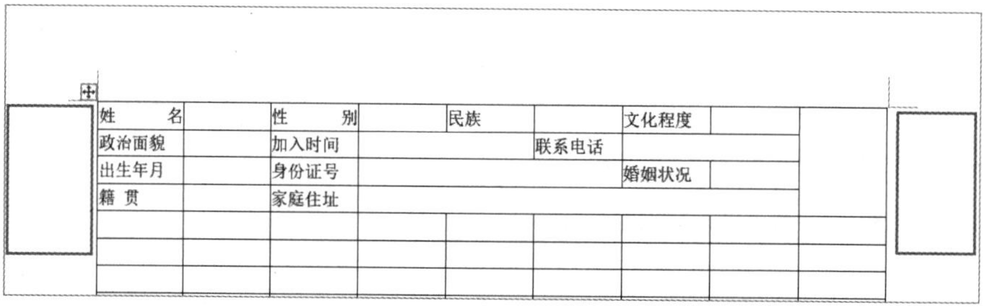

图4-8 调整页边距

步骤7 在制作第5行时，先输入内容，然后将鼠标光标定位在“试用期后工资”单元格里，单击“布局”→“选择”→“选择单元格”按钮，如图4-9所示，将鼠标放在右侧边框线上会变成左右箭头，拖动其边框线向右，就可以只改变当前单元格的宽度。最后再选定右侧的两个单元格执行“合并单元格”命令。

姓　　名		性别		民族		文化程度		
政治面貌		加入时间			联系电话			
出生年月		身份证号				婚姻状况		
籍贯		家庭住址						
技术等级		应聘岗位		试用期工资		试用期后工资		

图4-9　调整列宽

步骤8 制作第6～9行，把第6行到第9行的第1列单元格选定并执行“合并单元格”命令，对应的第2列直接输入具体文字，其中简历事项参照第1行，需要把4行6列变成4行1列，所以需要将其选定，再单击“布局”→“拆分单元格”按钮，在弹出的“拆分单元格”对话框中将“列数”改为“1”，如图4-10所示，完成后在单元格内输入具体文字。

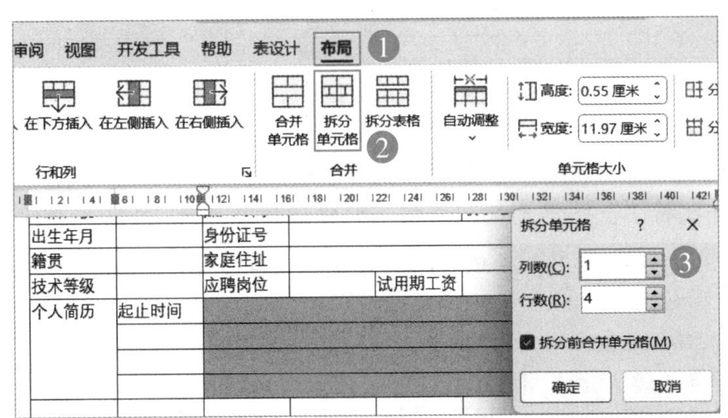

图4-10　拆分单元格变成需要的行与列

提示1

“拆分单元格”对话框是执行后再次打开的效果。这里拆分单元格作用是把4行6列的单元格变成4行1列的单元格。一定要勾选“拆分前合并单元格”选项，选定的单元格会先合并后拆分。

提 示 2

后续章节在涉及改变拆分单元格时，如无说明，其操作步骤均是选定单元格，单击“布局”→“拆分单元格”按钮，故将此步骤简化描述成“拆分单元格”。

步骤9 第 10 ~ 14 行的制作，第 1 列选定后先执行“合并单元格”命令再输入内容，第 2 列直接输入具体文字，将第 3 列与第 4 列选定后执行“拆分单元格”，在弹出的“拆分单元格”对话框中“列数”输入框输入“1”。同样选定第 5 列到第 8 列后执行“拆分单元格”，在弹出的“拆分单元格”对话框中“列数”输入框输入“1”。完成后效果如图 4-11 所示。

姓　　名		性别		民族		文化程度		
政治面貌		加入时间						
出生年月		身份证号						
籍贯		家庭住址						
技术等级		应聘岗位		试用期		资		
个人简历	起止时间	简历事项						备注
主要家庭成员及社会关系	姓名							

拆分单元格 ? ×
列数(C): 1
行数(R): 5
拆分前合并单元格(M)
确定 取消

图4-11 拆分单元格变成需要的行与列

步骤10 先在第 15 行与第 16 行的第一个单元格分别输入内容，把第 15 行的第 2 ~ 4 个单元格选定并执行“合并单元格”命令，同样操作合并第 16 行，最终再选定第 15 行与第 16 行其余单元格执行“合并单元格”命令，合并后的效果如图 4-12 所示。

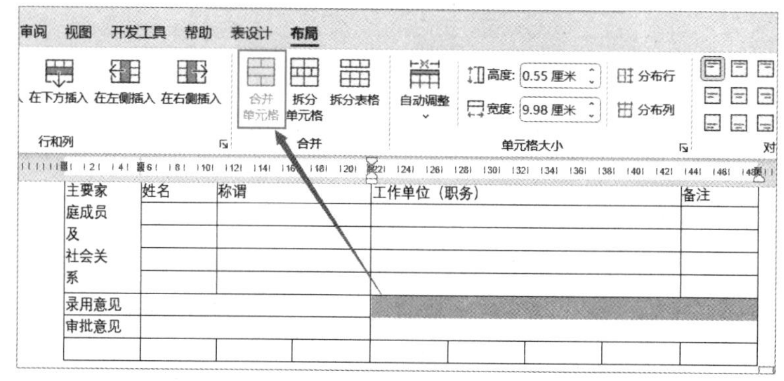

图4-12 合并选定的单元格

步骤11 将第 17 行选定后合并单元格并输入文字内容，选定文字加粗（“Ctrl+B”快捷键），将鼠标光标定位在段落内的任意位置，再单击“开始”→“段落”按钮，在弹出的“段落”对话框设置“特殊”下的“首行”缩进值为“2 字符”，“段前”与“段后”的值各为“0.5 行”，如图 4-13 所示。

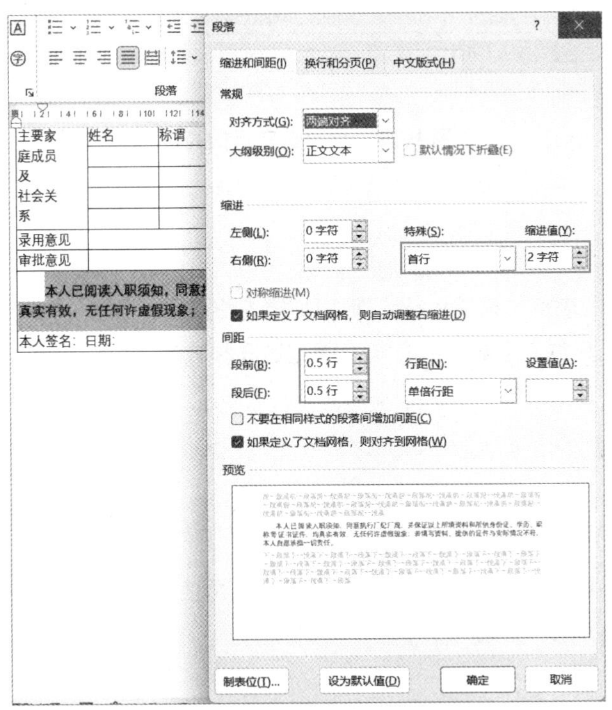

图4-13　设置文字的段落属性

> **提示**
>
> 最后一行本人签名与日期的排版方式是将鼠标光标定位在最后一行任意位置，单击“开始”→“右对齐”按钮，右对齐后再把鼠标光标分别定位在“签名冒号”与“日期冒号”后边，不断按“空格键”，空出合适间隔。

步骤12 首先选定第 1 ~ 14 行，单击“表格工具”→“布局”→“高度”按钮，设置值为“0.9 厘米”，调整高度后，默认文字会在单元格的左上角显示，在“表格工具”→“布局”下“对齐方式”组选择“水平居中”命令按钮，完成后效果如图 4-14 所示。

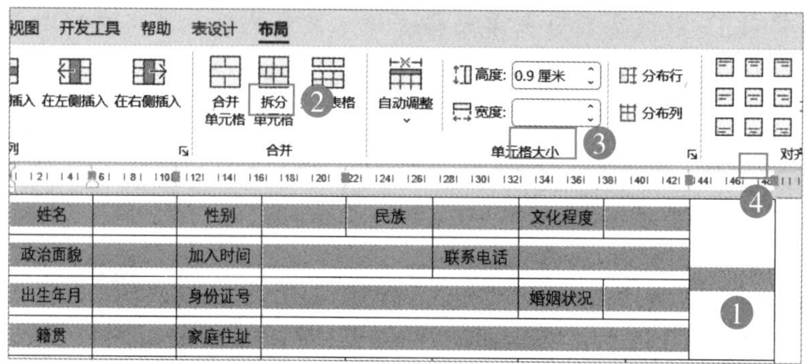

图4-14 调整选定行的高度

提示 1

图 4-14 所示的表格效果是执行步骤 12 调整后的结果，通过“高度”值调整表格后，对齐方式组提供了 9 种文字对齐的方式，通过这 9 种方式，可以控制文字在单元格内上、中、下与左、中、右不同的位置。

提示 2

使用分散对齐调整文字所在单元格的间距后，再使用表格工具下的对齐方式调整就会改变文字的显示方式，如第一个单元格内的文字。

步骤13 参照步骤 12 调整第 15 ~ 16 行高度为“3 厘米”，完成后全选表格，依次单击“表设计”→“笔画粗细”，在下拉菜单中选择“2.25 磅”，再单击“边框”命令，在弹出的下拉菜单中选择“外侧框线”，完成后效果及设置如图 4-15 所示。

提示 1

表格全选后根据需要先设置“笔画粗细”“笔样式”“笔颜色”三个选项，再选择“边框”下拉列表命令，选择应用范围，这三项设置只会应用到对应选择的表格部分，如示例选择的“外侧框线”，可以看到框线粗细只改变了表格外侧，而内部框线没有任何变化。

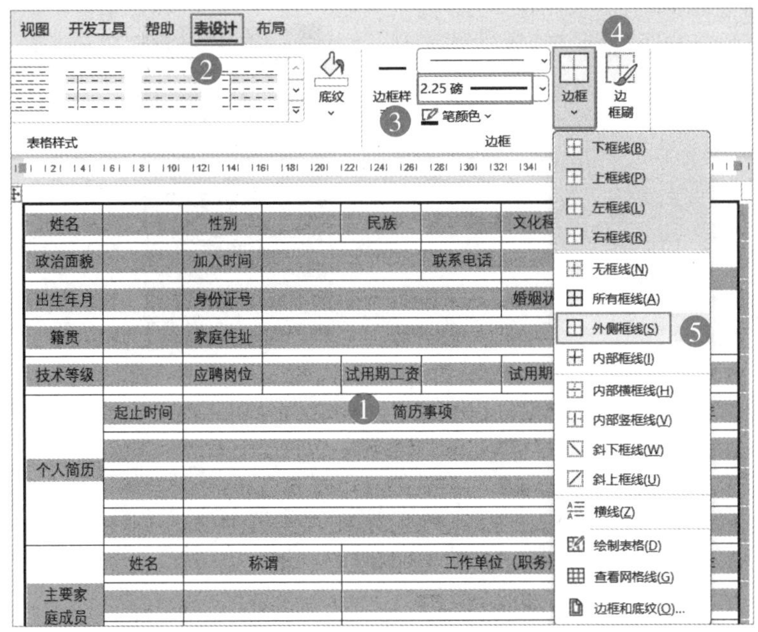

图4-15　为表格添加框线

在 Word 2019 版本“表格工具”下的“设计”选项卡名称变成了“表设计”，其余没有变化。

技巧

表格没有输入标题，可以把鼠标光标定位到第一个单元格的第一个字前边按“Enter”键，将在表格上方空出一行，这样就可以为表格输入标题了。

4.2　通过“产品参数”表学习表格美化

表格美化可以分为两部分：一是对表格内的文字进行如字体变化、大小变化等设置；二是对表格进行边框、底纹、行高与列宽、文字在单元格内的对齐方式的改变等设置。示例表格如图 4-16 所示。

产品名称	多线标准型	多线增强型	多线企业型	多线豪华型
价格	399 元/年	599 元/年	899 元/年	1399 元/年
网页空间	500M	600M	700M	800M
产品编号	B071	B072	B073	B074
单月流量	100G	140G	130G	150G
绑定域名	15 个	15 个	15 个	15 个
机房线路	国内 BGP 国内双线	国内 BGP 国内双线	国内 BGP 国内双线	国内 BGP 国内双线

图4-16　结果表格

步骤1 先单击“布局”→“纸张方向”→“横向”按钮，再单击“页边距”→“适中”按钮，最后再单击“插入”→“表格”按钮，选择“5×7 表格”，完成后如图 4-17 所示。

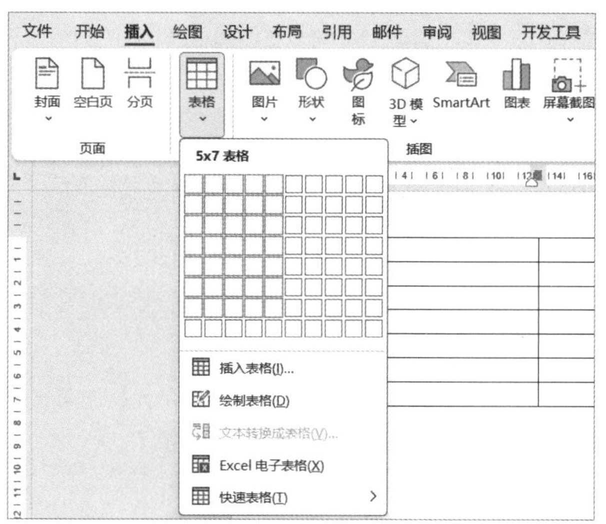

图4-17　插入所需表格

提示

步骤 1 创建表格的方式适合表格行数与列数相对较少的情况。

步骤2 调整第 1 列的宽度变窄，如图 4-18 所示，调整的方式是将鼠标光标定位在第 1 列的边框线上向左拖动即可，这种方式调整后表格整体宽度将保持不变。

图4-18　调整表格列宽

提示

另外，读者朋友还可以尝试把鼠标光标定位在第 1 列，使用“布局”→“宽度”的方法来减少表格的宽度，但是使用这种方法后表格整体宽度也会减少。

步骤3 在步骤 2 中，第 1 列减少表格列宽后，导致第 2 列的宽度与后三列宽度不同了，可以通过选定第 2 ~ 5 列，单击“布局”→“分布列”按钮，选定列的宽度变得一致，执行后效果如图 4-19 所示。

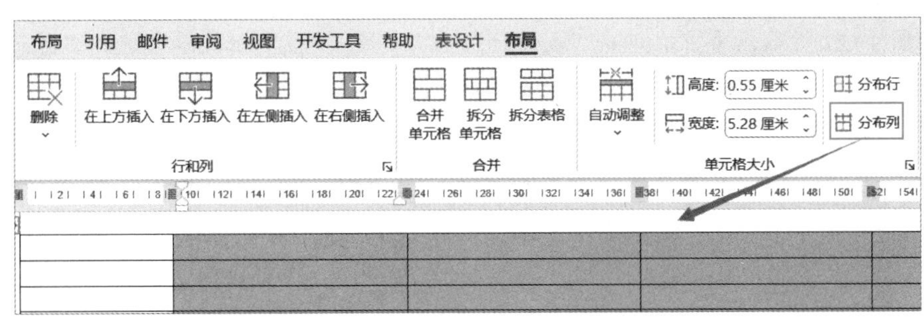

图4-19　选定列的宽度变得一致

步骤4 先按照图 4-16 所示在单元格内输入内容，由于表格最后一行的数据是两行内容，导致整体表格行的高度不统一，可以把整个表格选定后，单击“布局”→“分布行”按钮。表格行的高度变高后，再单击“对齐方式”组的“水平居中”命令按钮，完成后效果如图 4-20 所示。

提示

分布行命令作用为将选定表格行的高度变得一致，如表格某一行较高，执行分布行命令后，表格将整体变高。

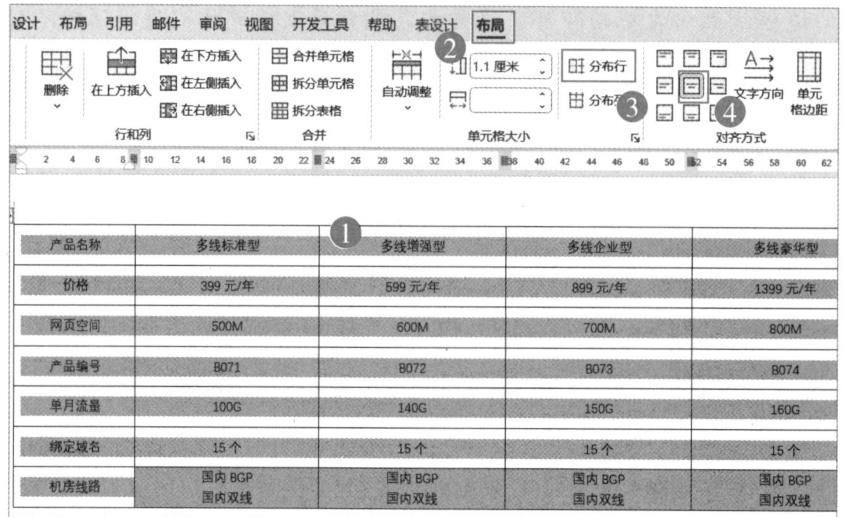

图4-20　调整行的高度与文字在单元格内的对齐方式

步骤5 选定整个表格，改变单元格内文字的“字体”为“微软雅黑”、“字号”为“11号”，如图 4-21 所示，再依次单击“表设计”→“底纹”，在下拉菜单中选择“白色，背景1，深色 15%”。最后单独选定第一行标题文本，将其“字号”更改为“14 号”并“加粗”。

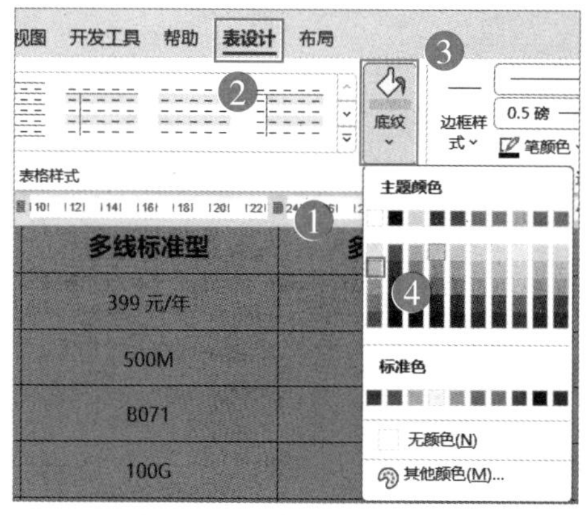

图4-21　表格添加底纹

提示

最后一行的文字是两个段落文字，使用了“微软雅黑”字体后会让行间距变大，解决方法是更改段落的行距为固定值。

步骤6 单独选定需要突出的第 4 列，参照步骤 5 改变底纹色为“蓝色”，改变该列的文字颜色为白色，将字号调整到合适的大小。如图 4-22 所示，全选表格，然后依次单击“表设计”→“边框”，在下拉菜单选择“无框线”命令。

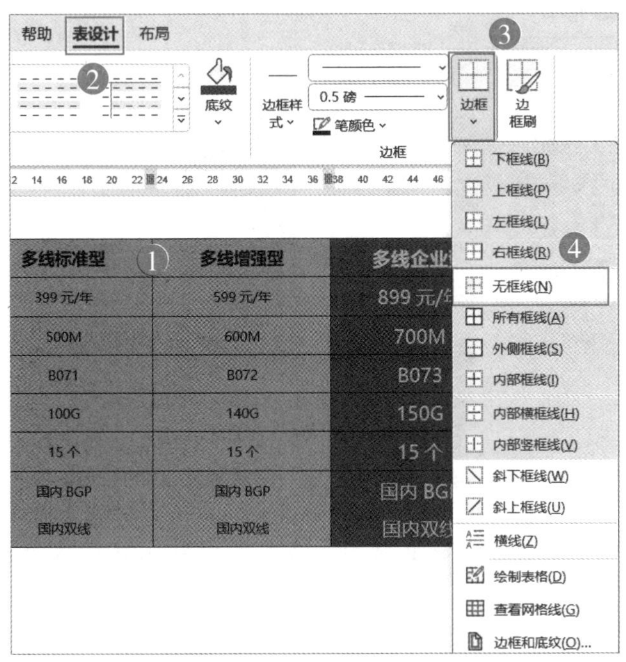

图4-22　改变特定列的底纹颜色并取消表格边框线

提示

这一步更改底纹色为“蓝色”，目的是读者能清楚看到更改文字颜色为“白色”后的效果。

步骤7 再次选定第 4 列，依次单击“表设计”→“底纹”，在下拉菜单中选择“无颜色”命令，绘制一个矩形（宽度同第 4 列一样，高度稍微比表格高），选定该矩形，在“形状格式”下改变“形状填充”为“蓝色”、“形状轮廓”为“无轮廓”，并添加“形状效果”下的“阴影”，选择外部“向下偏移”，效果如图 4-23 所示。

形状的绘制使用方法可以参考第 5 章。

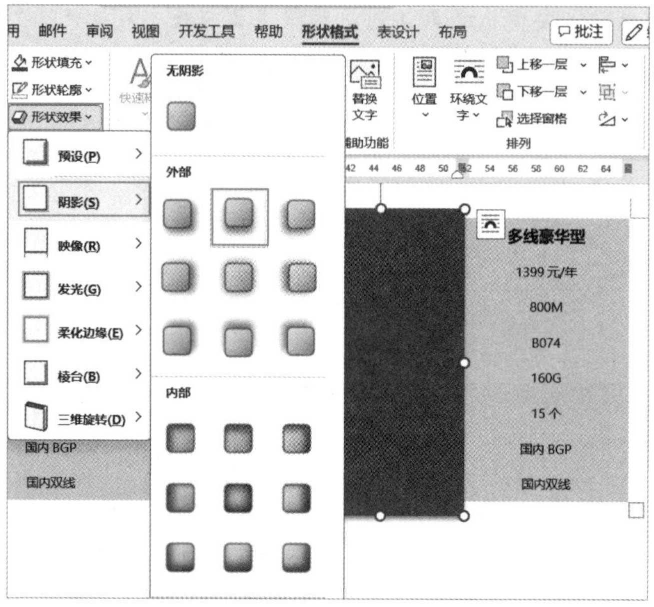

图4-23 绘制矩形更改填充颜色并添加阴影效果

步骤8 插入的矩形默认是在表格的上方，矩形处于选定状态，如图 4-24 所示，依次单击“形状格式”→“环绕文字”，在下拉菜单中选择“衬于文字下方”命令即可完成突出列的效果。

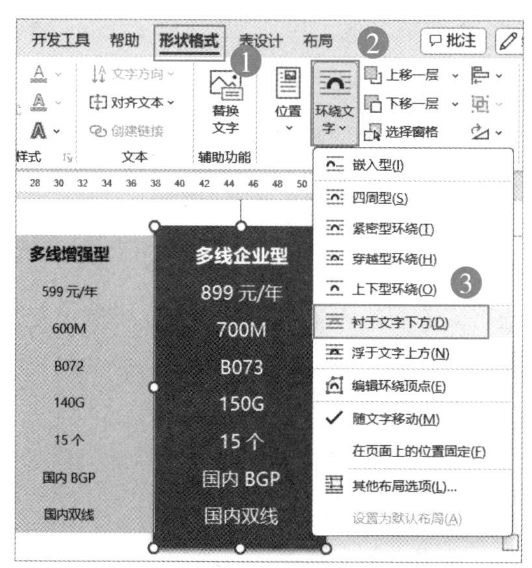

图4-24 更改矩形到表格下方显示

扩展：单独改变列的底纹与设置边框也是一种比较常见的表格美化方法，参照步骤 6 将第 4 列更改“底纹颜色”为“蓝色”，再全选表格，依次单击“表设计”→“笔颜色”，在下拉菜单中选择“白色”，然后再单击“笔画粗细”，在出现的下拉菜单中选择“1.5 磅”，最后单击“边框”命令，在弹出的下拉菜单中选择“内部框线”命令，如图 4-25 所示。

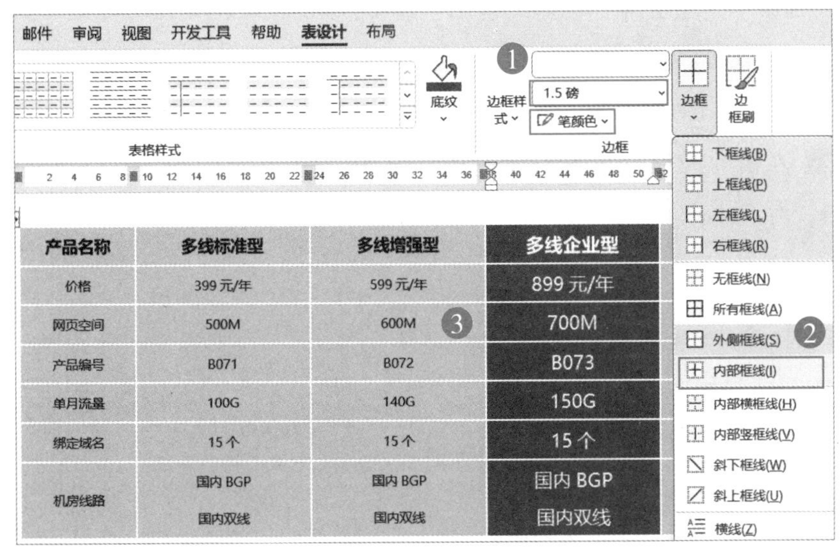

图4-25　更改表格内部框线的显示效果

4.3　表格排版让“论文封面页”更规范

论文封面页，如图 4-26 所示，很多人是通过直接插入图片、输入标题完成排版，而本节示例则是使用表格完成整个版面的排版。下面列出论文封面的格式要求，然后对照排版。

- 封面上标志图片居中、尺寸高度为 2 厘米、宽度为 6.8 厘米；
- “毕业论文设计”格式为楷体、48 号字、加粗、居中、段前段后各留 1 行间距；
- 题目格式为宋体、小二、加粗、居中，副标题格式为宋体、小二、加粗、靠右；
- 封面上的日期用阿拉伯数字填写，数字字体为 Times New Roman，字号为小三号；

- 明细信息“宋体、小三号”。

步骤1 参照4.2节，插入一个1列6行的表格，把鼠标光标定位在第一个单元格里，插入标志图片，选定该图片，依次单击“图片工具”→“格式”→“大小”，弹出“布局”对话框，在“大小”选项下，先去掉“锁定纵横比”选项，然后按要求改变高度与宽度的绝对值，如图4-27所示。

步骤2 在图片处于选定状态时，依次单击“布局”→“对齐方式”→“靠上居中对齐”，如图4-28所示。

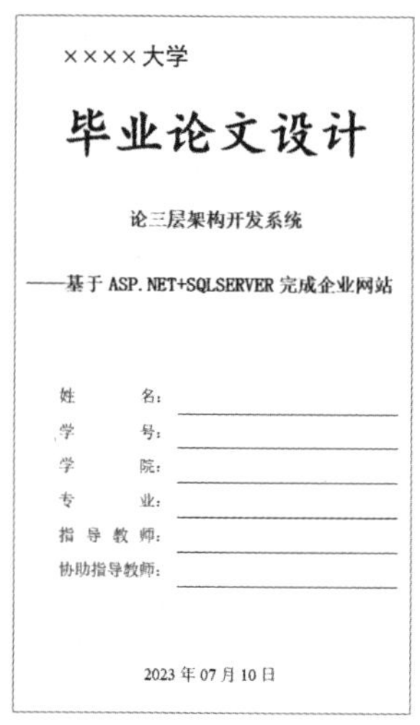

图4-26 最终完成效果

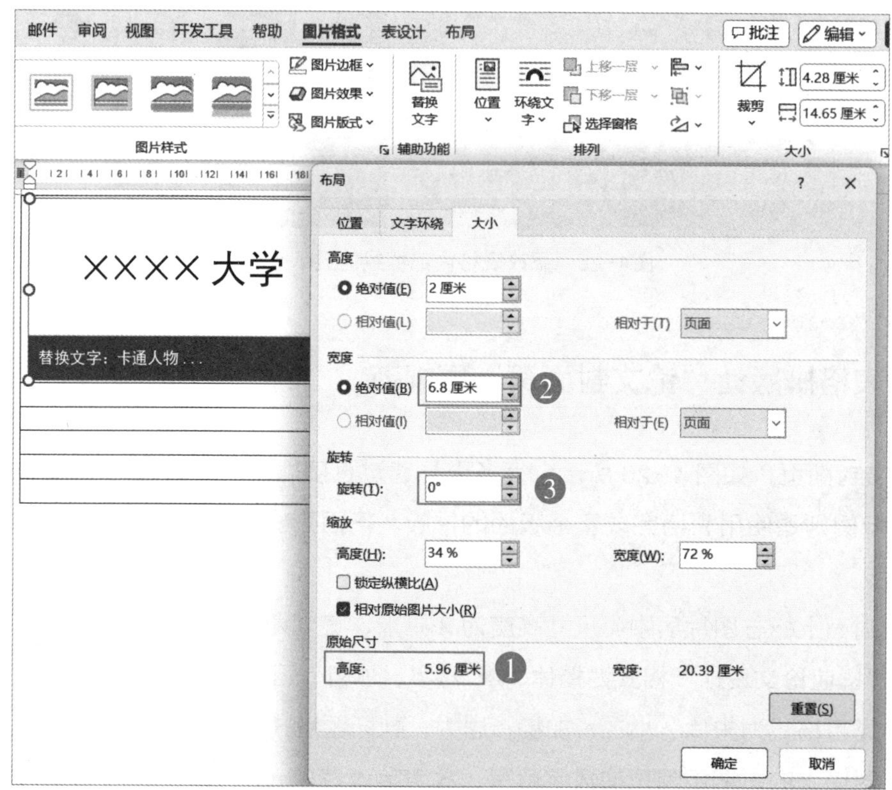

图4-27 表格内插入图片并更改图片为固定大小

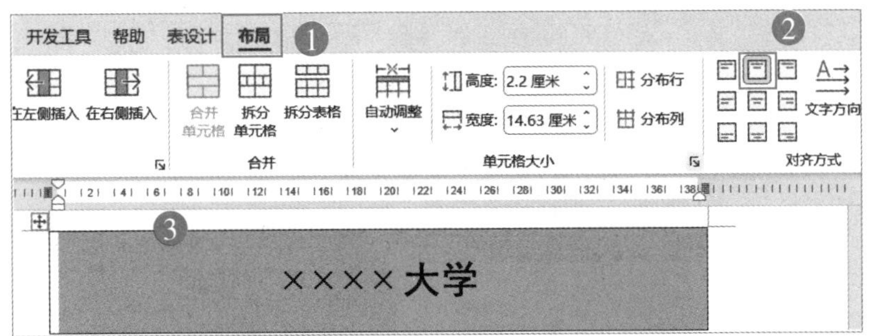

图4-28　更改图片在单元格内的对齐方式

提示

如果图片不能使用表格工具下的调整对齐方式命令，可以先选定图片，查看“图片工具”下的“环绕文字”方式是否为“嵌入型”，如果不是，则改成“嵌入型”。

步骤3 参照步骤2将单元对齐方式改为“中部居中”，并在第2行输入“毕业论文设计”文字，然后依次更改“字体”为“楷体”、“字号”为“48”、“加粗”，在“布局”选项卡下设置间距下“段前”与“段后”各为1行，结果如图4-29所示。

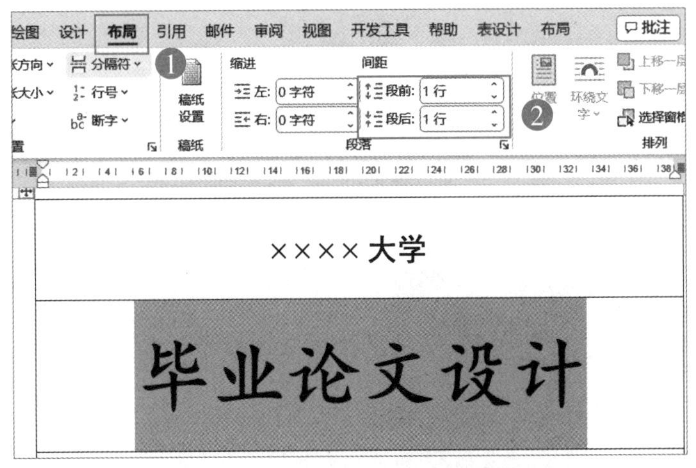

图4-29　调整文字的段前与段后间距

步骤4 参照步骤3，按要求完成标题与副标题的输入与排版，将鼠标光标定位在第5行，依次单击“表格工具”→“布局”→“拆分单元格”，在“拆分单元格”对话框设置“列数”为“2”、“行数”为“6”，将第5行拆分为6行2列，如图4-30所示。

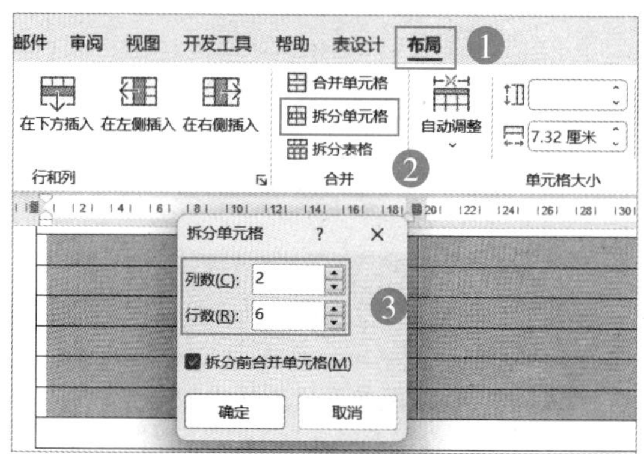

图4-30　拆分单元格

图 4-30 所示“拆分单元格”对话框是执行后再次打开的效果。

步骤5 先在步骤 4 拆分出第 1 列输入文字内容，并调整“字号”为“小三号”，选定单元格内容，依次单击“布局”→“对齐方式”→“中部右对齐”，完成后效果如图 4-31 所示。

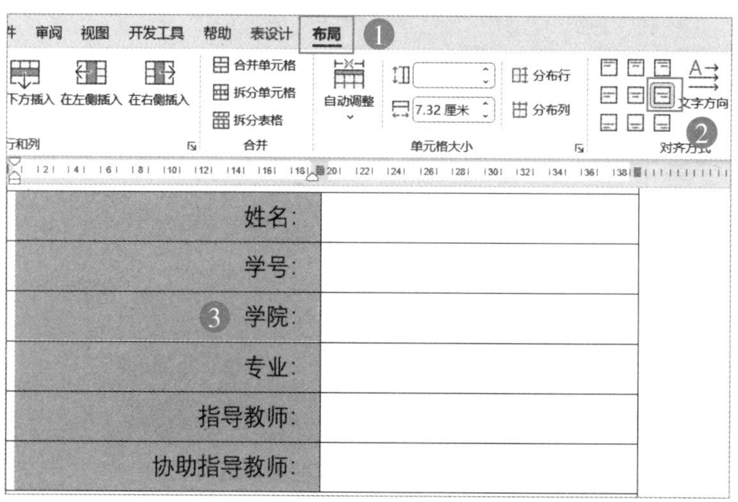

图4-31　调整文字在单元格内的对齐方式

步骤6 文字的对齐，先选定最多的文字“协助指导教师”，单击“开始”→“中文版式”，在弹出的下拉菜单中选择“调整宽度”命令，在“调整宽度”对话框查看其宽度为“6 字符”，单击“取消”按钮，选定“指导教师”再次执行“调整宽度”命令，在“调整宽度”对话框设置“新文字宽度”为“6 字符”。其余各行调整依此类推。完成后效果如图 4-32 所示。

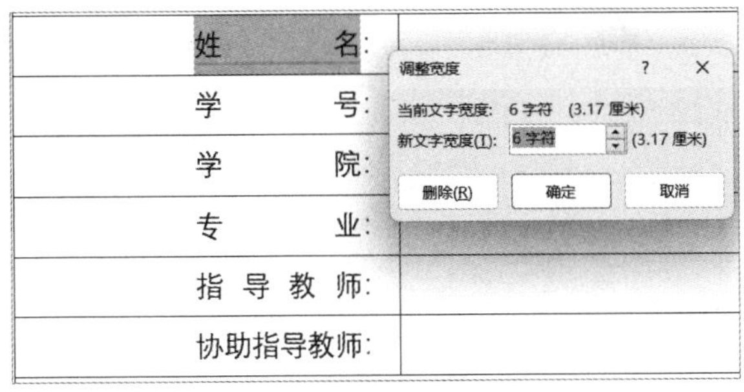

图4-32　调整文字宽度

提 示

如图 4-32 所示“调整宽度”对话框是执行后再次打开的效果。

步骤7 同时最后一行的日期需要不一样的中文与西文字体，可以选定日期，依次单击“开始”→“字体”，在弹出的“字体”对话框，分别设置“中文字体”为“宋体”，“西文字体”为“Times New Roman”，如图 4-33 所示。

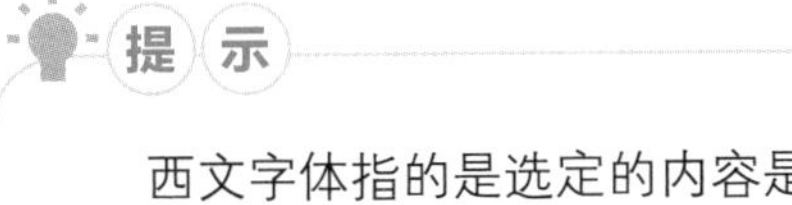

提 示

西文字体指的是选定的内容是英文、数字时使用的字体。

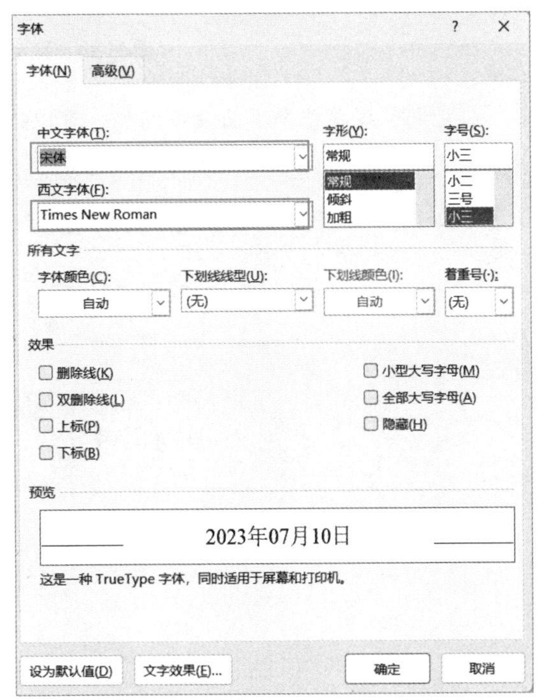

图4-33　分别调整中文与西文字体

步骤8 先全选表格，依次单击“表设计”→“边框”→“无框线”，将表格改成无框线效果，再单独选定“姓名～协助指导教师”等对应的右侧单元格，依次单击“表设计”→“边框”，在弹出的下拉菜单中分别单击“下框线”与“内部框线”命令，如图 4-34 所示。

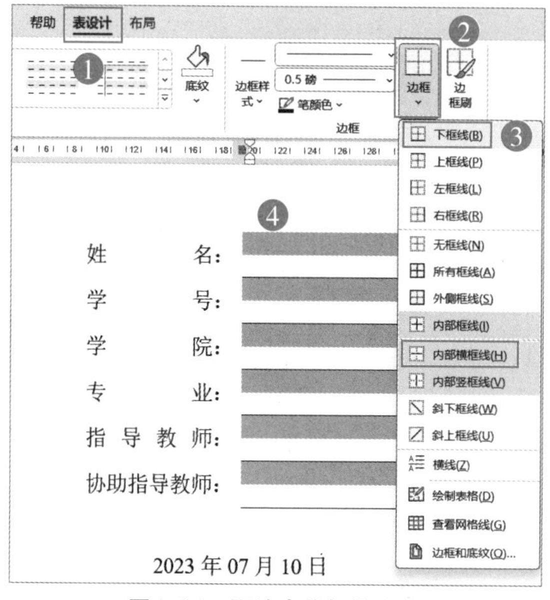

图4-34 取消表格框线显示

步骤9 现在整个页面没有间隔，可以改变第 2 行、第 3 行、第 4 行以及最后一行的高度，改变方法为先选定需要改变的行，然后依次单击“布局”→“高度”，设置值到合适的大小，如图 4-35 所示，将最后一行的高度改变到“5.9 厘米”并调整至“水平居中”对齐。

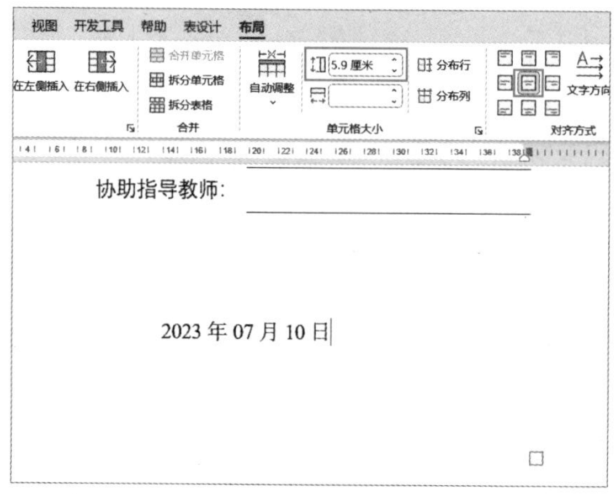

图4-35 细节调整

4.4　制作结构复杂的“应聘登记表”

本节通过应聘登记表实例讲解表格的制作，该实例主要用到的知识点有“合并单元格”“拆分单元格”“行高”“边框”以及改变选定单元格的边框线。应聘登记表如图 4-36 所示。

步骤1 在“布局”选项卡下“页边距”选择“中等”，依次单击“插入”→“表格”→“插入表格”，在弹出的“插入表格”对话框中，“列数”输入“9”，“行数”输入“29”，选择“根据窗口调整表格”，如图 4-37 所示。

应聘登记表

姓名		性别		出生日期		民族		
身份证号								
户籍地址				婚姻状况				
现居住址				孕育状况				
联系方式		邮箱						
有无亲友在本单位工作		姓名		职位				
学校名称		学历	期间		专业			
最终学历	□高中 □中专 □大专 □本科 □硕士		职称					
兴趣爱好		做过的兼职工作						
专业技能								
工作/实习经历	工作单位	期间		职位				
		年 月 — 年 月						
		离职原因		收入				
		证明人		电话				
		年 月 — 年 月						
		离职原因		收入				
		证明人		电话				
		年 月 — 年 月						
		离职原因		收入				
		证明人		电话				
应聘岗位		到岗时间		期望薪资				
家庭成员	姓名	关系	联系方式	工作单位	职务			
注：本人慎重声明以上所填各项均属事实，并愿意接受单位的核实，如有虚假自愿放弃工作机会。 确认签字：　　日期：								

图4-36　实例表格

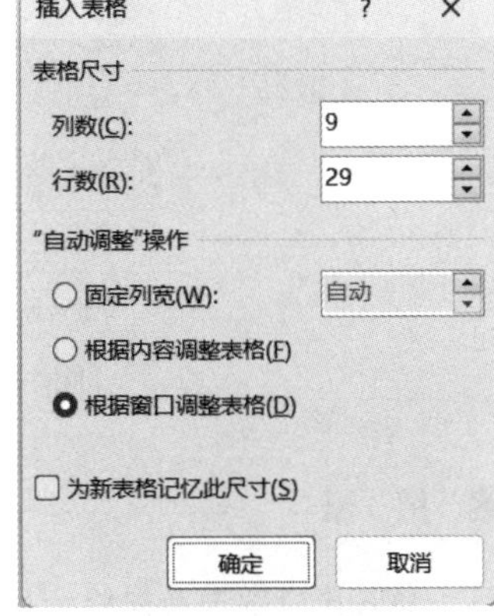

图4-37　插入表格

步骤2 在第 1 行直接输入文字内容，第 2 行的身份证号码占据 18 个单元格，比较特殊，所以在插入表格时没有依照这一行，先选定第 2 ~ 8 单元格，依次单击“布局”→“拆分单元格”，在弹出“拆分单元格”对话框中更改“列数”为“18”，并单击

“确定”按钮，如图 4-38 所示。

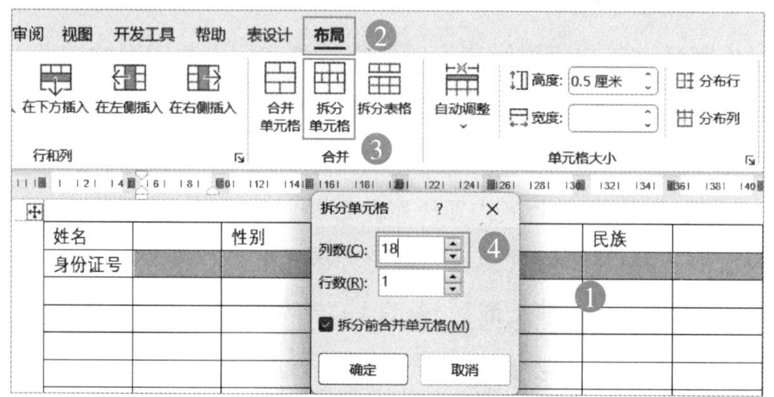

图4-38 拆分单元格

步骤3 第 3 行“户籍地址”第 2 列对照第 1 行占了 5 个单元格，但是第 5 个单元格只占了一半。先选定单元格，如图 4-39 所示，将鼠标光标定位在第 5 个单元格右侧边框线上向左拖动，拖动后再依次单击“布局”→“合并单元格”，先选定第 7 与第 8 个单元格，然后拖动中间边框线向左并输入内容“婚姻状况”。

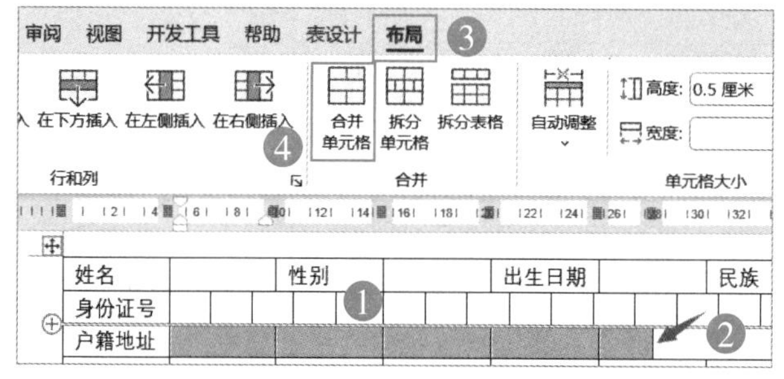

图4-39 调整选定单元格边线并合并单元格

提示

Word 对选定单元格的边框线拖动时，只会改变选择的单元格宽度。

步骤4 参照之前所学，完成第 4 行与第 5 行的制作。第 6、7、8 行的第 1 列需要把 4 个单元格变成 1 个，选定这 3 行 4 列的单元格，如图 4-40 所示，依次单击“布局”→“拆分单元格”，在弹出的“拆分单元格”对话框中的“列数”输入框输入“1”。

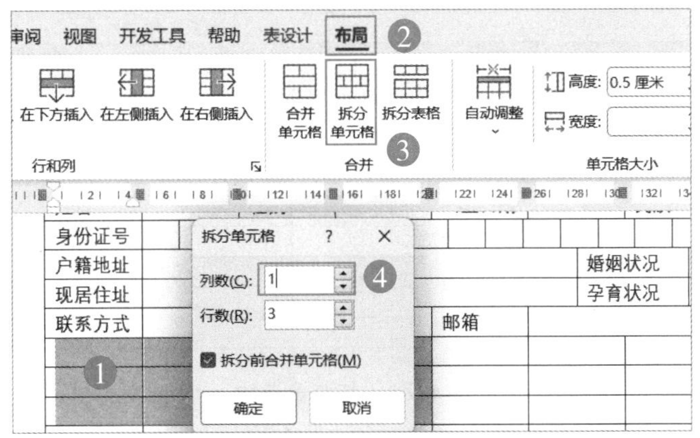

图4-40　拆分单元格

步骤5 参照步骤 3 与步骤 4 完成第 6、7、8 行其余各列的制作，以及第 9、10 行的制作，如图 4-36 所示，在对应单元格内输入内容，其中学历列表（高中～硕士）前边的□，通过“插入”下的“符号”完成，结果如图 4-41 所示。

姓名	性别	出生日期		民族	
身份证号					
户籍地址				婚姻状况	
现居住址				孕育状况	
联系方式		邮箱			
有无亲友在本单位工作		姓名		职位	
学校名称		学历	期间		专业
最终学历	□高中 □中专 □大专 □本科 □硕士			职称	
兴趣爱好			做过的兼职工作		

图4-41　合并单元格并输入内容

步骤6 第 11、12、13 行的第 1 列选定后向左拖动列的边框线到合适位置后合并单元格，如图 4-42 所示，合并单元格后再输入文本内容，会自动变成竖排显示。而这 3 行其余单元格对应的也是 1 列，直接选定其余单元格（3 行 8 列），依次单击“布局”→“拆分单元格”，在“拆分单元格”对话框中的“列数”输入框输入“1”，结果如图 4-43 所示。

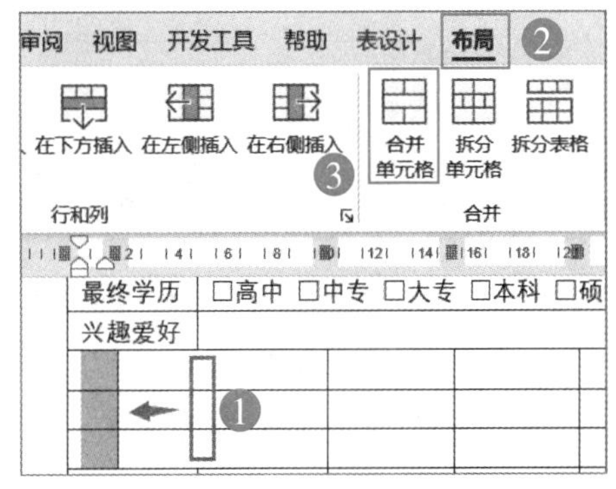

图4-42　拖动改变列宽后合并单元格

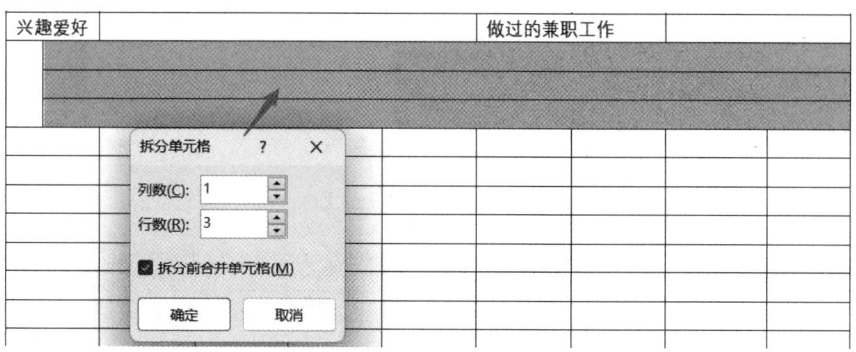

图4-43 拆分单元格

图 4-43 所示的“拆分单元格”对话框显示的结果是执行后再次打开后的结果。

步骤7 第 14 ～ 23 行同样先选择第 1 列（10 个单元格），拖动列的右侧边框线向左拖动，拖动完成后合并单元格并输入文本内容。将第 14 行的 2 ～ 4 单元格合并，5 ～ 7 单元格合并，8 ～ 9 单元格合并。选定第 15 ～ 23 行的 2 ～ 4 列，然后依次单击“布局”→“拆分单元格”，如图 4-44 所示，在弹出的“拆分单元格”对话框中，“列数”输入框输入“1”，“行数”输入框输入“3”。

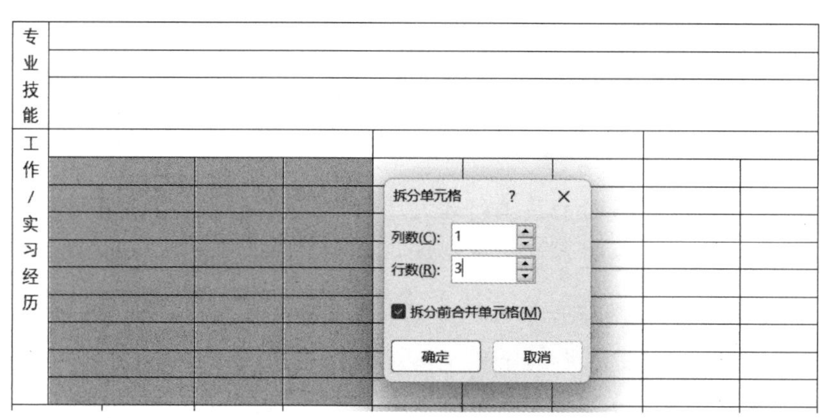

图4-44 拆分单元格

步骤8 对照第 1 行，把第 15 行的 5 ～ 9 单元格选定后合并，同样操作完成第 16 与第 17 行，而其他（第 18 ～ 23 行）同第 15 ～ 17 行是一样的。对照合并单元格即可，完成后的效果如图 4-45 所示。

工作/实习经历	工作单位	期间		职位	
		年 月一年 月			
		离职原因		收入	
		证明人		电话	
		年 月一年 月			
		离职原因		收入	
		证明人		电话	
		年 月一年 月			
		离职原因		收入	
		证明人		电话	

图4-45　合并单元格

由于表格的行数较多，在对照时也可以参照下方的行。

步骤9 参照之前步骤，完成下方行的制作。然后选定第 1 ~ 28 行，改变行的高度为“0.75 厘米”、水平方式下选择“水平居中”。最后全选整个表格，在“表设计”下选择“笔画粗细”为“2.25 磅”，然后将其应用到表格的“外部框线”，如图 4-46 所示。

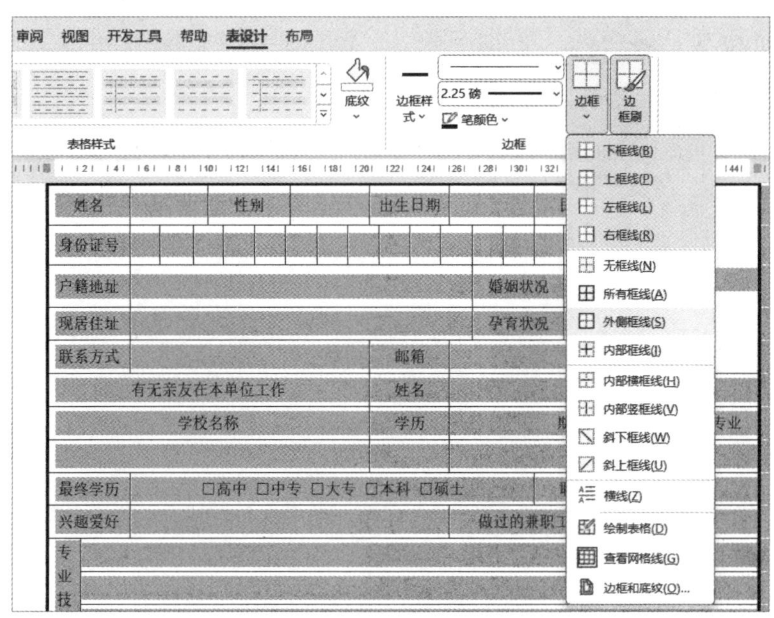

图4-46　改变表格边框线

03 篇

图文混排艺术

第5章

排出“杂志级”的图文版面

当Word文档中既有文字也有图片的时候，会增加排版的难度。如果不具备一定的排版方法和技巧，图文版面会显得比较混乱，不够美观。本章主要通过五个实例讲解图文混排的方法和技巧。

本章主要学习知识点

- 图片与段落的环绕方式
- 形状、图片、表格结合使用
- 形状的各种编辑属性
- 渐变的使用

5.1 图片如何同文字混排

扫一扫，看视频

如图5-1所示，在一篇文章中，插入的图片默认是以“嵌入型”的方式与文字混排，这会让鼠标光标所在位置行的高度变高，影响版面整齐和美观。下边分别介绍常用的图片与文字混排的方法。

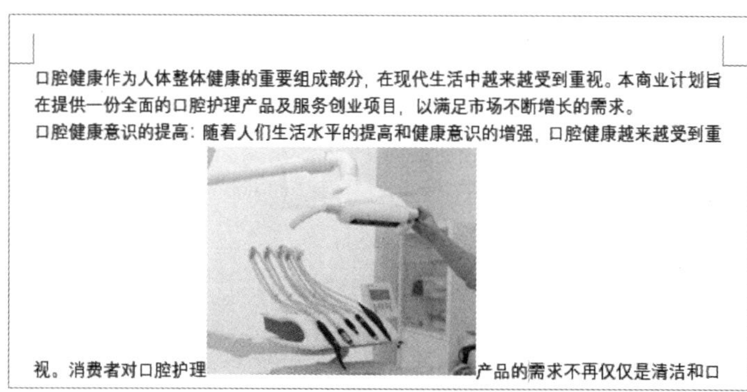

图5-1 默认图片与文字的环绕方式

第一种：四周型

打开素材文件“5.1.docx”，单击图片，将其选定，依次单击“图片格式”→“环绕文字”，在弹出的下拉菜单中选择“四周型”命令，执行后效果如图 5-2 所示。“四周型”的特点是段落文字会环绕在图片四周。

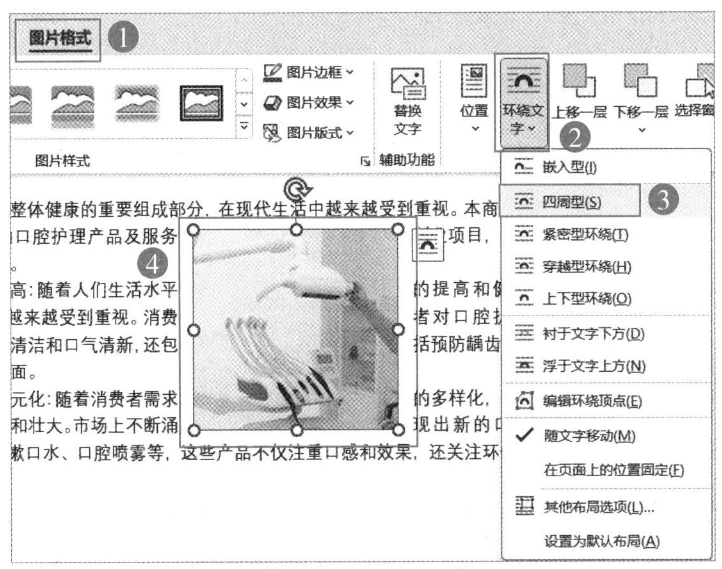

图5-2　图片环绕方式为四周型的效果

提示 1

插入图片的方法为依次单击“插入”→“图片”，在下拉菜单中选择“此设备”命令，在弹出“插入图片”对话框，挑选合适的图片素材选定，然后再单击“插入”按钮，请读者注意后续讲解将只提示插入图片，步骤参考该提示。

提示 2

早期版本是“图片工具”下的“格式”。

第二种：紧密型

图片处于选定状态，单击“环绕文字”命令，在下拉菜单中选择“紧密型环绕”命令，结果如图 5-3 所示，文字与图片并没有发生变化。

出现这种情况，是由于当前图片是以矩形显示，因此看到的效果仍然是文字沿图片的四周环绕。如图 5-4 所示，在图片处于选定状态，单击“图片格式”→“裁剪”，在弹出的下拉菜单中选择“裁剪为形状”命令，然后选择箭头总汇下的“箭头：V 型”，改变图片的默认显示形状后，文字沿着“箭头：V 型”进行环绕。由此可见，紧密型环绕效果文字是沿着图片改变后的显示形状环绕。

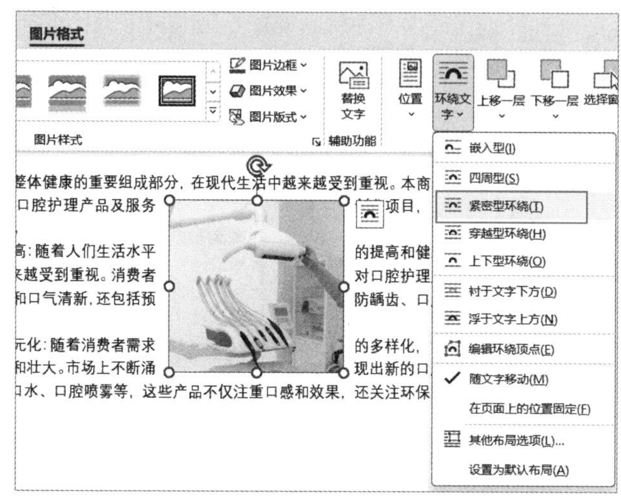

图5-3　图片环绕方式为紧密型的效果

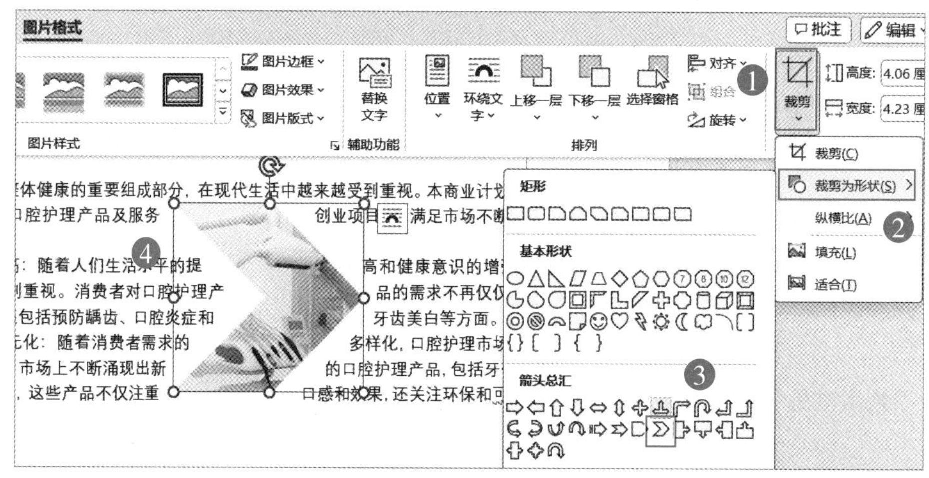

图5-4　图片更改显示形状

通过“裁剪为形状”命令可以把插入的图片从默认的矩形，变换成各种形状显示，以便实现各种排版效果。

第三种：衬于文字下方

图片处于选定状态，再次单击“环绕文字”命令，在弹出的下拉菜单中选择“衬于文字下方”命令，结果如图 5-5 所示，段落文字会在图片上方显示，视觉上形成重叠显示的效果。

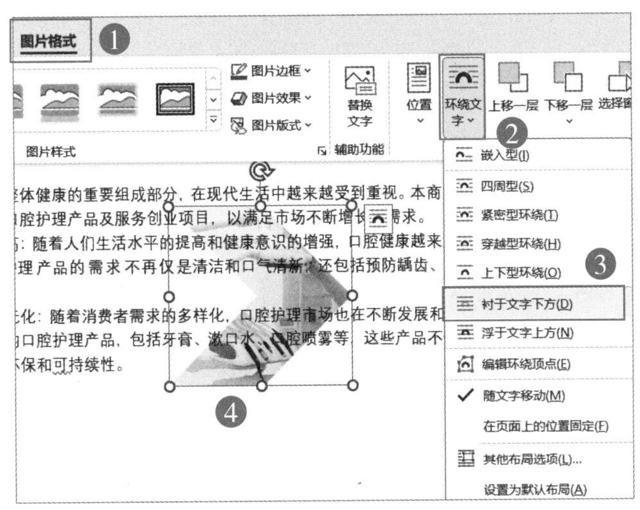

图5-5 图片衬于文字下方的效果

提示 1

衬于文字下方环绕方式在执行后由于文字与图片是重叠显示，如果想再次对图片进行选定编辑，必须找到图片与文字没有重叠的部分进行单击选定。

提示 2

如果文档经常使用某一种环绕方式，如“四周型”，可以在图 5-5 所示“环绕文字”下拉菜单中单击“四周型”命令，再单击“设置为默认布局”命令，那么文档再插入图片就是以“四周型”环绕的方式。

5.2 必会的形状使用技巧

扫一扫，看视频

形状可以作为容器容纳其他内容，也可以作为排版页面的装饰性图形，本节将分享使用比较高频的三种形状编辑技巧。

技巧一：形状的二次编辑

依次单击“插入”→“形状”，在弹出的下拉菜单中选择“梯形”，然后在工作区拖动绘制，绘制后形状默认处于选定状态，如图 5-6 所示，形状上会出现两个颜色圆形提示点，其中拖动白色圆形提示可以改变大小，而黄色提示点可以对形状进行二次调整，对图 5-6 所示黄色提示点向内拖动改变，得到如图 5-7 所示的结果形状。

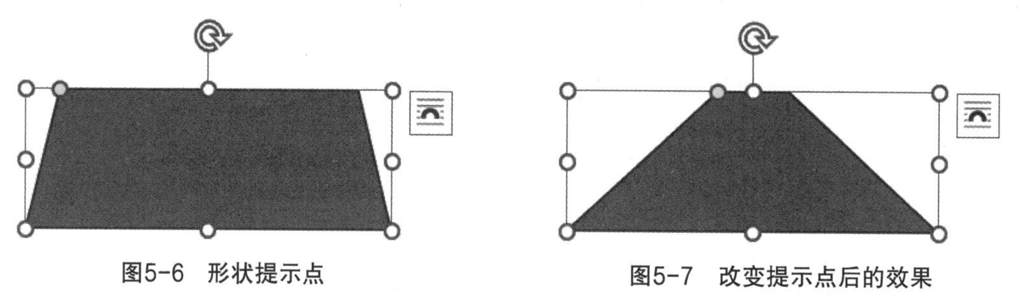

图5-6 形状提示点　　图5-7 改变提示点后的效果

提示 1

并不是所有的形状都会出现黄色圆形提示点。如果没有出现该提示点代表该形状不可以进行二次调整。

提示 2

绘制形状的方式为，依次单击“插入”→“形状”，在弹出的下拉菜单中选择需要绘制的形状，然后在工作区拖动绘制即可。故后续小节将简述该步骤，会直接以绘制什么形状方式表述，请读者注意该提示。

技巧二：形状的任意编辑

“编辑顶点”命令可以对形状做任意编辑调整。首先绘制一个矩形，绘制后该形状处于选定状态，然后依次单击“形状格式”→“编辑形状”，在弹出的下拉菜单中选择“编辑顶点”命令，选定的形状四周会出现红色边线与黑色控制点，如图 5-8 所示，拖动黑色控制点向右移动，就可以改变形状的显示，达到形状的任意编辑目的。

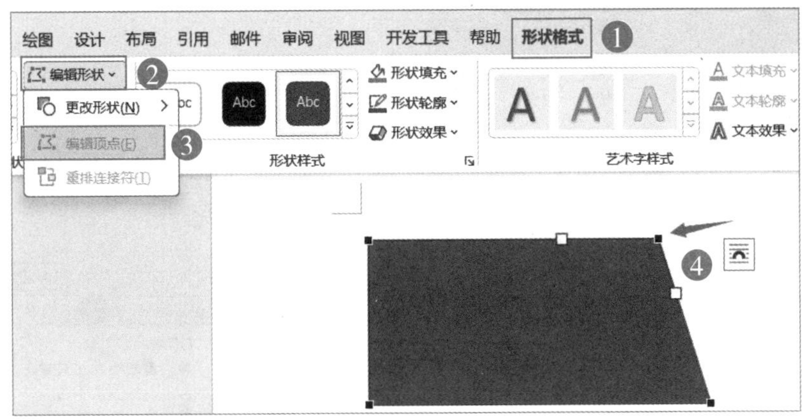

图5-8　形状自定义编辑后的效果

技巧三：形状属性的复制

如图 5-9 所示，将右侧矩形的各种属性如“填充颜色”“形状轮廓”等应用给左侧圆形，首先单击选定矩形，然后按“Ctrl+Shift+C”快捷键进行属性的复制，最后选定圆形按“Ctrl+Shift+V”快捷键粘贴属性即可。完成的效果如图 5-10 所示。

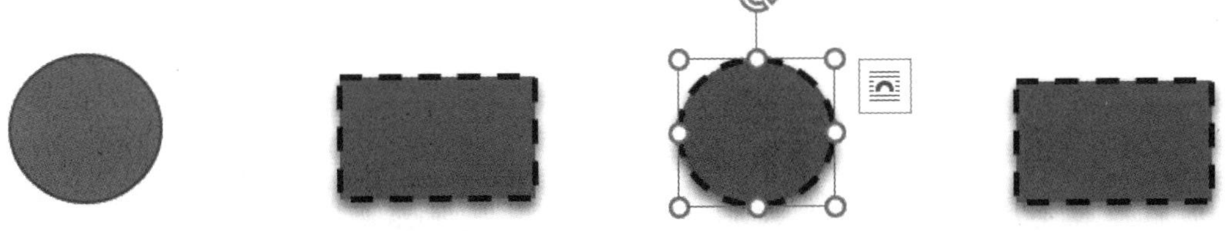

图5-9　原始状态　　　　图5-10　复制属性后的结果状态

5.3　主流精美简历之通栏式

早期个人简历都是采用表格的形式，但最近几年比较流行的是通过形状组合图片、图标的形式对个人简历进行排版，本节就是一个典型的示例，完成后的效果如图 5-11 所示。

步骤1 首先将页边距调整为“窄”，然后在页面上方拖动绘制一个矩形，绘制完成后，该形状默认处于选定状态，如图 5-12 所示，单击“形状格式”→“形状填充”，在弹出的下拉菜单中选择“深蓝”颜色，再依次单击“形状格式”→“形状轮廓”→“无轮廓”。

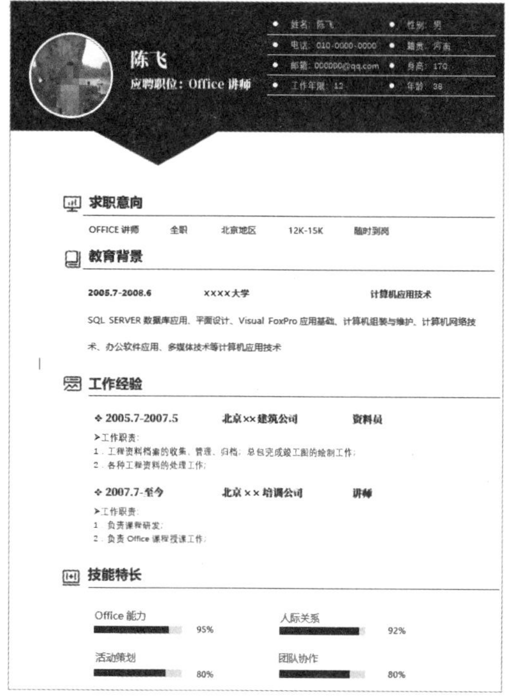

图5-11 简历完成后的效果图

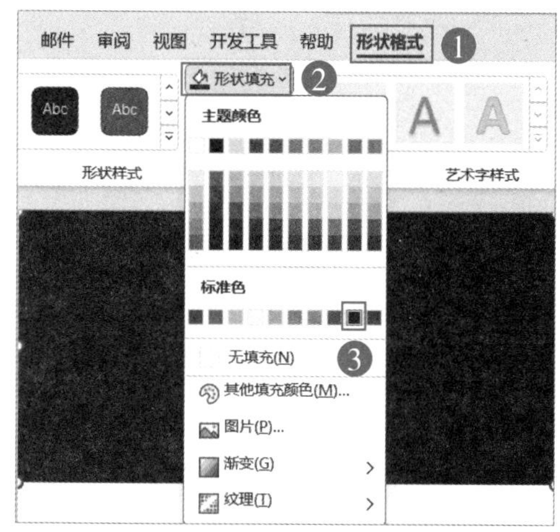

图5-12 绘制矩形并改变填充颜色

步骤2 矩形处于选定状态，如图 5-13 所示，依次单击“形状格式”→“编辑形状”→“编辑顶点”，矩形四周会出现红色边框线，参照图 5-11，在矩形下方红色边框线上合适的位置单击鼠标右键，在弹出的快捷菜单中执行“添加顶点”命令，如图 5-14 所示。

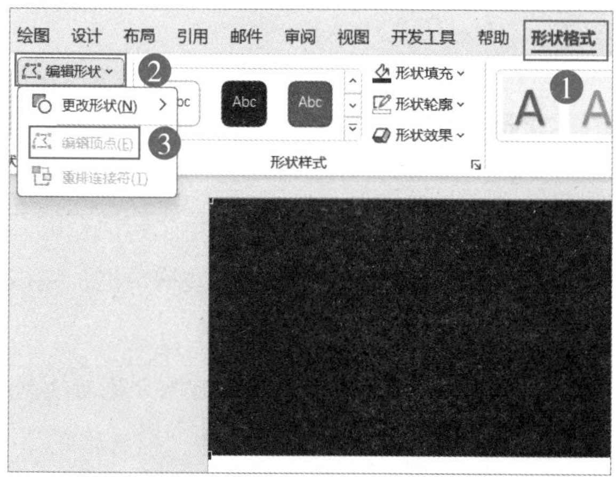

图5-13 执行编辑顶点命令

步骤3 先在矩形下方边框线合适位置添加三个顶点，然后鼠标向下拖动位于中间位置的顶点，即可完成矩形的二次编辑，如图 5-15 所示。

图5-14　为矩形执行“添加顶点”命令

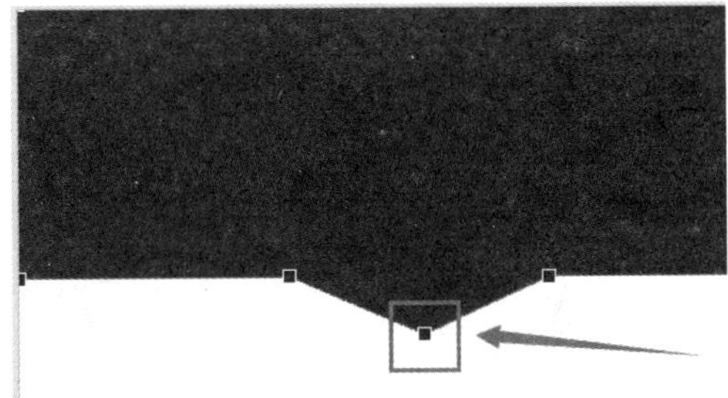

图5-15　矩形添加顶点并移动顶点后的效果

步骤4 插入简历所需图片，对插入的图片先调整大小，此时图片处于选定状态，先改变图片的环绕方式为“四周型”，然后再依次单击“图片格式”→“裁剪”→“裁剪为形状”，在弹出的下拉列表中选择“椭圆”，完成后效果如图 5-16 所示。

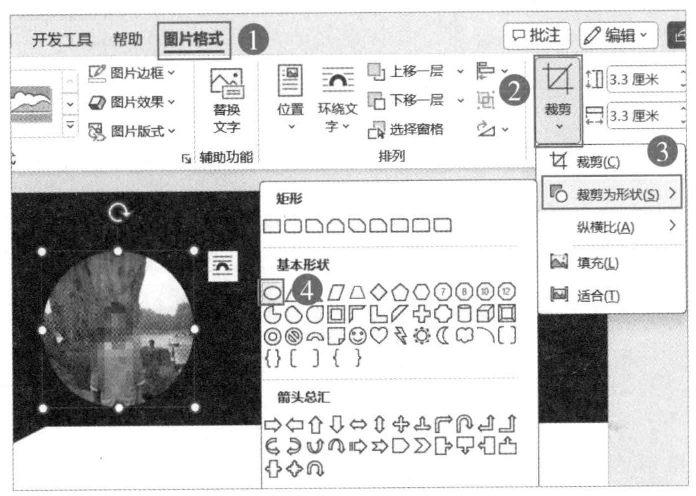

图5-16　图片放到椭圆形状后的效果

提示

在 Word 2019 版本里"图片工具"选项卡下的"格式"则是"图片格式"字样。

步骤5 按住鼠标左键移动图片到合适位置并调整大小，依次单击"图片格式"→"图片边框"，在弹出的下拉菜单中依次设置"颜色"为"白色"、"粗细"为"3磅"，如图 5-17 所示。

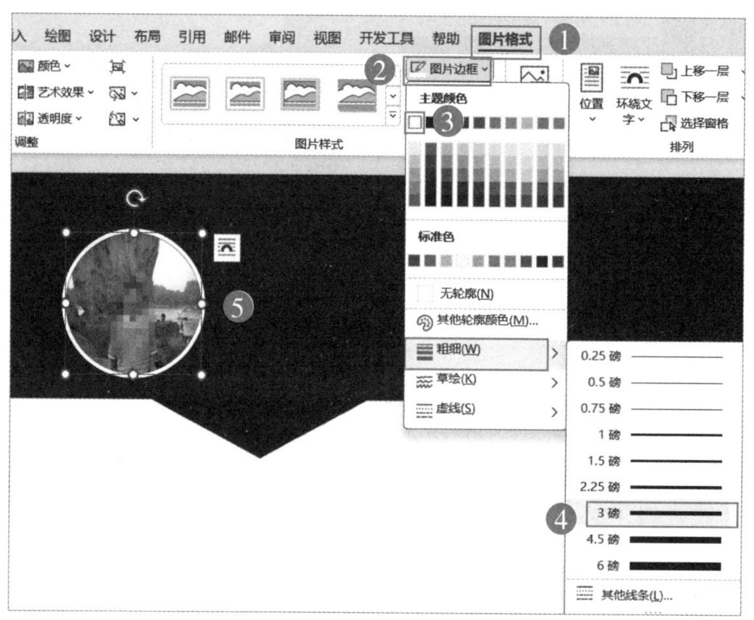

图5-17 改变图片大小与位置并添加边框

步骤6 绘制一个文本框并输入文字，然后依次单击"形状格式"→"形状轮廓"命令，在弹出的下拉菜单中选择"无轮廓"，如图 5-18 所示。再单击"形状填充"命令，在弹出的下拉菜单中选择"无填充"命令，如图 5-19。最后选定文本框内的文字，更改"字体"改为"思源宋体 CN Heavy"、"文字颜色"为"白色"、段落"行距"为"固定值 25 磅"、"字号"为"四号"，单独选定姓名，更改其字号为"二号"，结果如图 5-20 所示。

步骤7 在矩形右侧合适的位置先绘制一个文本框，将鼠标光标定位在文本框内，依次单击"插入"→"表格"，在弹出的下拉菜单中选择"2×4 表格"，如图 5-21 所示。

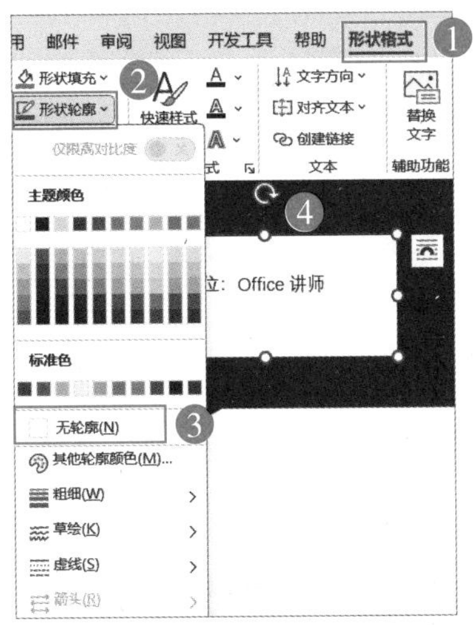

图5-18　更改文本框形状轮廓属性

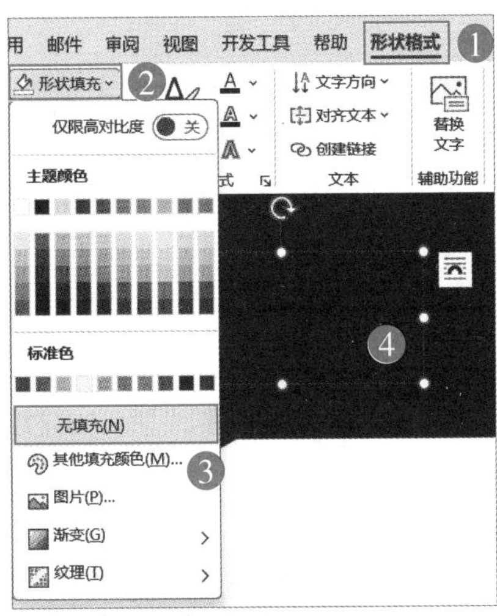

图5-19　更改文本框形状填充属性

图5-20　文字设置格式

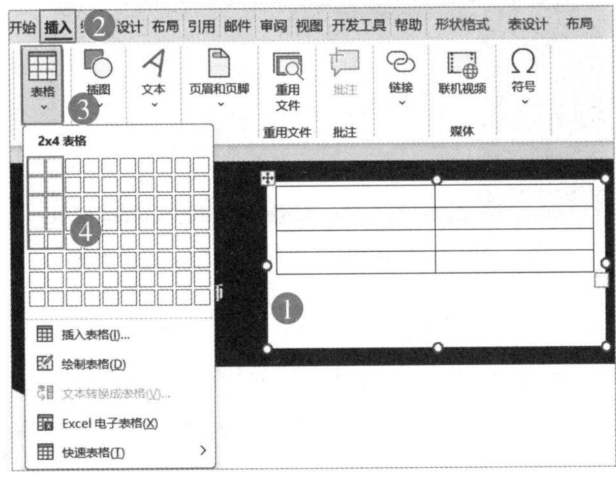

图5-21　文本框内插入表格

如果采用文本框和线段的组合形式，需要不断地对线与文本框进行对齐与分布间距的调整，推荐做法是“文本框＋表格”的组合形式。一般不能直接插入表格，如果直接插入表格会导致文档布局错乱，如图5-22所示。

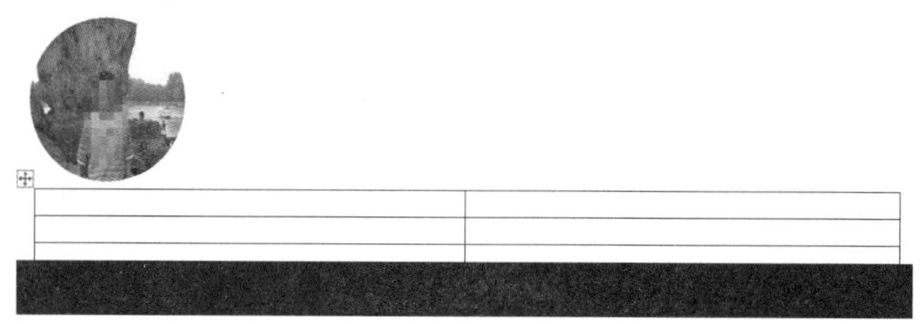

图5-22 错乱的版面

步骤8 先在单元格内分别输入文字信息，然后全选表格，依次单击“布局”→“高度”，设置值为“0.8厘米”、设置“对齐方式”为“中部左对齐”，如图5-23所示。再依次单击“开始”→“项目符号”，在弹出的下拉列表中选择“圆形”，如图5-24所示。

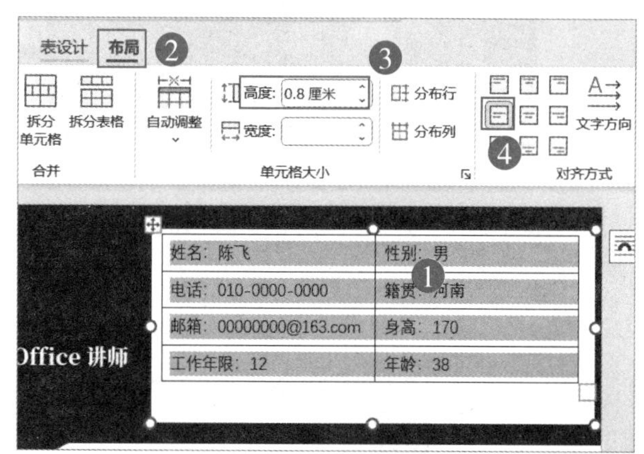

图5-23 表格内输入文字并调整文字对齐方式

步骤9 选中表格，先单击“表设计”→“边框”→“无框线”，去掉默认边框，再单击“表设计”→“笔颜色”，在弹出的下拉菜单中选择“白色”，最后依次单击“表设计”→“边框”，在弹出的下拉菜单中分别单击“下框线”与“内部横框线”命令，如图5-25所示。

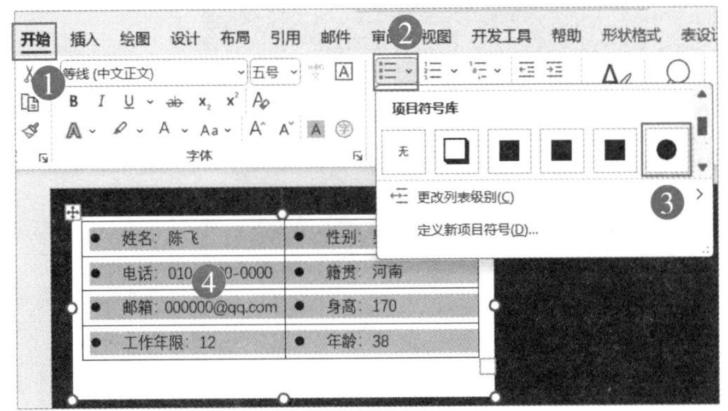

图5-24 添加项目符号

图5-25 改变表格框线

步骤10 参照步骤6，先选定表格外侧的文本框然后改变其形状属性为“无填充”与“无轮廓”，再选定表格内的文字，通过浮动工具栏改变文字颜色为“白色”，完成的效果如图5-26所示。

提示1

如浮动工具栏影响操作，可依次单击“文件”→“选项”，弹出“Word选项”对话框，在该对话框“常规”选项下去掉“选择时显示浮动工具栏”的勾选即可。

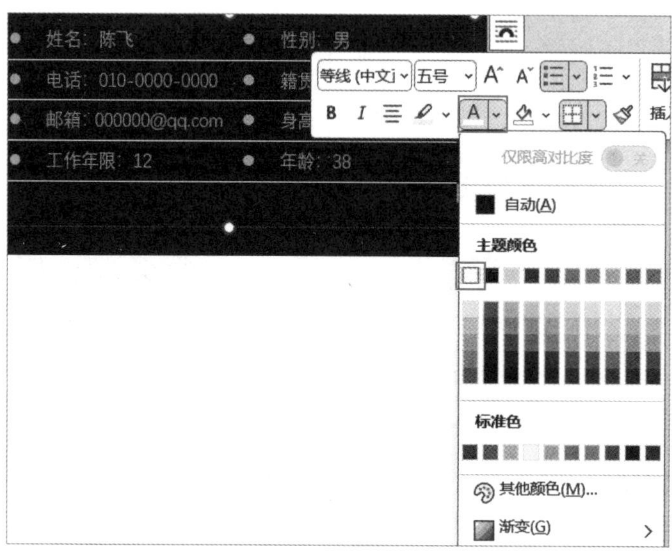

图5-26 改变文本框的属性并设置文字颜色

提示2

在之后小节讲解中，如果不特别说明，绘制的文本框的“形状轮廓”属性需改为“无轮廓”、“形状填充”属性改为“无填充”，更改文本框的步骤参考此步骤。

提示3

想在文档任意的位置显示文字或者后续方便调整文字所在位置，可以绘制一个文本框。

步骤11 插入简历所需的多个图标图片，按 Shift 键的同时，依次单击选择多个图片，然后单击“图片格式”→“大小”，在弹出的“布局”对话框，先去掉“锁定纵横比”复选项，再分别改变宽度与高度的绝对值为“0.8 厘米”，如图 5-27 所示。

提示

笔者的 Word 软件插入图片后默认环绕方式为“四周型”，故可以直接多选，如果读者按此步骤不能多选图片，请参考 5.1 节改变图片环绕方式为“四周型”。

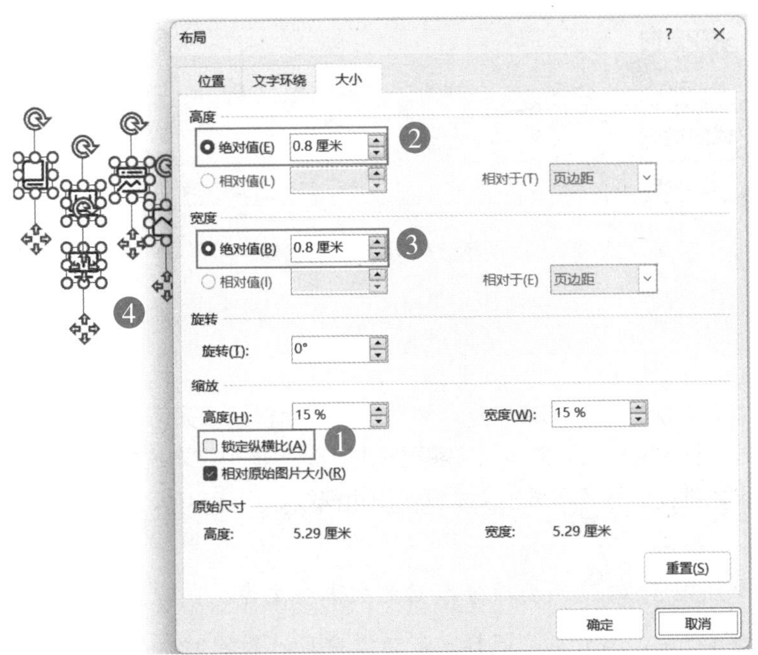

图5-27　多个图片改统一大小

步骤12 参照图 5-11，把图标图片分别移动到合适位置（后续不合适再微调），绘制文本框并输入文字“求职意向”。先改变其字体颜色为“深蓝”、“字号”为“三号”、“字体”为“思源宋体”，再绘制一条直线，绘制后直线默认处于选定状态，通过“形状格式”→“形状轮廓”，在弹出的下拉菜单中选择颜色为“深蓝”，如图 5-28 所示。

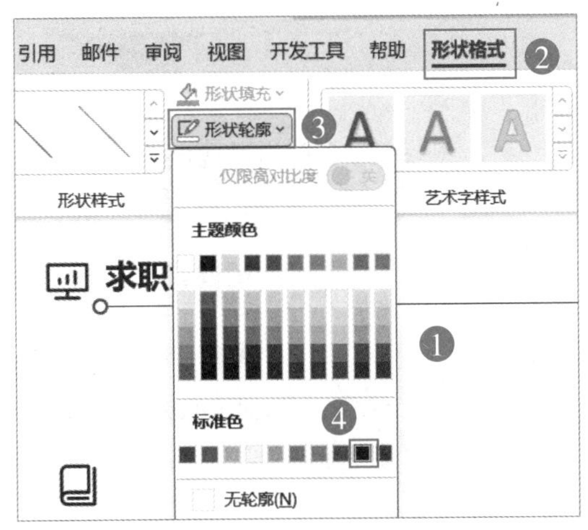

图5-28　小标题的制作

步骤13 绘制文本框并输入求职意向具体信息，改变其文字“字体”为“思源宋体”、字体颜色为“深蓝”，文字中间的空白直接按空格键即可完成，调整完成后，按住 Shift 键的同时，依次单击选择直线与上方小标题文本框，再把鼠标放在选定形状的边线上，按住 Ctrl 键同时，鼠标向下拖动，即可完成复制，如图 5-29 所示。

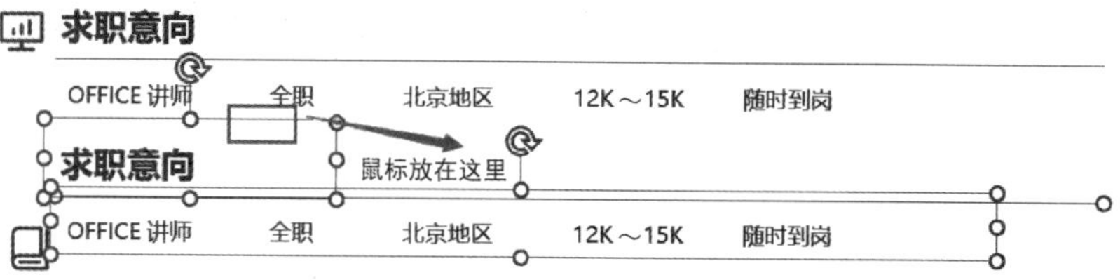

图5-29 小标题的复制

提示

复制文本框方法，先选定文本框，然后将鼠标光标定位在文本框的边框线上，按住Ctrl键的同时，按住鼠标左键拖动即可实现复制。选定单个文本框的方法，可以先把鼠标光标定位在文本框内，然后再单击文本框四周边框线。

步骤14 参照图5-11完成更改复制后的文本框文字，鼠标依次单击“开始”→“选择”→“选择窗格”，在打开的“选择”窗口中按Ctrl键同时，依次单击形状名称选择，把需要的多个形状选择出来，结果图5-30所示。

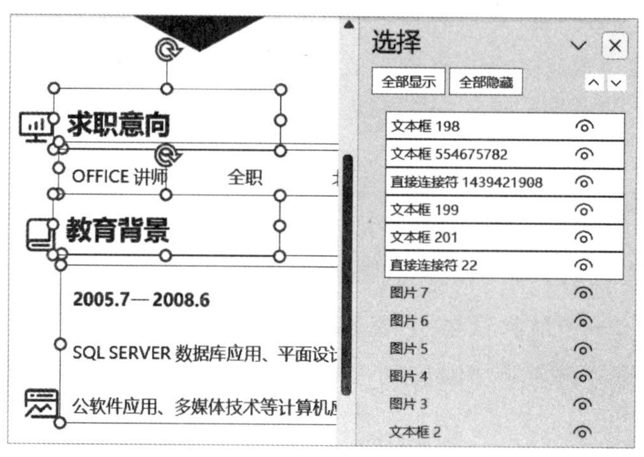

图5-30 选择窗口快速选择形状

提示

直线太细不太好进行选择，可以通过“选择”命令，在“选择”窗口方便快捷地选择形状与图片。

步骤15 选定多个对象，通过“形状格式”→“对齐”命令，在弹出的下拉菜单中选择“左对齐”命令，这样可以把多个形状对齐到左侧，如图 5-31 所示。参照之前步骤完成其余标题（工作经验、技能特长）制作。

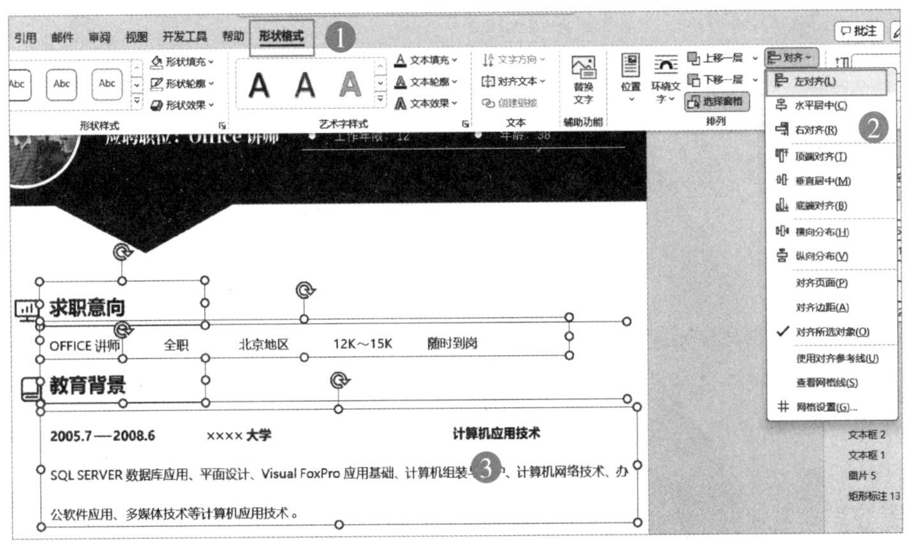

图5-31　多个形状左对齐并更改文字

技巧：如图 5-32 所示，工作经验的内容一般都是多行并且中间间隔不同，那么在填写多行文字时，如何保证上下各行的内容对齐呢？最简便的方法是通过“文本框＋表格”的方式对齐。

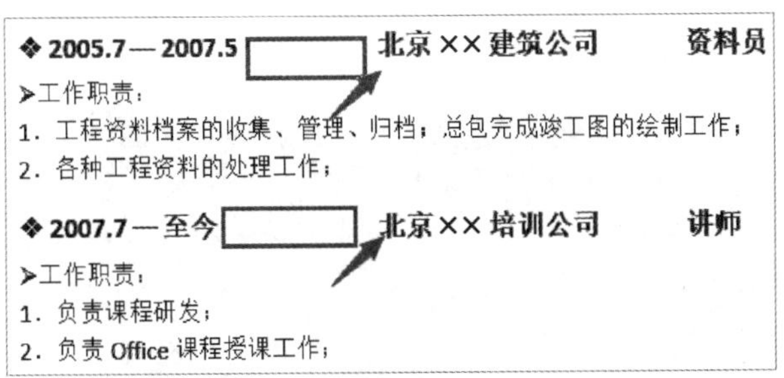

图5-32　上下行文字如何对齐

步骤16 参照之前步骤，在工作经验下方先绘制一个文本框，然后将鼠标光标定位在文本框内，插入一个 3 列 4 行的表格，对第 2 行与第 4 行进行“合并单元格”操作，最后在对应的单元格输入文字内容，结果如图 5-33 所示。

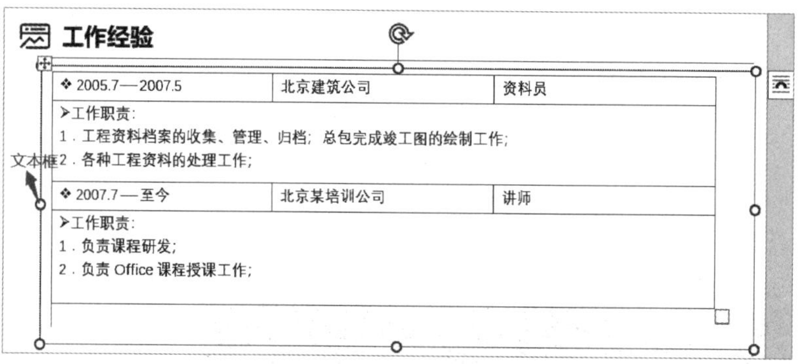

图5-33　文本框结合表格罗列内容

如何打出图 5-33 所需的“➤”等符号？操作步骤为依次单击“插入”→“符号”，在弹出的下拉列表中选择“其他符号”命令，弹出“符号”对话框，在该对话框“字体”下拉菜单中选择“Wingdings”，最后在对话框选择合适的符号后，单击“插入”按钮即可。

步骤17 参照图 5-11 效果图，对表格内文字改变大小、颜色、加粗等格式操作，然后将文本框属性同样设置为“无轮廓”与“无填充”，再选定表格，单击“表设计”→“边框”，在弹出的下拉菜单中选择“无框线”命令，完成后效果如图 5-34 所示。

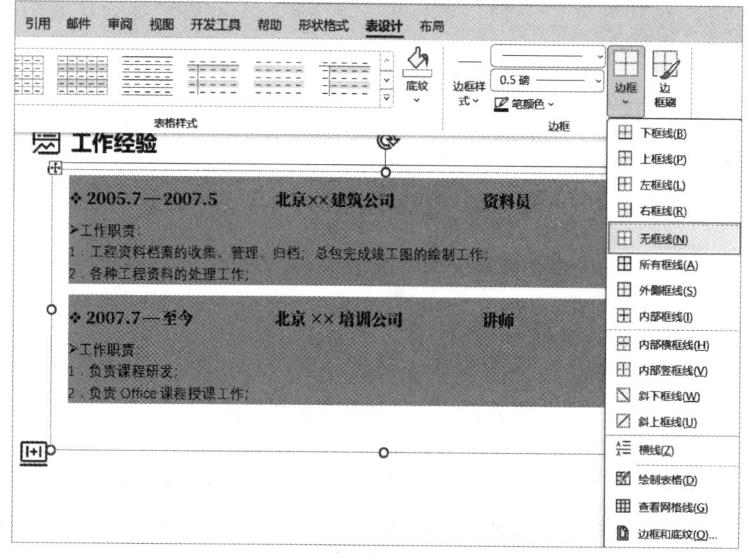

图5-34　文本框与表格更改为无框线后的效果

步骤18 “技能特长”下方图表的效果，是绘制两个矩形并叠加显示，其中下方矩形形状填充为“灰色”，上方矩形填充为“深蓝”，形状轮廓属性均为“无轮廓”，绘制的上方深蓝色矩形宽度小于灰色矩形，再绘制两个文本框，分别输入“95%”“Office能力”并设置文字格式，如图5-35所示，按Shift键同时，鼠标依次单击把这些内容选定，再通过“形状格式”→“组合”，在弹出的下拉菜单中选择“组合”命令。

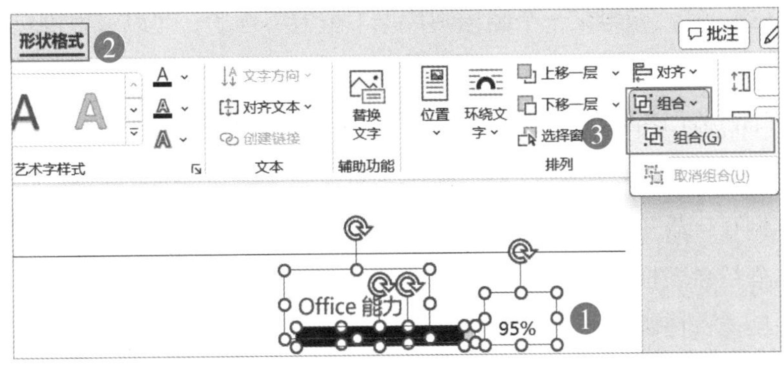

图5-35　形状制作图表

提示

组合的目的在于后续可以对多个形状执行快速选择、复制等操作，并且复制后的组合图形仍然可以编辑。

步骤19 参考步骤13对组合的形状进行复制，复制后并更改文本框内的文字，单独选择深蓝色填充的矩形进行宽度调整。调整方法为：先选定组合对象，然后单击选定矩形，再依次单击“形状格式”→“形状宽度”，改变值到合适即可，如图5-36所示。

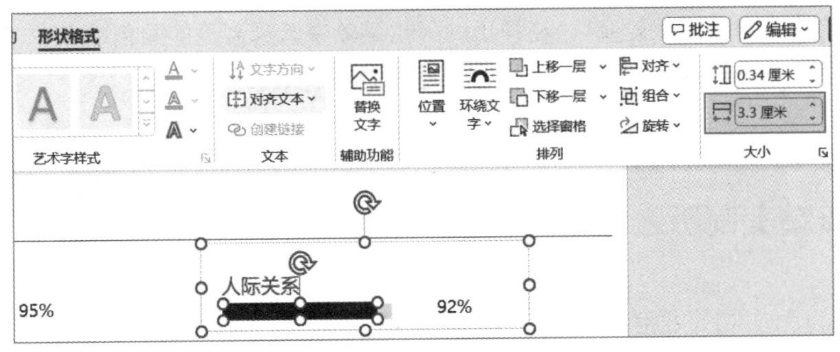

图5-36　改变矩形宽度

如果想精确改变形状的高度，选定形状后，依次单击“绘图工具”→“格式”→“形状高度”，改变值到合适即可。

最后还需要将四个图标图片选定，参照步骤 15 在“图片格式”选项卡下找到对齐，然后选择“左对齐”，如果某一个图标图片上下位置不合适，可以通过键盘上的上下方向键进行调整。

至此我们完成了该简历的制作，在这里在总结一下所用到的知识点：

- 编辑顶点功能实现形状的二次编辑；
- 文本框在排版中的应用；
- 文本框结合表格的应用；
- 如何快速选择内容；
- 多个图片如何统一大小。

提示 2

后续章节在涉及改变形状填充时，如无说明，其操作步骤均是选定形状后，依次单击“形状格式”→“形状填充”，在弹出的下拉菜单中选择合适的颜色或命令，故将此步骤简化描述成“形状填充”下拉菜单中选择合适的颜色或命令。

提示 3

后续章节在涉及改变形状轮廓时，如无说明，其操作步骤均是选定形状后，依次单击“形状格式”→“形状轮廓”，在弹出的下拉菜单中选择合适的颜色或命令，故将此步骤简化描述成“形状轮廓”下拉菜单中选择合适的颜色或命令。

5.4 主流精美简历之分栏式

分栏式简历主要是把信息分成左右两部分展示，同样采用图文结合的形式，完成后的效果如图 5-37 所示，其中主要用到的知识点：

- 图片阴影效果设置；
- 形状与文字效果的应用；
- 文本框与表格结合使用；
- 形状的使用。

步骤1 首先将页边距调整为“窄”，再绘制左侧矩形，绘制完成后，该形状默认处于选定状态，单击“形状格式”→“形状轮廓”→“无轮廓”，再单击“形状格式”→“形状填充”，在弹出的下拉菜单中选择颜色为“深蓝”，如图 5–38 所示。

图5–37 分栏式简历的完成效果

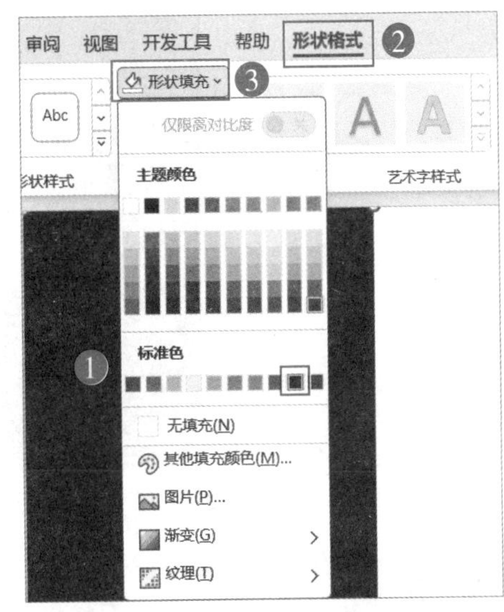

图5–38 绘制矩形并改变填充颜色

步骤2 绘制一个同矩形相同宽度，高度适当的文本框，输入文字并改变“字体”为“思源宋体 CN Heavy”、字体颜色为“白色”、段落对齐为“居中”，分别改变字号大小，“求职意向”为“小四号”、“Office 讲师”为“三号”，效果如图 5–39 所示。

步骤3 插入简历所需图片，图片默认处于选定状态，拖动图片白色圆形控制点调整图片大小到合适，单击图片右上角“布局选项”按钮，在弹出的下拉菜单中选择“文字环绕”方式为“四周型”，调整后的效果如图 5-40 所示。

图5-39 文本框内输入文字更改后的效果

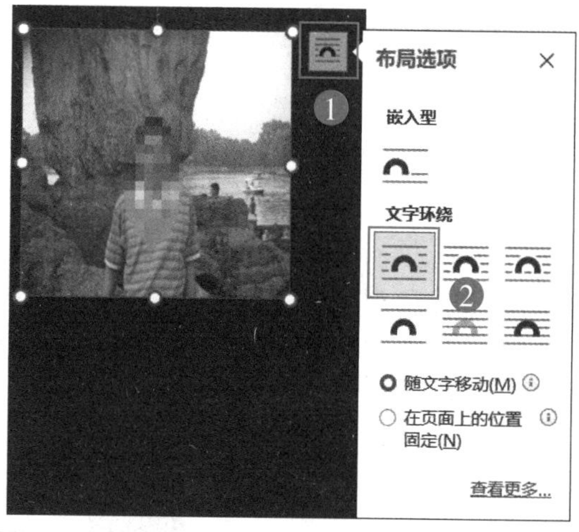

图5-40 插入图片改变文字环绕方式为“四周型”

提示 1

在 Word 中，选定图片后，在图片的右上角会自动出现“布局选项”，可通过这个快捷选项快速改变图片与文字的环绕关系。

提示 2

在调整图片大小时，可以按住“Ctrl+Shift”键，实现向中心等比例改变大小。

步骤4 在图片处于选定状态，依次单击“图片格式”→“图片边框”，在弹出的下拉菜单中选择颜色为“白色”，再次单击“图片边框”命令，选择“粗细”为“3 磅”，如图 5-41 所示。

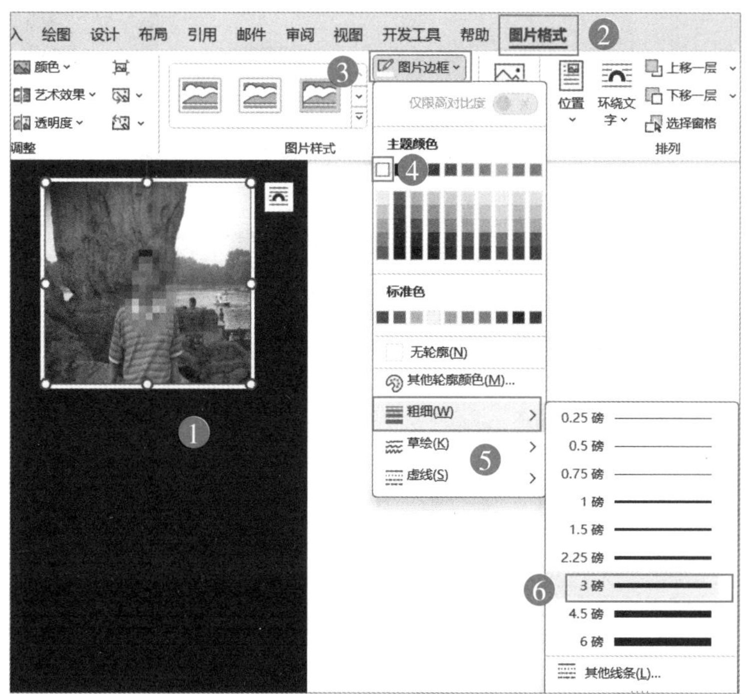

图5-41　图片添加3磅粗细白色边框效果

步骤5 参考之前所学，复制步骤 2 完成的文本框，移动到图片下方并更改文字为“陈……毕业”，设置字体格式，制作“基础信息”下方的装饰效果。首先绘制一个矩形，并改变其“形状填充”颜色为“蓝色”、“形状轮廓”为“无轮廓”、添加形状效果为“阴影”、下拉列表选择“居中偏移”，再绘制一个“直角三角形”，然后，依次单击“形状格式”→“旋转对象”，在弹出的下拉菜单中选择“垂直翻转”命令，得到如图 5-42 所示结果。

步骤6 向下移动三角形到合适位置，将直角三角形的“形状填充”颜色设置为“蓝色”、“形状轮廓”为“无轮廓”，单击“形状格式”→“形状填充”，在弹出的下拉菜单中选择“其他填充颜色”命令，如图 5-43 所示，在弹出的“颜色”对话框中选择“自定义”选项，在该选项中拖动三角滑块向下到合适位置，改变蓝色为深蓝色。

图5-42　装饰性图形的绘制

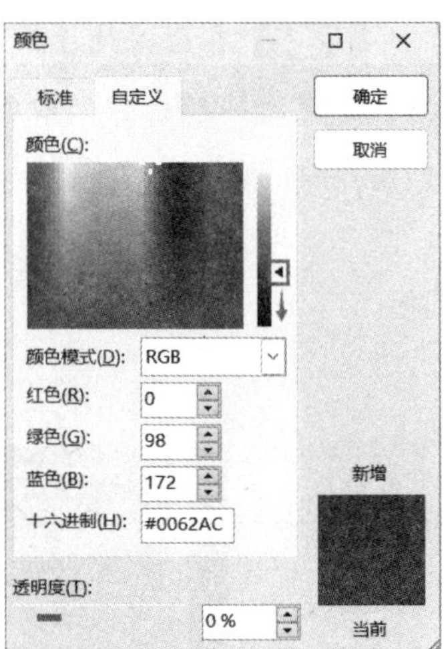

图5-43　自定义颜色的改变

提示 1

在移动形状、图片时，除了使用鼠标拖动外，还可以在选定形状图片时，使用键盘上的方向键移动。

提示 2

如果直角三角形通过移动的方式没有办法与矩形对齐，可以选定这两个形状通过形状格式里“对齐”命令下的“右对齐”。

步骤7 再次复制文本框，改变文本为“基础信息”，字号为“三号”并调整文本框大小与装饰图形矩形高度相同，由于文本框的文字字号较大导致文字会靠下显示，将鼠标光标先定位在文本框内，如图 5-44 所示，然后依次单击“开始”→“段落”，在弹出的“段落”对话框改变行距为“固定值”，设置值为“20 磅”。

步骤8 参考 5.3 节，绘制一个文本框，再插入一个 4 行 3 列的表格，对插入表格改变行高到合适并拖动列的框线改变列宽到合适，改变表格所有单元格对齐方式为“中部左对齐”，然后将鼠标光标定位在第一个单元格，再一次性插入 4 个图标图片，依次选定调整每个图片大小宽高均为“0.4 厘米”，把图标分别拖动到下方单元格内，最后结果如图 5-45 所示。

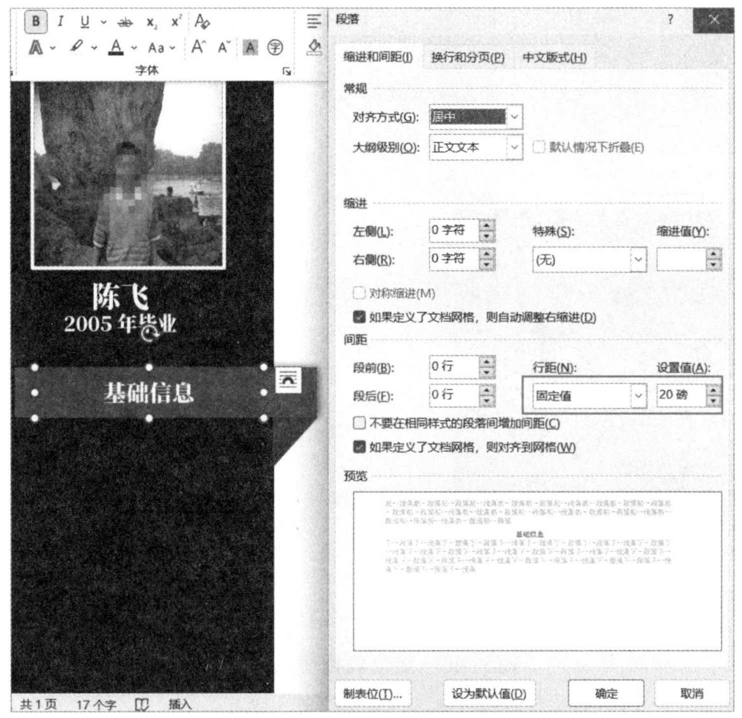

图5-44　改变文本在文本框内的垂直对齐方式

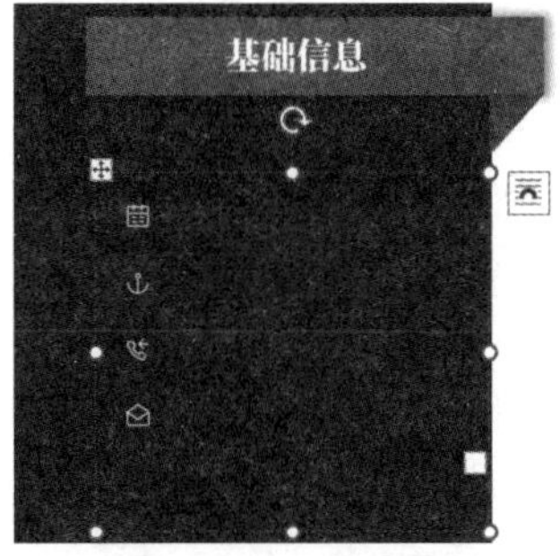

图5-45　文本框内绘制表格并插入图标图片

表格内插入的图片不受环绕方式的影响，需要单独对每个图片调整大小、位置。

步骤9 在单元格输入具体的文字内容，将字体设置为“思源宋体 CN”、颜色为“白色”，最后选定整体表格，再依次单击“表设计”→“边框”，在弹出的下拉菜单中选择“无框线”命令，如图 5-46 所示。

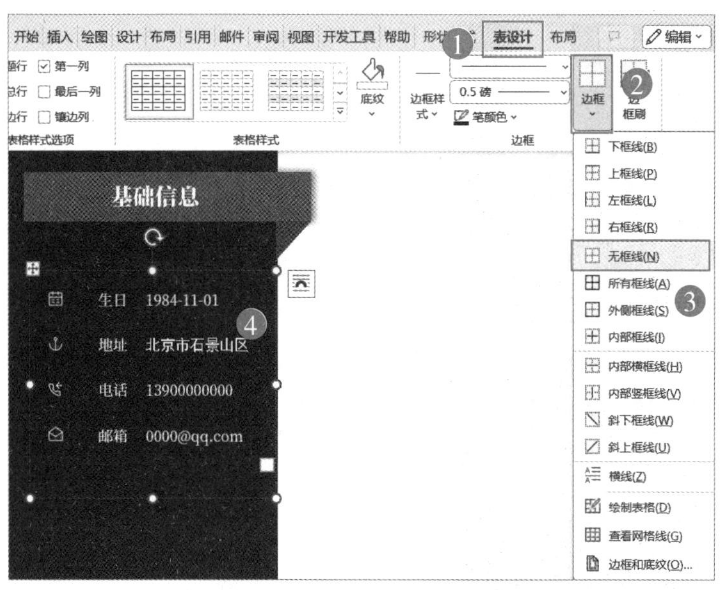

图5-46　更改表格框线为无

步骤10 如图 5-47 所示，选定“基础信息”的文本框，按住 Shift 键的同时，依次单击选择下方的矩形与三角形，再依次单击“形状格式”→“组合”，按住 Ctrl 键同时，按住鼠标左键拖动复制组合后的内容，复制后更改文本框内的文字信息（技能证书），“技能证书”下方内容先绘制文本框然后再输入内容（如 1、CEAC 认证讲师）并更改字体、字号、颜色等，完成后效果如图 5-48 所示。

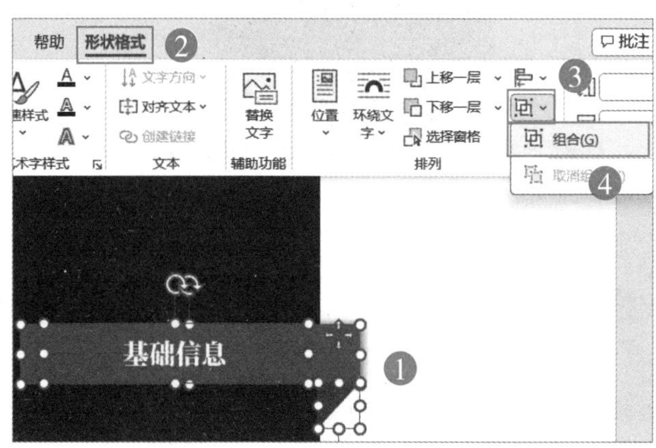

图5-47　文本框与装饰性图形的组合

步骤11 绘制一个"平行四边形"，绘制完成后改变形状填充颜色为"蓝色"、形状轮廓为"无轮廓"，形状处于选定状态，单击"形状格式"→"形状效果"，在弹出的下拉菜单中依次单击"阴影"→"偏移：下"，如图 5-49 所示。

图5-48　绘制文本框输入文字信息

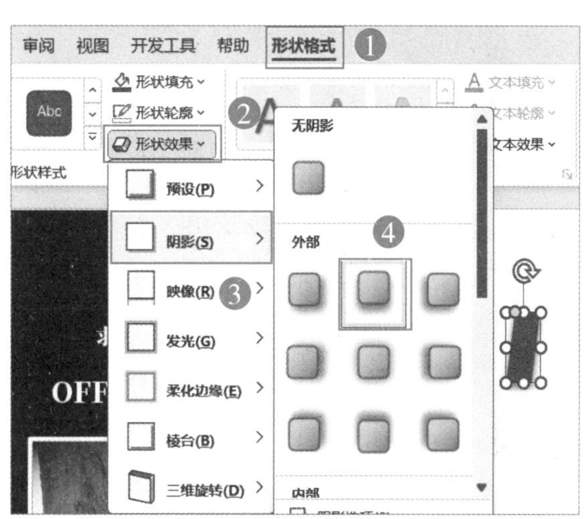

图5-49　绘制平行四边形添加阴影效果

步骤12 按住 Ctrl 键的同时，按住鼠标左键拖动复制步骤 11 完成的平行四边形，然后改变大小到合适，如图 5-50 所示，但是两个形状角度不一致，在选定复制的形状后，拖动黄色的圆形提示点改变，改变后的效果如图 5-51 所示。

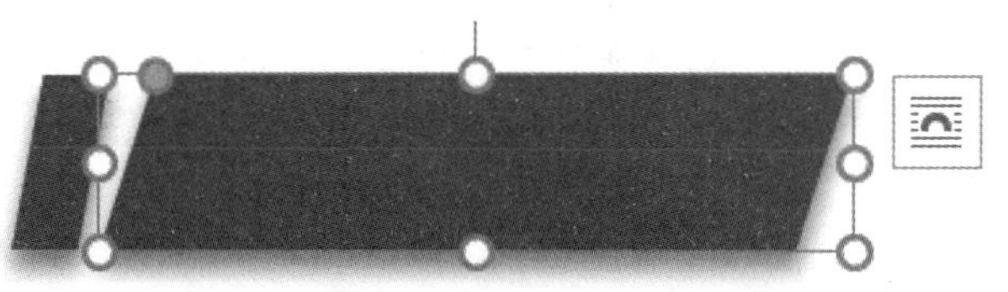

图5-50　复制平行四边形

图5-51　更改平行四边形的角度

步骤13 绘制一个矩形，先复制（Ctrl+Shift+C）平行四边形的属性（填充颜色、形状效果等），再粘贴（Ctrl+Shift+V）到矩形上，最后再通过“编辑顶点”命令，改变矩形上编辑点的位置，完成后效果如图 5-52 所示。

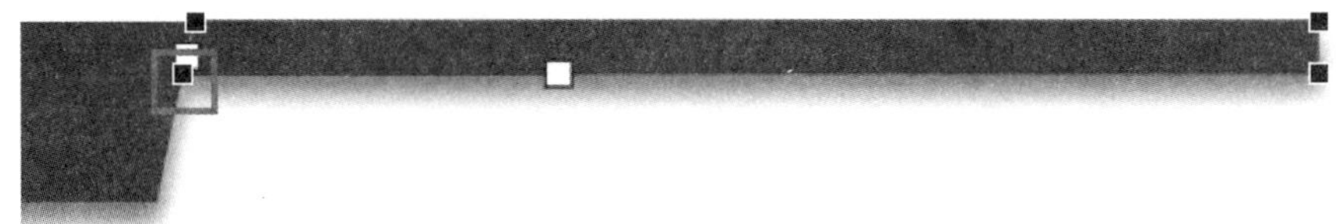

图5-52　矩形粘贴平行四边形属性并进行顶点编辑

步骤14 在装饰图形上方绘制一个文本框，输入文字“工作经历”后选定，选定后改变文字的“字体”为“思源宋体 CN Heavy”、“字号”为“三号”、字体颜色为“白色”、行距为“固定值”“20 磅”，文本框内的文字处于选定状态时，单击“形状格式”→“文本效果”，在弹出的下拉菜单中选择“阴影”→“偏移：下”，为文字添加阴影效果，如图 5-53 所示。

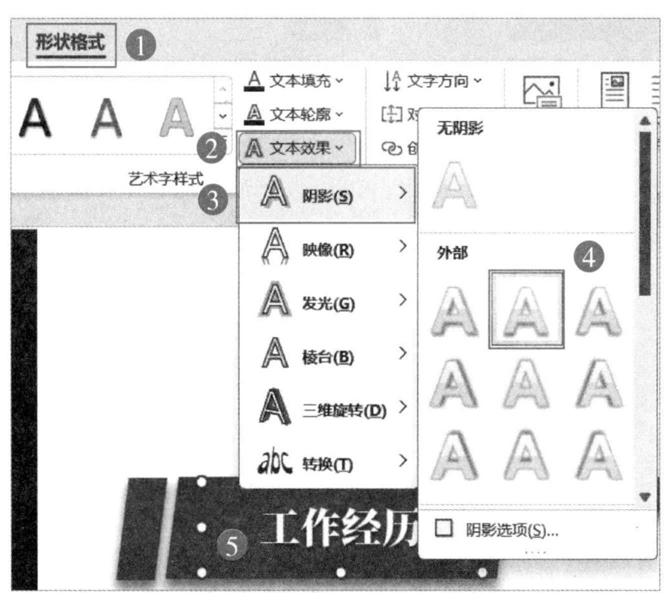

图5-53　文本添加阴影效果

步骤15 填写“工作经历”相关信息，先绘制一个文本框，然后在该文本框内插入一个 6 行 3 列的表格，单元格内分别输入对应的文字信息，调整第 2 列适当变宽，对第 2 行的第 2 个与第 3 个单元格选定后合并单元格，完成后效果如图 5-54 所示。

图5-54　文本框内插入表格

提示

使用“文本框 + 表格”形式同样也是为了上下行文字对齐。

步骤16 在合并的单元格输入工作内容的具体文字并将其选定，依次单击“开始”→“项目符号”，在弹出的下拉菜单中选择“菱形”，完成后的效果如图 5-55 所示。

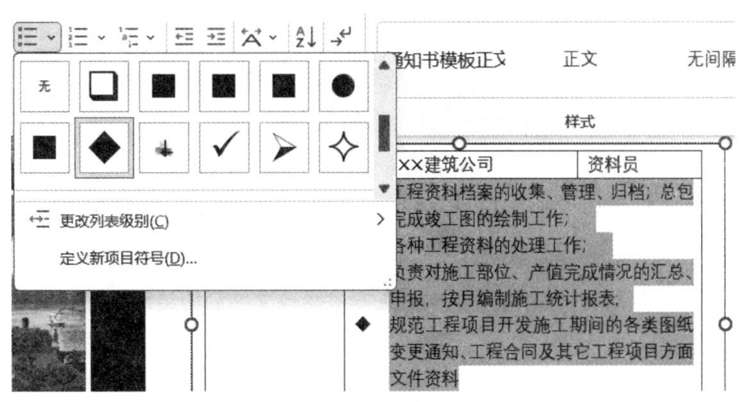

图5-55　段落文字添加项目符号

步骤17 参照步骤 15 与步骤 16 完成其余文字的输入工作，参照图 5-37，分别设置文字的格式，最后把文本框改成“无轮廓”与“无填充”，把表格改成“无框线”，设置效果如图 5-56 所示。

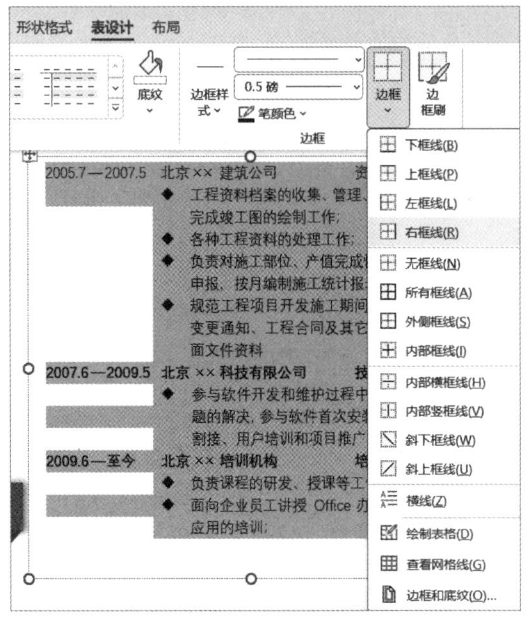

图5-56 更改表格为无框线

步骤18 参照步骤 10 对右侧装饰性图形与标题文本框先进行组合然后再拖动复制，复制后更改标题文本为“个人能力”，在下方再绘制一个文本框，然后输入具体的内容并为段落内容添加项目符号，完成的效果如图 5-57 所示。

个人能力

◆ 擅长 Office 与金山办公软件授课，曾为多家企业提供培训服务，均获得好评;

图5-57 复制装饰性图形并更改文字后的结果

5.5 谁说Word不能给杂志封面排版

本节排版的杂志封面页是以图片与形状为主要元素，主要学习的知识点有渐变、形状内放置图片、文本框文字方向的变化等，完成后效果如图 5-58 所示，希望读者学习后能够灵活掌握图片与形状的结合使用。

步骤1 设置页边距为“窄”，先在工作区插入一张图片，但是图片默认不能移动或改变大小到页面上边距以上（下边距以下）的位置，如图 5-59 所示。

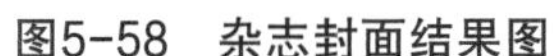
图5-58　杂志封面结果图

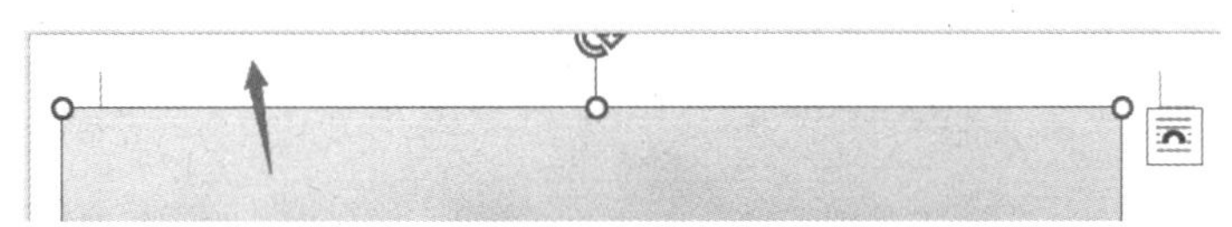
图5-59　移动图片

步骤2 选定图片，调整图片大小到合适后剪切图片（Ctrl+X），绘制一个矩形，调整矩形的大小占整个页面的 2/3，选定形状后单击鼠标右键，在弹出的快捷菜单中选择“设置形状格式”命令，出现“设置图片格式”窗口，在该窗口下选择“填充与线条”命令，依次选择“填充与线条”→“图片或纹理填充”→“剪贴板”，再单击“线条”→“无线条“。完成后效果如图 5-60 所示。

图5-60　绘制矩形后填充图片

“设置形状格式”窗口在选择“图片或纹理填充”命令后，窗口名称会自动变成“设置图片格式”。

步骤3 按住 ctrl 键的同时，按住鼠标左键拖动复制矩形，复制后的矩形会处于选定状态，在“设置图片格式”窗口更改“填充”选项为“纯色填充”，然后在“颜色”下拉列表选择“绿色”，“透明度”改为“20%”，移动复制后的矩形和下方填充图片的矩形重合就行，效果如图 5-61 所示。

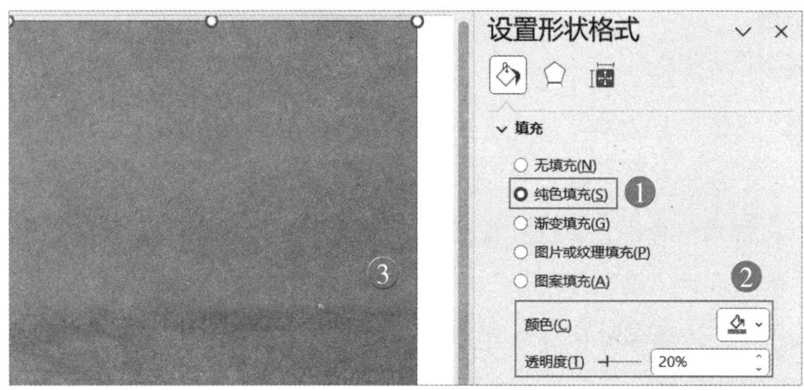

图5-61 复制后的矩形改变填充颜色为绿色并降低透明度

“设置图片格式”窗口在选择“纯色填充”命令后，窗口名称会自动变成“设置形状格式”。

步骤4 绘制一个竖排文本框，输入标题文本“旅游杂志”，更改该文字“字体”为“庞门正道标题体”、“字号”为“90”、“字体颜色”为“白色”、“段落对齐”为“居中”。最后单击“开始”选项卡下的“字体”，弹出“字体”对话框，在该对话框先单击“高级”，然后“间距”选择“加宽”、“磅值”设为“10 磅”，完成后的效果如图 5-62 所示。

步骤5 绘制一个竖排文本框，输入内容“十一黄金节旅游特别专辑”并选定，设置“字体”为“庞门正道标题体”、“字号”为“20”、“字体颜色”为“白色”、“段落对齐”方式为“分散对齐”，最后依次单击“形状格式”→“文字方向”，在弹出的下拉菜单中选择“将所有文字旋转 90°”命令，效果如图 5-63 所示。

图5-62　标题文本

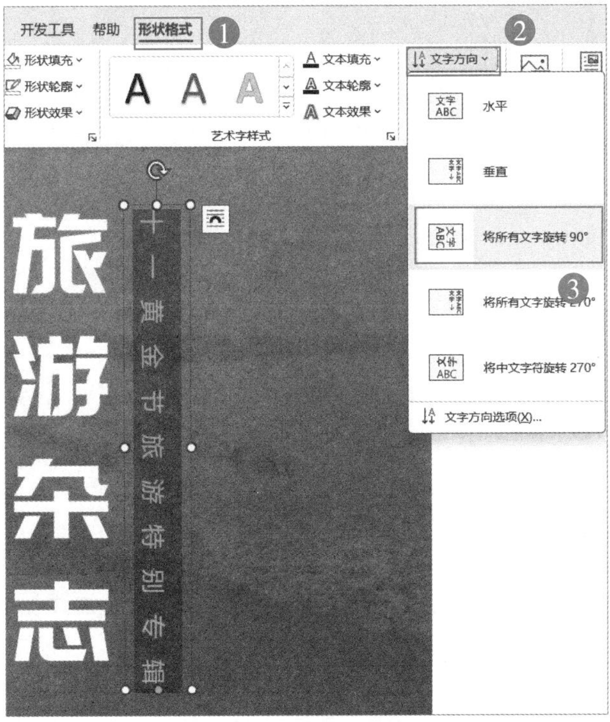

图5-63　副标题文本

分散对齐：在左右页边距之间均匀分布文本，如果是在文本框内则文本会在文本框两侧均匀分布。

步骤6 绘制一个文本框并输入内容“TRAVEL”，调整“字号”为“100”、“字体”为“庞门正道标题体”、“文字颜色”为“绿色”，复制该文本框，选定复制后的文本框后单击鼠标右键，在弹出的快捷菜单中选择“设置形状格式”命令，弹出“设置形状格式”窗口，如图5-64所示，先单击“文本选项”，在“文本填充”下选择“渐变填充”，依次单击停止点“2”与停止点“3”，然后单击“删除”按钮。

步骤7 如图5-65所示，分别选定第1个与第2个“停止点”，在“颜色”下拉列表中选择“橙色”，单击第2个停止点将“透明度”设置为“100%”，并将两个停止点向中间分别移动到合适位置。

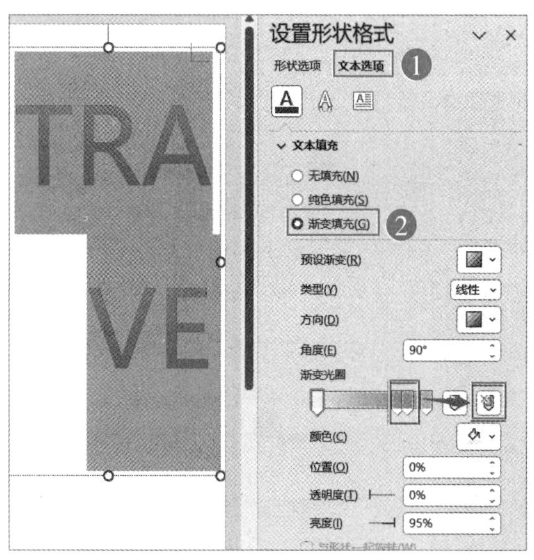

图5-64 文本添加渐变填充

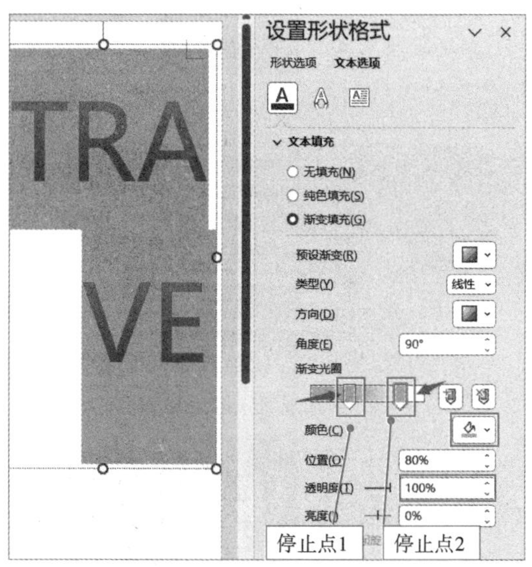

图5-65 文本填充渐变

渐变光圈下方“停止点”最少要有2个，如果想增加停止点添加渐变颜色，只需在渐变光圈上单击，或者单击“添加渐变光圈”按钮。

提示 2

渐变填充是由两种以上颜色实现的过渡填充，其中方向与角度都可以控制渐变如何进行显示，如图 5-66 所示，把渐变从默认的角度 90° 改成 45°，对比图 5-65 与图 5-66 可以看到渐变方向上的变化。

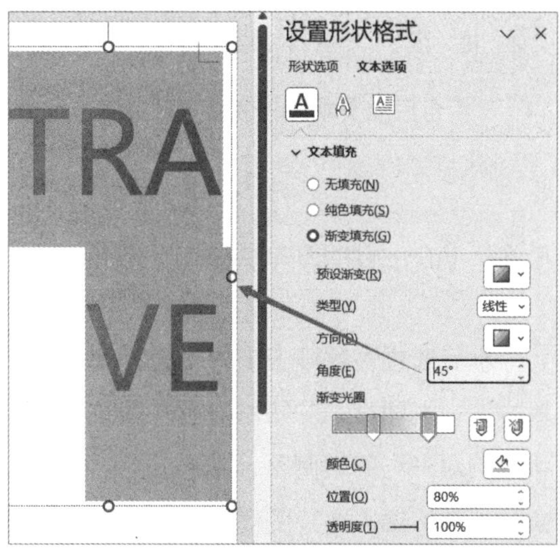

图5-66　改变渐变填充角度

步骤8 参考之前小节进行细节完善，按住“Shift”键同时依次单击选定左侧两个标题文本框，单击“形状格式”→“对齐”，在弹出的下拉菜单中单击“垂直居中”对齐命令，再单击“组合”命令，选定组合后的文本框与下方矩形进行“垂直居中”与“水平居中”对齐操作，结果如图 5-67 所示。

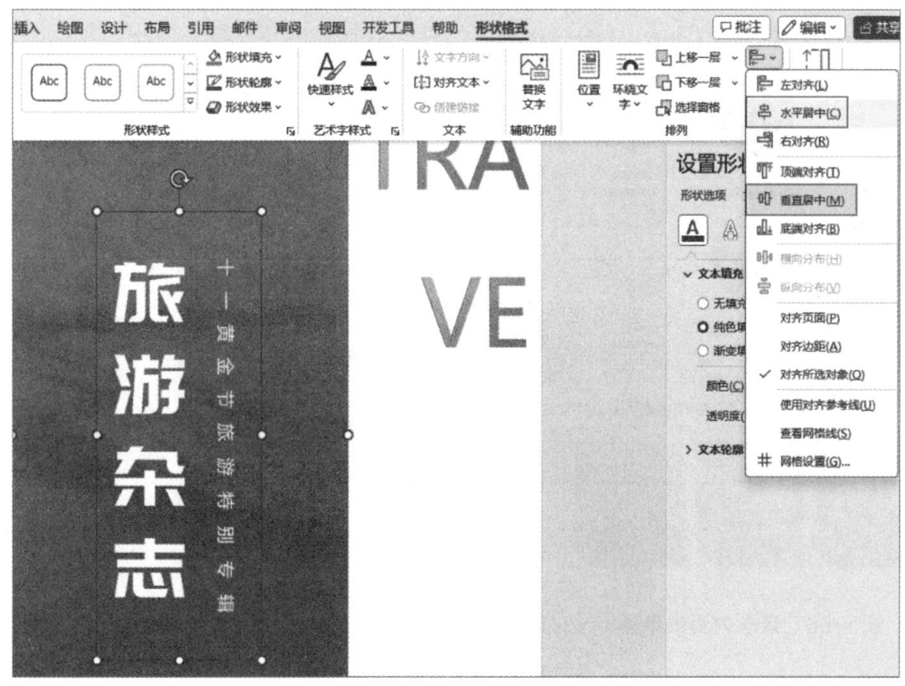

图5-67　标题与图片的对齐

组合后的文本框与下方矩形对齐，是为了让标题文本框放在页面垂直居中的位置。

5.6 Word排版杂志内页也出彩

本节通过讲解排版杂志内页，也是为了让读者朋友能够灵活掌握对图片、形状的编辑方法，主要学习的知识点有多图统一改大小、裁剪图片到形状、形状与图片对齐、形状复制对齐与间距调整、文字的艺术设置，完成后效果如图 5-68 所示。参照 5.1 节设置文档默认插入图片的环绕方式从“嵌入型”改为“四周型”。

步骤1 先在文档中绘制一条直线，绘制后默认线条处于选定状态，单击“形状格式”→“形状轮廓”，在弹出的下拉菜单中选择颜色为“黑色”、“粗细”为“2.25 磅”，如图 5-69 所示。

图5-68　杂志内页效果图

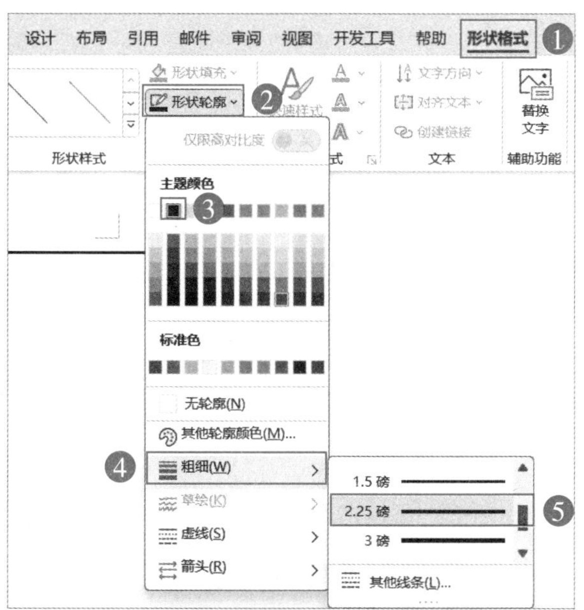

图5-69　绘制线条并改变粗细

步骤2 按住 Ctrl 键的同时，按住鼠标左键拖动复制该直线到页面右侧。绘制一个矩形，绘制完成后，选定任意一条直线，按“Ctrl+Shift+C”复制线条属性，选定矩形后按“Ctrl+Shift+V”粘贴线条属性，如图 5-70 所示。

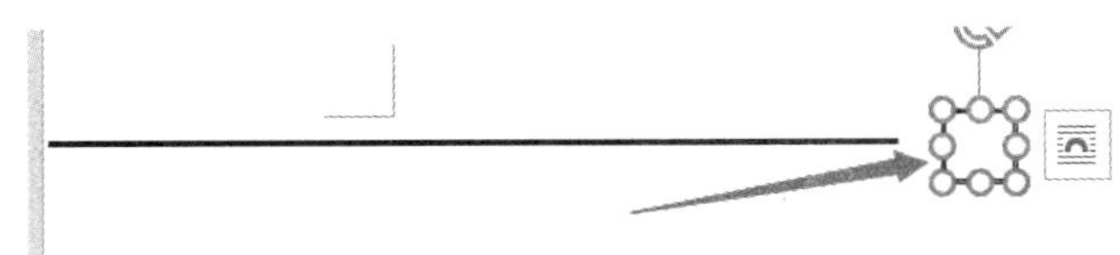

图5-70　复制线条属性应用到矩形

步骤3 先使用“鼠标 +Ctrl”键直接拖动的方法复制 4 个矩形，再将其选定，依次单击“形状格式”→“对齐”，在弹出的下拉菜单中先单击“顶端对齐”，再单击“横向分布”命令，单击该命令后，矩形间隔将变得一致，效果如图 5-71 所示。

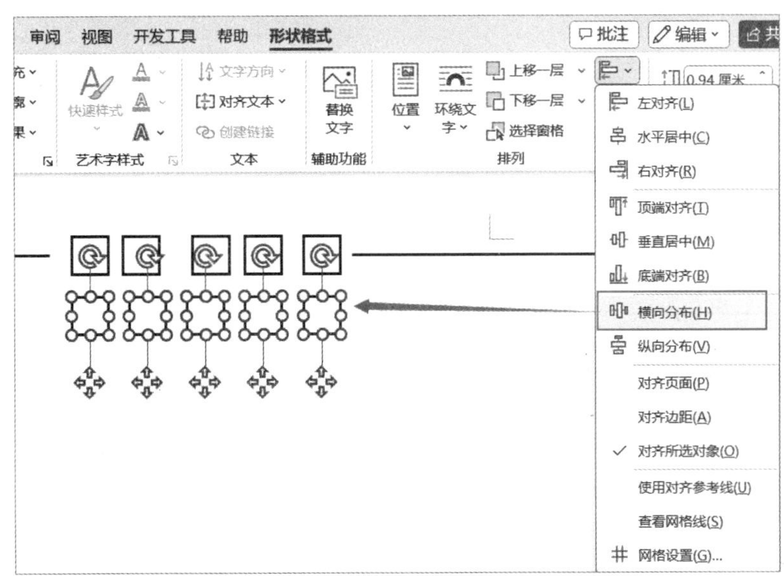

图5-71　多个矩形执行横向分布命令

提示

图 5-71 所示的上下两组矩形是为了对比“横向分布”执行前与执行后的效果。横向分布作用是将选择的多个形状的间隔变得一致。

步骤4 插入 6 张图片，依次选定图片改变“环绕文字”的方式为“四周型”，按住 Shift 键同时，依次单击选择图片，将 6 张图片选定，如图 5-72 所示，选择后依次单击

"图片格式"→"裁剪"，在弹出的下拉菜单中选择"裁剪为形状"命令，然后在下拉列表中选择"椭圆形"。

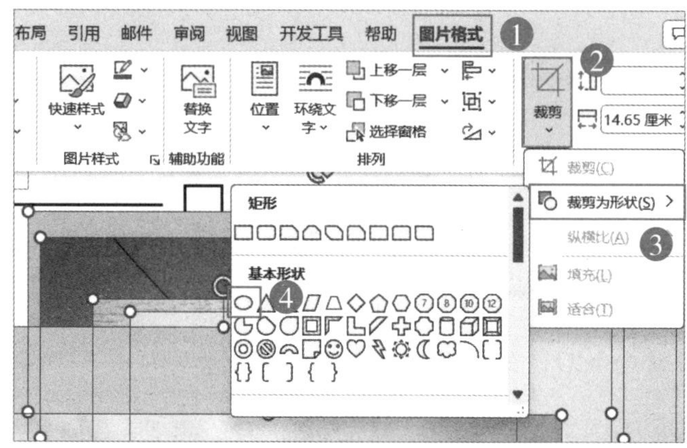

图5-72　多个图片裁剪到椭圆形形状

步骤5 图片处于选定状态，单击"图片工具"→"格式"→"大小"，弹出"布局"对话框，先去掉"锁定纵横比"复选项，然后改变"高度绝对值"为"4 厘米"，"宽度绝对值"为"4 厘米"，如图 5-73 所示。

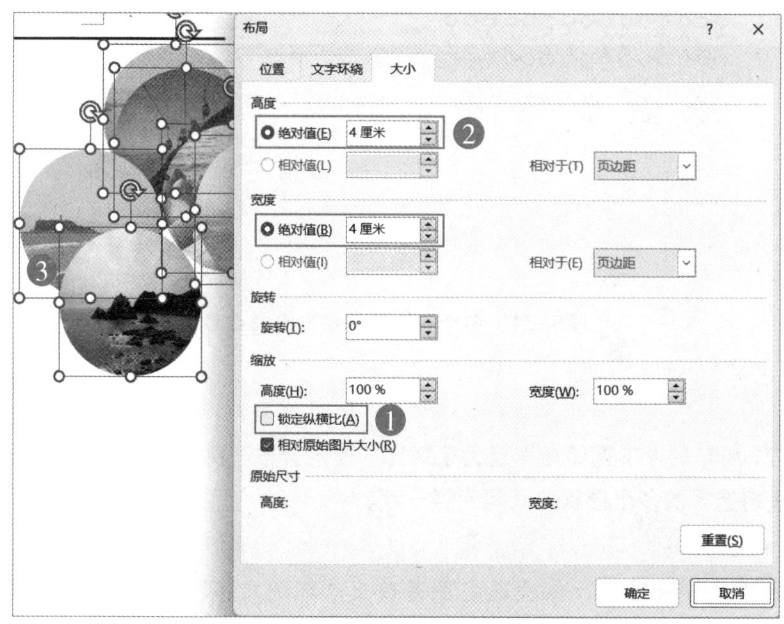

图5-73　布局对话框更改图片大小

提示

高度和宽度的绝对值一致时，原来的椭圆形变成了圆形。示例对话框是执行后再次打开的效果。

步骤6 参照图5-68将图片移动分成两行（一行三个），参照之前小节，按行对图片进行“顶端对齐”与“横向分布”调整，再绘制一个文本框输入文字并调整字体与字号，对调整好的文本框多次复制并移动到合适位置，同样将文本框按照一行三个排列，对齐方式调整“顶端对齐”与“横向分布”，效果如图5-74所示。

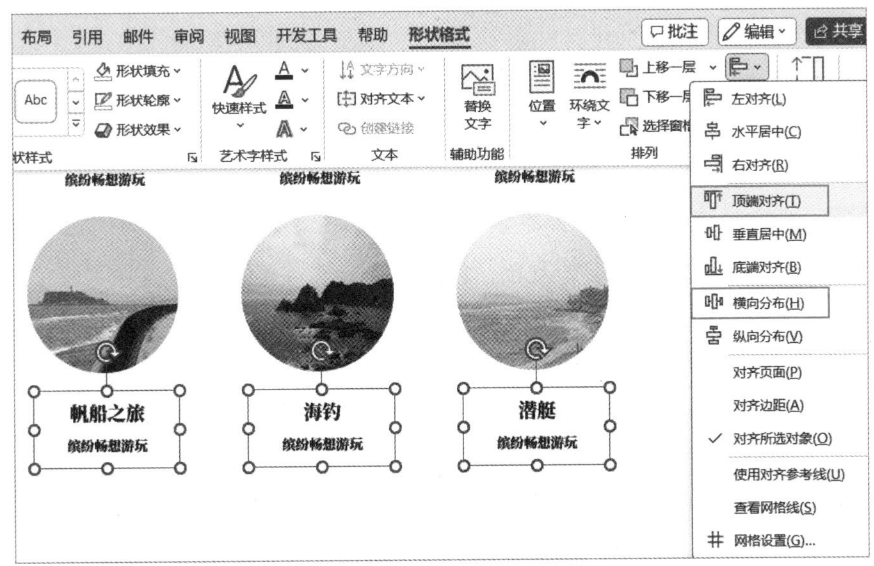

图5-74　调整图片与文本框的对齐方式

步骤7 如图5-75所示，依次选中同列的图片与下方文本框，依次单击“图片工具”→“格式”→“对齐”，在弹出的下拉菜单中选择“水平居中”，调整对齐后再对选定的内容执行“组合”命令。

提示

选定文本框与图片后会出现“形状格式”与“图片格式”两个选项卡，均可执行“对齐”与“组合”命令。

图5-75 调整对齐方式并组合

步骤8 绘制文本框，输入文字内容“缤”，并调整“字体”为“思源宋体 CN Heavy”、“字号”为“72”，字号变大后，有可能导致文字显示不全，在“段落”对话框中改变“行距”为“固定值：75 磅”，如图 5-76 所示。

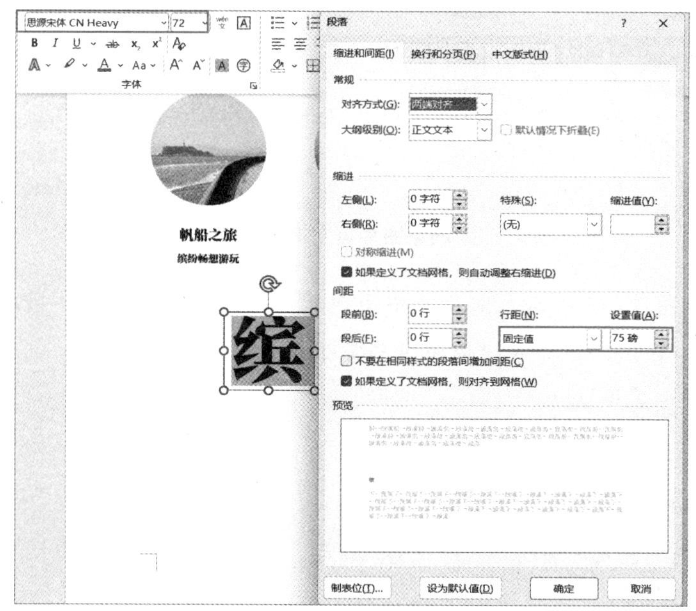

图5-76 段落对话框更改文字的行距

步骤9 选定“缤”的文本框，单击“形状格式”→“文本填充”，在弹出的下拉菜单中选择“无填充颜色”，单击“文本轮廓”菜单，在弹出的下拉菜单中选择“黑色”，效果如图 5-77 所示。

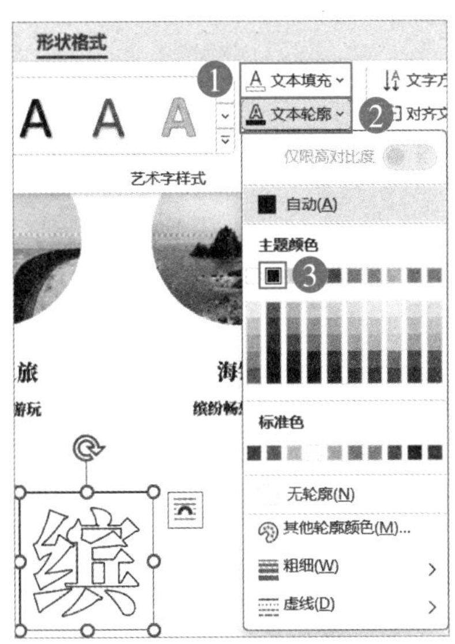

图5-77　改变文字填充为无

步骤10 再绘制一个文本框，输入其余文字并调整字体、字号、加粗，参考之前步骤，对两个文本框做“垂直居中”对齐与“组合”，组合后，再依次单击“形状格式”→“对齐”，在弹出的下拉菜单中选择“水平居中”，这样组合后的文本框会对齐到页面正中心，效果如图 5-78 所示。

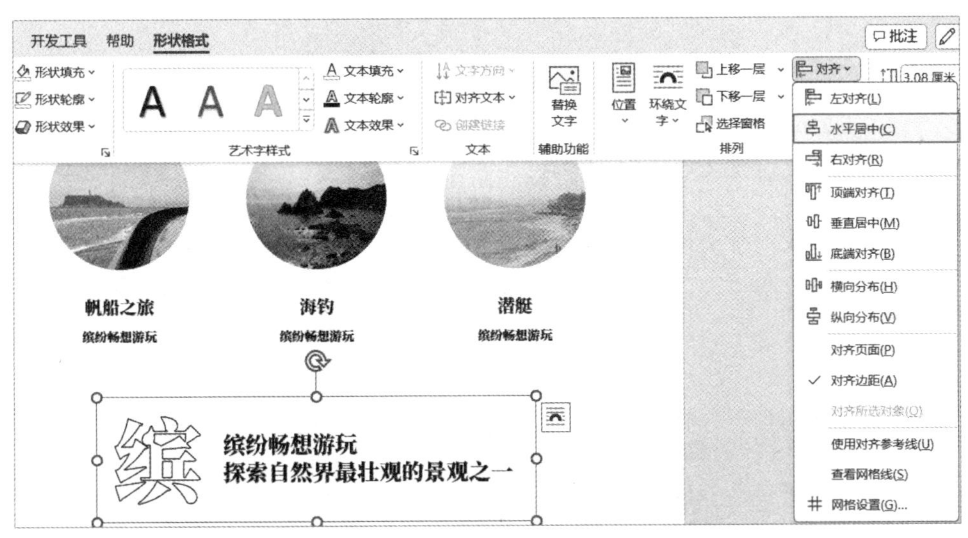

图5-78　文本框对齐到页面正中间

步骤11 绘制一个“矩形：剪去单角”，绘制后改变“形状填充”为“白色、背景 1、深色 35%”，“形状轮廓”为“无轮廓”，依次单击“形状格式”→“旋转”，在弹出的下拉菜单中选择“垂直翻转”命令，对该形状进行翻转显示，效果如图 5-79 所示。

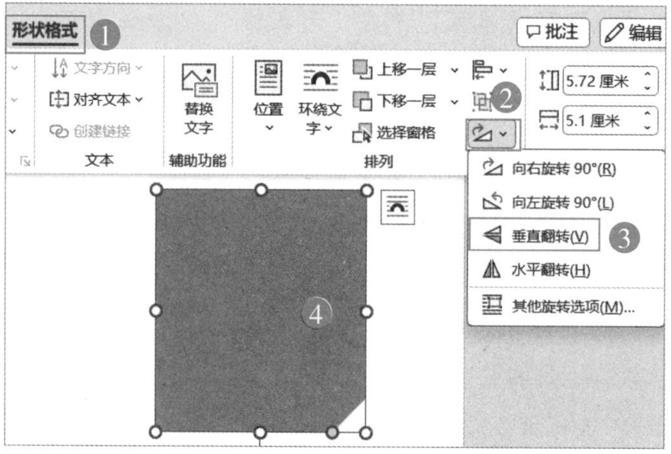

图5-79　翻转形状

步骤12 在形状上方绘制一个文本框，输入文字内容改变字体与文本颜色，参考之前步骤，先将文本框与下方矩形做水平居中与垂直居中对齐调整，对齐后再组合在一起，按住“Ctrl”键的同时，按住鼠标左键拖动复制该组合对象，最后再对这几组对象进行对齐与分布调整，效果如图 5-80 所示。

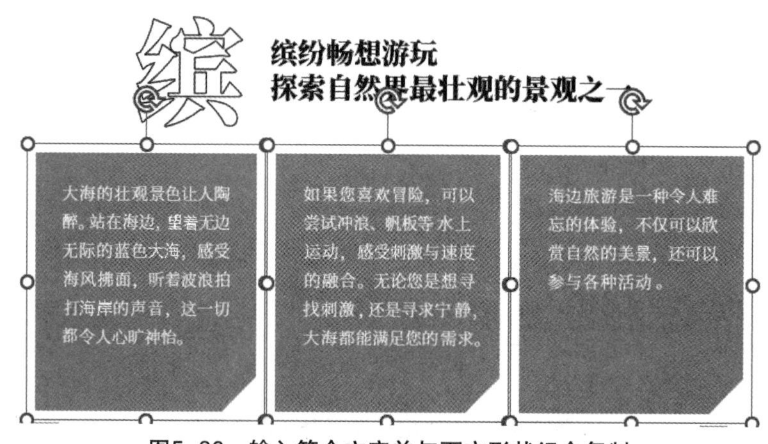

图5-80　输入简介文字并与下方形状组合复制

提示

在做排版页面时，使用最频繁的操作就是“对齐”“组合”“分布”等，所以读者要重点掌握。

5.7　Word排版招聘海报就这么简单

本示例主要使用 Word 自带的排版功能完成招聘海报制作，主要用到的知识点有：文本效果的使用、文本转图片、形状的使用，完成后效果如图 5-81 所示。

步骤1 绘制一个同页面相同大小的矩形，绘制后矩形处于选定状态，依次单击“形状格式”→“形状填充”，在弹出的下拉菜单中选择“金色：个性色 4”，“形状轮廓”为“无轮廓”，完成后的效果如图 5-82 所示。

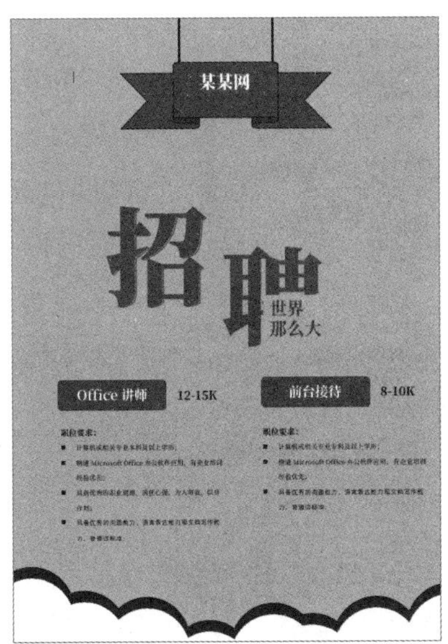

图5-81　海报效果图

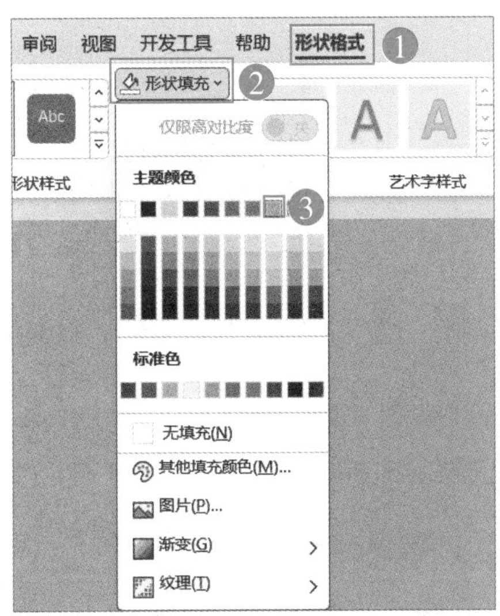

图5-82　绘制矩形并改变填充颜色

步骤2 如图 5-83 所示绘制“直线”两根与“上凸带形”，参考之前小节，改变直线轮廓属性，“粗细”为“3 磅”、“颜色”为“黑色”，而“上凸带形”的属性为“形状填充”颜色为“深红”、轮廓“粗细”为“1.5 磅”、轮廓颜色为“黑色”。

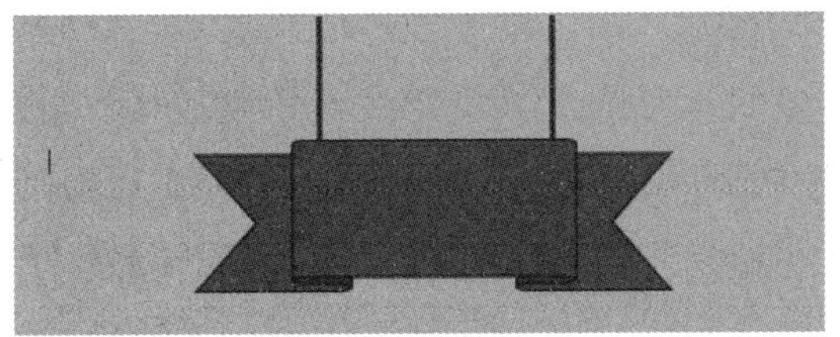

图5-83　绘制形状并改变填充颜色后的效果

步骤3 绘制一个文本框，然后输入标题文本“××网”，调整文字的“字体”为“思源宋体”,“颜色”为“白色”，调整字号到合适大小，改变行距为固定值，最后添加艺术效果，单击“形状格式”→“文本效果”，在弹出的下拉菜单中选择“映像”下的“半映像：接触”，完成后的效果如图 5-84 所示。

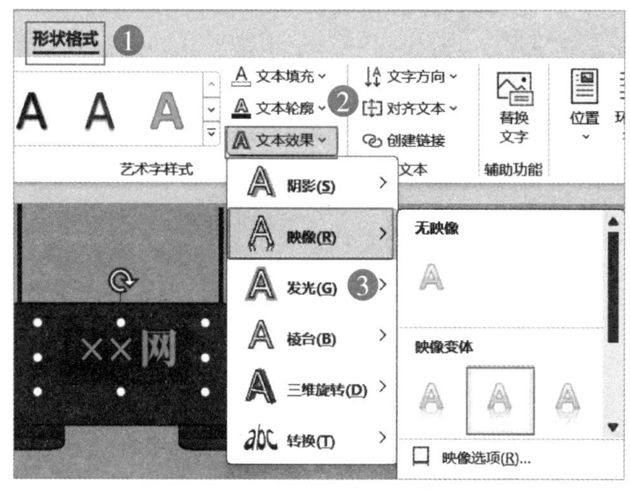

图5-84 文本添加映像效果

提示

为文本框内的文字添加效果时，一定是“形状格式”下的“艺术字样式”组里面的“文本效果”，还有一点是从哪添加、从哪取消，如示例添加的是映像，取消则在映像下“无映像”。

步骤4 对添加的映像效果进行设置，单击“绘图工具”→“格式”→“文本效果”→“映像”→“映像选项”，弹出“设置形状格式”窗口，如图 5-85 所示，更改“透明度”为“70%”、“大小”为“50%”、“模糊”为“1 磅”、“距离”为“0 磅”。

提示

映像就是倒影，其中透明度指的是映像效果显示的清楚程度，透明度值为 100% 时，则映像效果不显示；大小则为倒影所能显示原字体的大小，示例的 50% 表示倒影是原大小的一半；模糊则是倒影内容的清晰度；距离则为倒影效果与原文字的间隔。

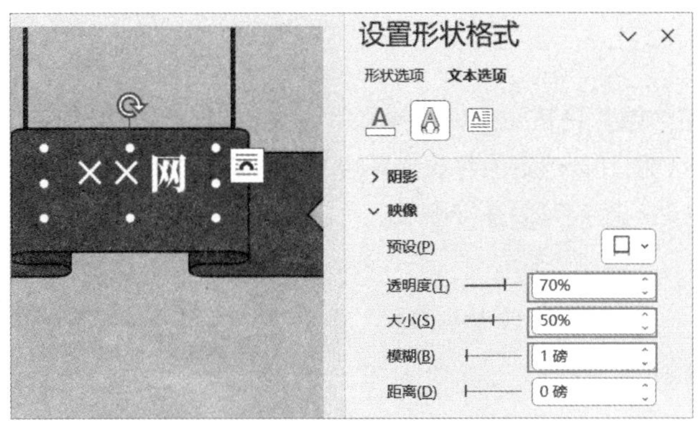

图5-85　更改映像效果设置

步骤5 绘制一个文本框，输入文字“招”，然后改变字体、字号、大小到合适，改变文本框内的文本填充为“无填充”，文本轮廓为“深红色”，并复制该文本框，改变文本填充颜色为“深红色”，适当向上、向左移动该文本框的位置，完成效果如图 5-86 所示。

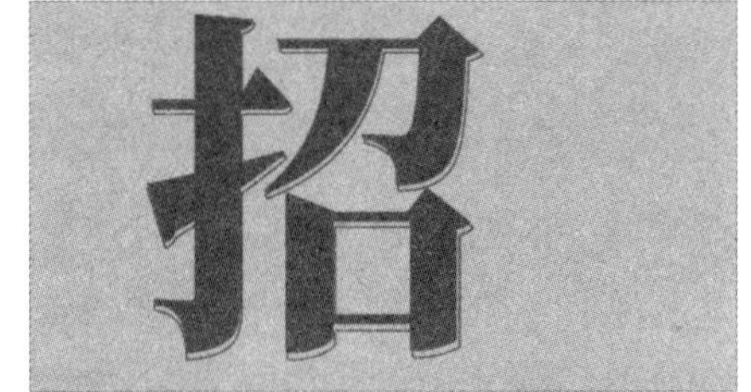

图5-86　制作重叠字的效果

步骤6 参照步骤 5 完成“聘”字的制作，制作完成后，选定该文本框并按“Ctrl+X”键剪切，然后单击“开始”→“粘贴”，在弹出的下拉菜单中选择“图片”，如图 5-87 所示，这样就把“聘”从形状变成图片，变成图片后就可以对文字执行图片的各种编辑操作。

图5-87　文本粘贴为图片

在单击“粘贴为图片”按钮后，如果图片没有出现，那是被黄色矩形覆盖了，把矩形向下移动即可看到图片，选定图片改变环绕文字方式为“四周型”。如果文档默认为“四周型”环绕，则粘贴的图片可以直接出现。

步骤7 对复制后变成图片的“聘”再次复制，分别对两个图片进行裁剪，再对裁剪后的两个图片选定，单击“图片工具”→“格式”→“对齐”→“顶端对齐”，对齐后再创建一个文本框（无填充与无轮廓）输入对应的文本（世界那么大）并调整字体格式，得到5-88所示效果。

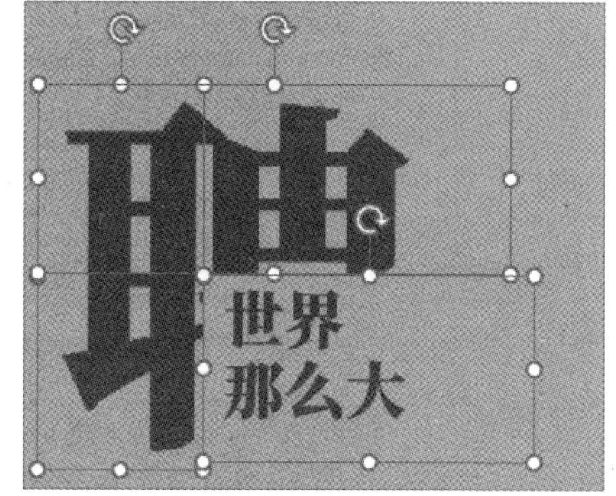

图5-88 文本图片裁剪

步骤8 绘制圆角矩形，更改形状填充为“深红色”，形状轮廓为“无轮廓”，然后在形状上单击鼠标右键，在弹出的快捷菜单中选择“添加文字”命令，输入文字（Office讲师）并调整字号、字体等，参考之前小节，完成其余内容的制作，效果如图5-89所示。

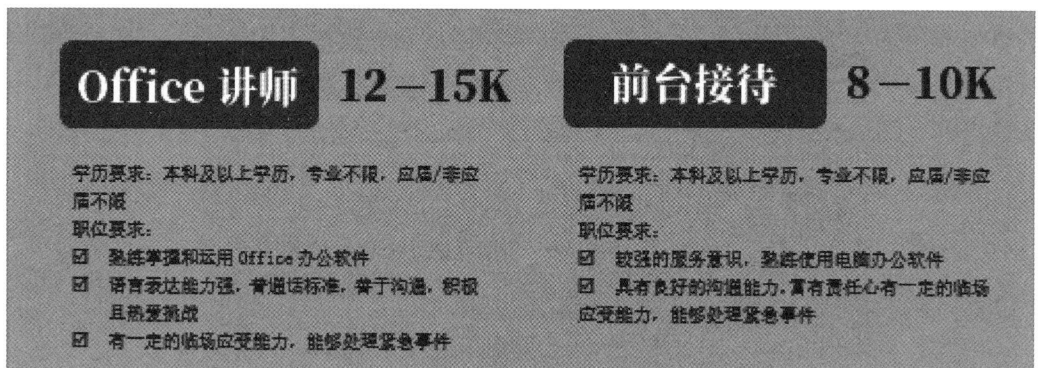

图5-89 形状与文本框完成文字信息的输入

步骤9 绘制椭圆，按住Shift拖动椭圆将其变成圆形，改变形状填充颜色为“黑色”“无轮廓”，然后复制多个，移动圆形到合适位置，并对多个圆形“组合”在一起，组合后再复制一个，改变形状填充颜色为“白色”，并向下移动到合适位置，完成后的效果如图5-90所示。

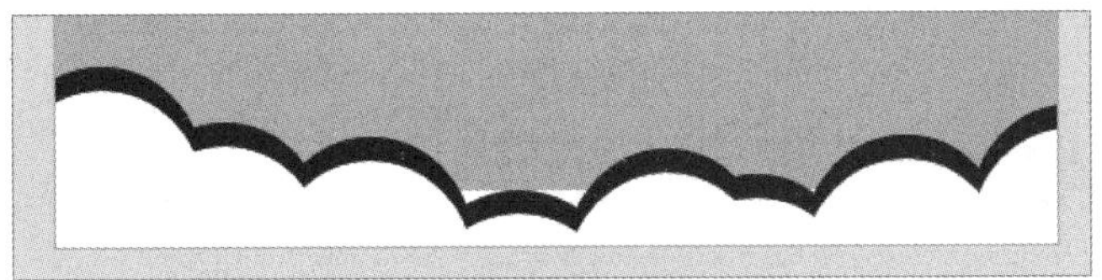

图5-90　装饰性图形制作

图 5-90 的圆形是移动到了文档最下边，并超出了文档的边界，其原理是把有些圆形往文档最下边移动得多，而有些则移动得少，会显示成不同的裁剪状态，如图 5-91 所示。

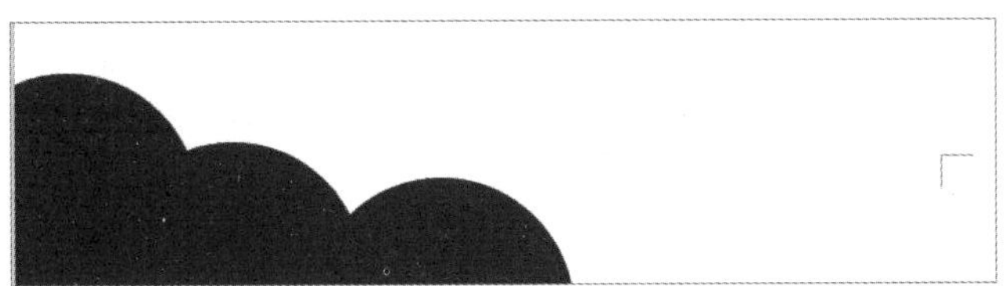

图5-91　圆形移出边界外的效果

举一反三

参照之前所学内容，完成如图 5-92 所示的简历排版。

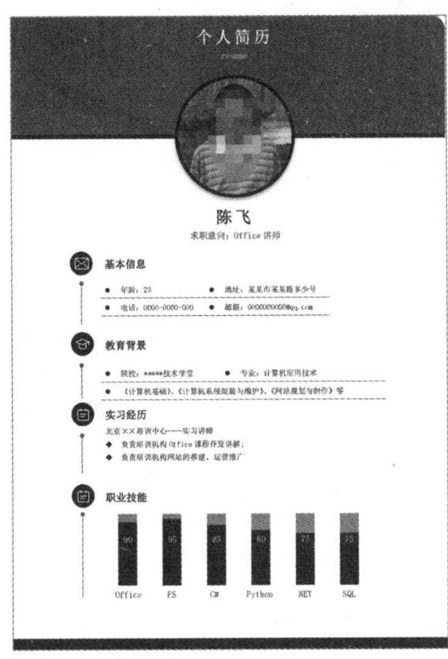

图5-92　个人简历

第6章

妙用形状绘制各种图示

本章将介绍如何使用 Word 软件自带的形状功能绘制流程图、组织构架图、时间轴及结合图标完成的递进式流程图。

本章主要学习知识点

- 渐变的使用方法
- SmartArt图形的使用方法
- 形状的使用技巧

6.1 Word绘制流程图

流程图中的各个阶段大多用图形块表示，不同图形块之间以箭头相连，箭头方向代表流程顺序。一般使用“是”或“否”的逻辑分支来判断下一步何去何从。本节通过使用 Word 自带的形状功能来完成图 6-1 所示的流程图。

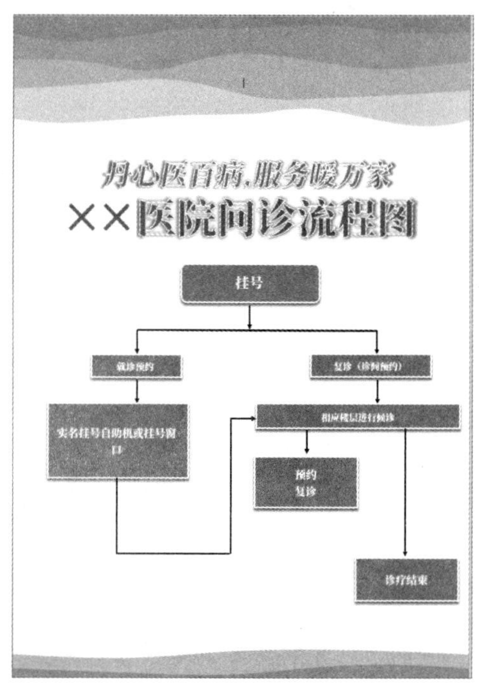

图6-1 流程图

步骤1 绘制一个同页面相同大小的矩形，绘制后该形状默认处于选定状态，单击鼠标右键，在弹出的快捷菜单中选择“设置形状格式”命令，右侧出现“设置形状格式”窗口，先单击“填充与线条”按钮，再依次单击“填充”→“图片或纹理填充”→“文件”，弹出“插入图片”对话框，在该对话框中选择素材图片并单击“插入”按钮，再依次单击“线条”→“无线条”，完成后的效果如图 6-2 所示。

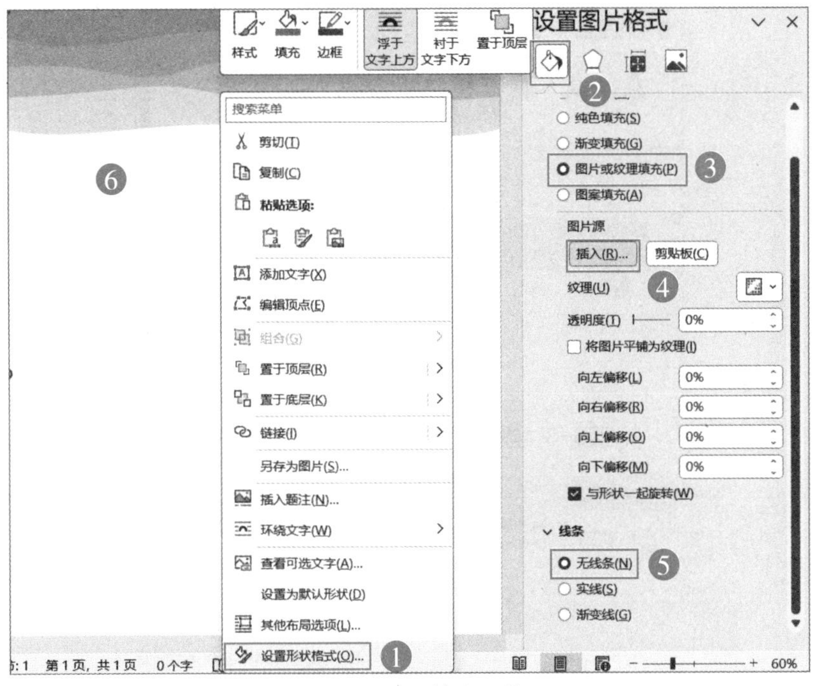

图6-2　页面填充图片

提示

“设置形状格式”窗口，在插入图片后窗口名称自动变成了“设置图片格式”。

步骤2 绘制一个文本框，输入文字内容后选定，先调整“字体”为“思源宋体 CN Heavy”、“字号”为“小初”、“倾斜（*I*）”，然后依次单击“形状格式”→“文本填充”，在弹出的下拉菜单中选择“绿色”，再单击“形状格式”→“文本轮廓”命令，在弹出的下拉菜单中“颜色”选择“白色”、“粗细”选择“1.5 磅”，再单击“形状格式”→“文本效果”→“阴影”，在弹出的下拉菜单中选择“外部”→“偏移：中”，如图 6-3 所示。

步骤3 复制文本框，并更改文字内容，调整文本框到合适的大小，并调整“字号”为“56”，改变文字“颜色”为“红色”，按住“Shift”键的同时依次单击选定两个文本框与下方填充图片的矩形，然后在“图片格式”或者“形状格式”下单击“对齐”→“水平居中”，如图 6-4 所示。

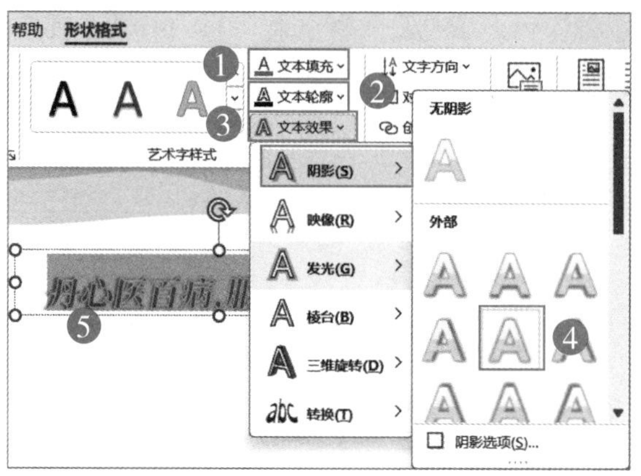

图6-3 输入文字并设置更改文字属性

图6-4 水平居中对齐两个文本框

 绘制一个圆角矩形，此时矩形默认处于选定状态，参考之前章节，改变其“形状填充”颜色为“浅蓝”、“形状轮廓”颜色为“白色”、“粗细”为“2.25 磅”，添加“形状效果”下的“阴影”，然后在弹出的下拉菜单中选择“向下偏移”，再单击“阴影”下的“阴影选项”命令，右侧出现“设置形状格式”窗口，更改阴影下的“模糊”值为“5 磅”、“距离”为“5 磅”，如图 6-5 所示。

提示

模糊表示阴影边缘的清楚程度，值越大，边缘越模糊，距离表示阴影距所设形状之间的间隔。

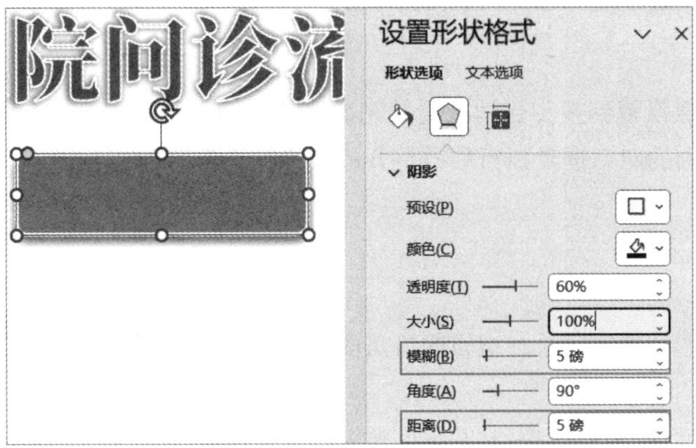

图6-5　绘制矩形更改属性并更改阴影效果

步骤5 在形状上单击鼠标右键，在弹出的快捷菜单中选择“添加文字”命令，输入文字后改变文字“字号”为“小二”、“字体”为“思源宋体 CN Heavy”，更改字体大小后，文字会在形状内偏下方显示，单击“开始”→“段落”，弹出“段落”对话框，调整“行距”为“固定值”、“设置值”为“20 磅”，如图 6-6 所示。

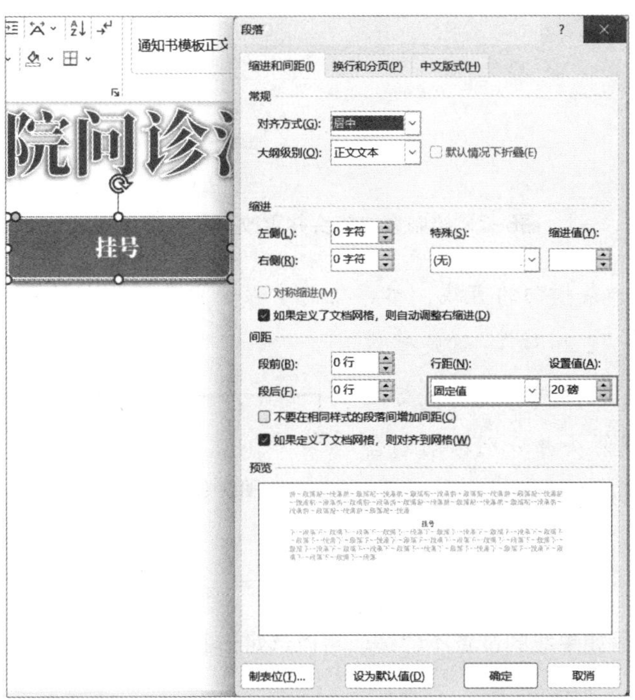

图6-6　形状内输入文字并更改文字行距为固定值

提示 1

行距的固定值设置到多少合适要看绘制的形状，示例的 20 磅只是演示，并不是所有形状都适合，示例的对话框是执行后再打开的效果。

提示 2

流程图其他形状的文字添加编辑的方法同步骤 5 类似，不再赘述。

步骤6 绘制一个方向向下的直线“箭头”，此时默认处于选定状态，在“设置形状格式”窗口，选择颜色为“黑色，文字 1”、设置宽度为“2.25 磅”，如图 6-7 所示。

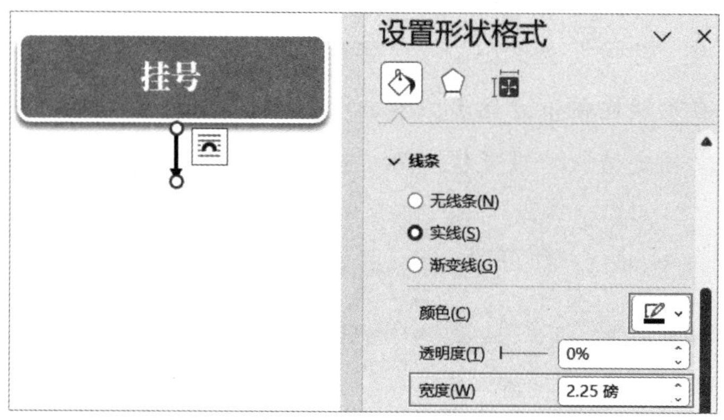

图6-7　绘制直线箭头并更改形状轮廓属性

步骤7 绘制一条横向的直线，参考之前步骤，更改其形状轮廓颜色为“黑色，文字 1”、“宽度”为“2.25 磅”。选定直线箭头，按住 CTRL 键的同时拖动鼠标左键，复制两个直线箭头并分别移动到合适位置，完成后的效果如图 6-8 所示。

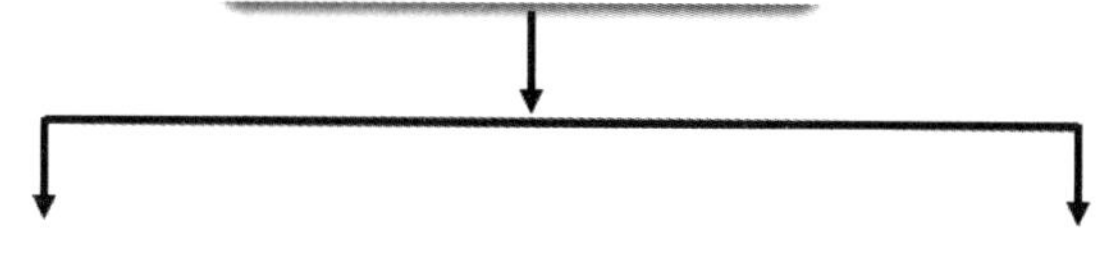

图6-8　绘制直线更改属性并复制箭头

提示

绘制完线条后如果线的位置不合适，可以选定形状后按键盘上的方向键微调形状的位置。

步骤8 绘制一个矩形，然后选定圆角矩形（挂号），按“Shift+Ctrl+C”快捷键复制该形状属性，再次选定矩形按“Shift+Ctrl+V”快捷键粘贴属性，效果如图6–9所示。最后参照步骤5输入文字。

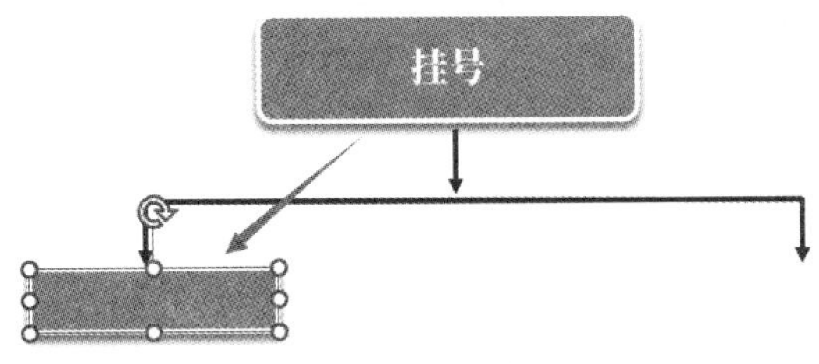

图6–9　复制形状属性

步骤9 选定设置好属性的圆角矩形（挂号），如图6–10所示，然后在形状上单击鼠标右键，在弹出的快捷菜单中，选择“设置为默认形状”命令，这样再绘制形状就具有圆角矩形的形状属性，参照之前的步骤按照图6–1所示完成其余形状绘制与文字的输入。

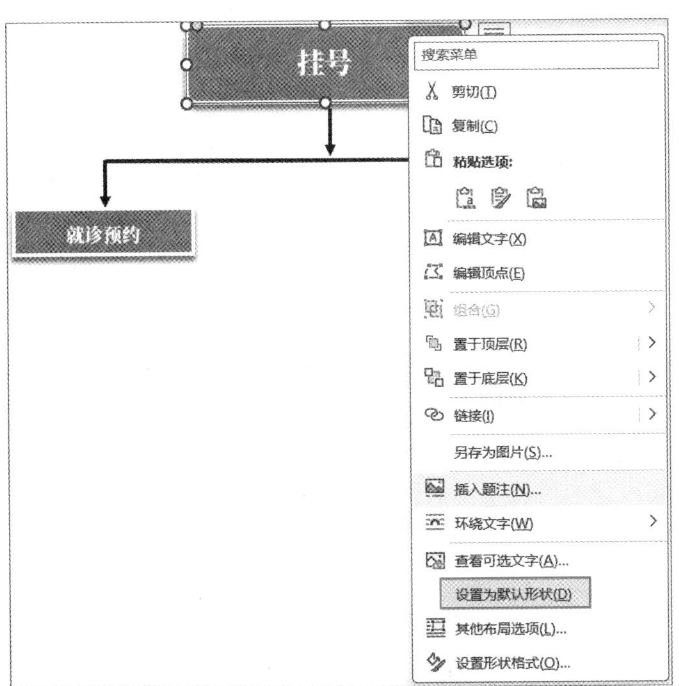

图6–10　设置为默认形状

步骤10 图6–11所示的线条，在“插入”下的“形状”中并没有直接提供，这是绘制了三根直线与一根直线箭头组合得到的。先绘制一条直线线条并设置形状属性（形状轮廓颜色为“黑色”、粗细“2.25磅”），随后单击鼠标右键，在弹出的快捷菜单中，选择“设置为默认线条”命令，这样再绘制其余两根线条与直线箭头即可。

步骤11 想在流程图中任意位置输入文字就需要使用文本框。先绘制一个文本框并输入内容，再改变文本框内的文字大小、字体颜色、行距等文字属性，完成后的效果如图 6-12 所示。

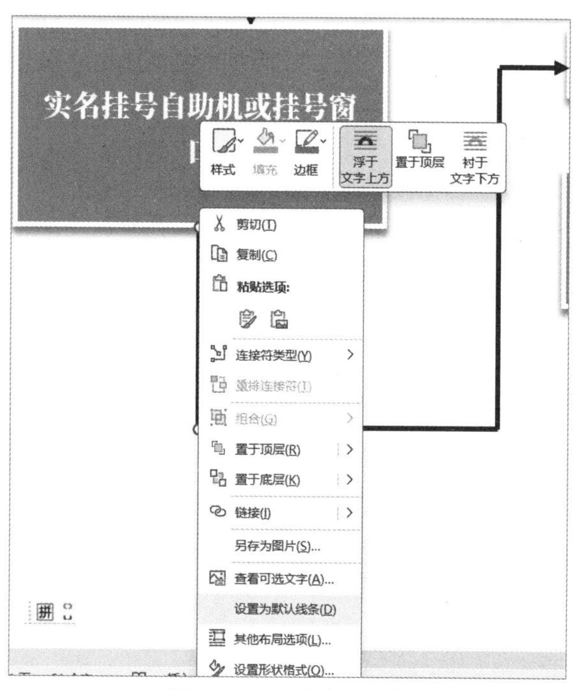

图6-11 设置默认线条

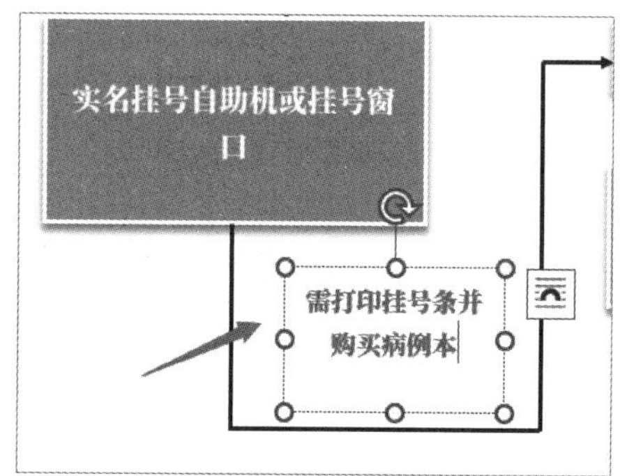

图6-12 绘制文本框输入文字并更改文本属性

6.2 Word绘制多图型流程图

流程图的主要作用是使用图形表示思路，本节示例采用图片、形状结合文本框的方式完成流程图的绘制，完成效果如图 6-13 所示，使用的知识点有：对齐的方法、图片如何放置于形状内显示、形状效果的设置、文本框的使用方法。

步骤1 依次单击“布局”→“纸张方向”→“横向”，然后绘制一根“直线”，如图 6-14 所示，绘制后在直线上单击鼠标右键，在弹出的快捷菜单中选择“设置形状格式”命令，右侧会出现“设置形状格式”窗口。

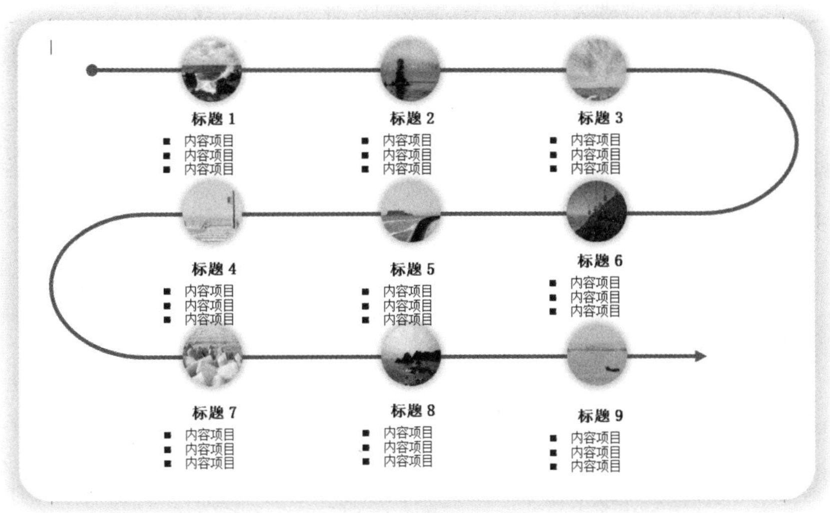

图6-13　流程图完成效果

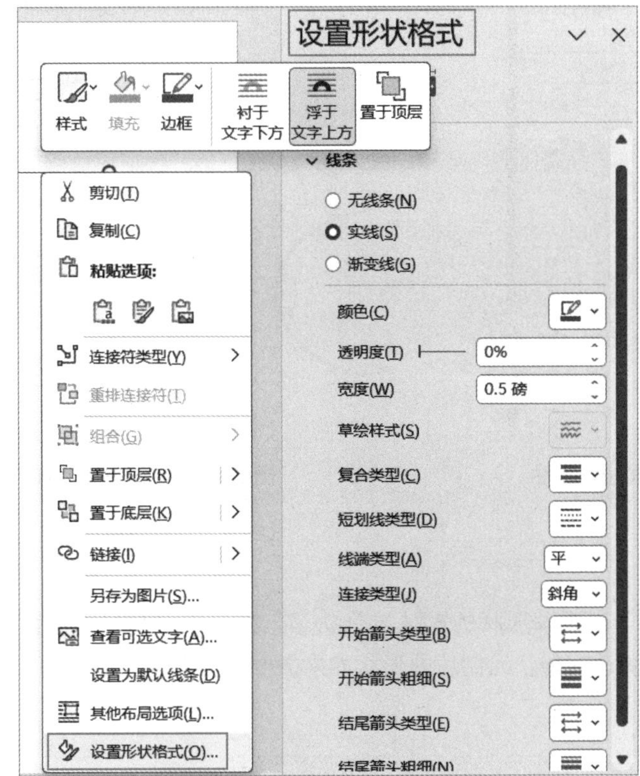

图6-14　“设置形状格式”窗口

步骤2 此时线条处于选定状态，如图 6-15 所示，在“设置形状格式”窗口依次设置“颜色”为“黑色、文字 1、淡色 50%”，“宽度”为“3.5 磅”，“开始箭头类型”下拉列表选择“圆形箭头”。

步骤3 在工作区拖动绘制一个“右中括号”形状，绘制后该形状处于选定状态，先在“设置形状格式”窗口设置“颜色”为“黑色、文字 1、淡色 50%”，“宽度”为“3.5 磅”，然后拖动形状上黄色提示点到中间位置，完成后效果如图 6-16 所示。

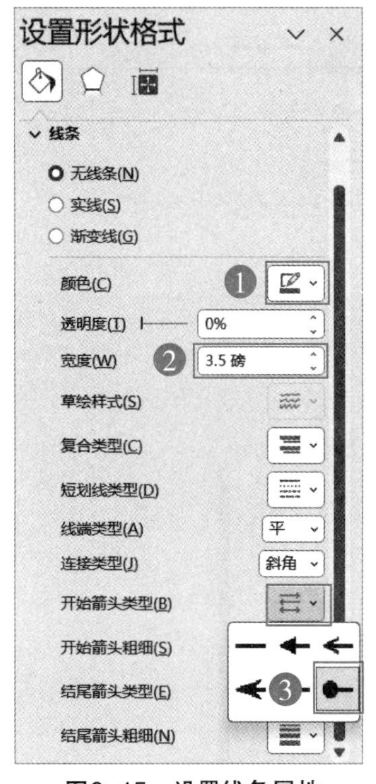

图6-15 设置线条属性

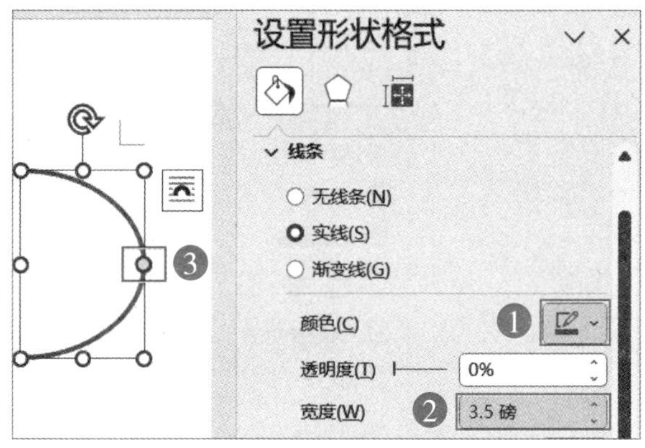

图6-16 半圆线条绘制与设置

提示

黄色提示点可以更改形状的默认显示状态，如果绘制后的形状没有该提示点，则表示该形状没有更改功能。绘制后的形状如果需要细微调整位置，可以使用键盘上的方向键。

步骤4 参照步骤 1 再绘制一条直线，先选定右中括号形状按“Ctrl+Shift+C”复制线条属性，再选定新绘制的线条按“Ctrl+Shift+V”粘贴线条属性，单击选定右中括号，按住Ctrl键的同时按住鼠标左键拖动复制，复制后该形状处于选定状态，依次单击“形状格式”→“旋转对象”，在弹出的下拉菜单中选择“水平翻转”命令，完成后效果如图 6-17 所示。

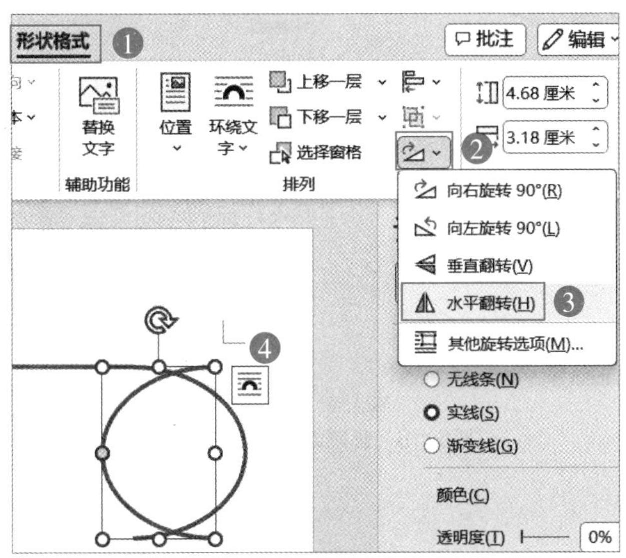

图6-17　复制线条并旋转

提示

Word 2016 版是“绘图工具”→“格式”，这就是版本的差异，命令提示的文字有变化。

步骤5 参照步骤 4 复制线条，复制后先将线条移动到合适的位置，线条处于选定状态，在“设置形状格式”窗口“结尾箭头类型”下拉列表选择“箭头”，完成后效果如图 6-18 所示。

步骤6 绘制一个椭圆形（绘制时按住 Shift 键，将变成一个正圆），绘制后该形状处于选定状态，参考之前小节，更改“形状格式”下的“形状填充”属性为“白色”、“形状轮廓”属性为“无轮廓”，如图 6-19 所示，添加“形状效果”下的“阴影”，选择外部下的“偏移：中”。

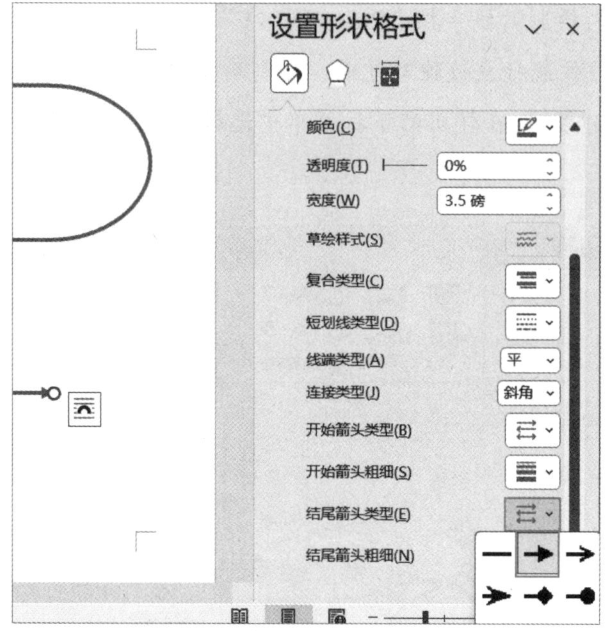

图6-18　复制线条并添加箭头

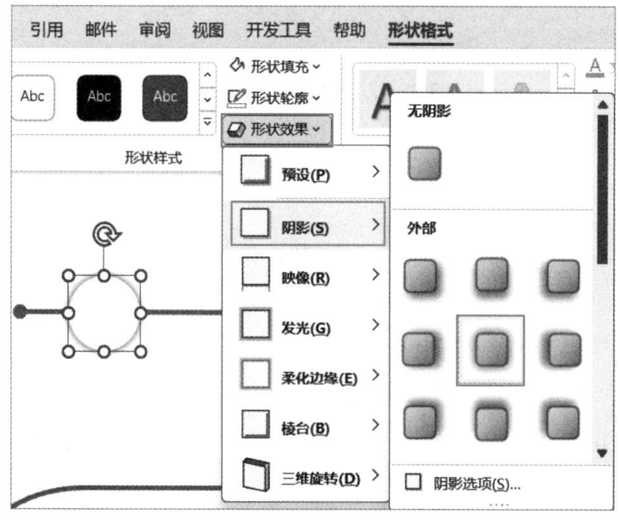

图6-19　形状添加阴影效果

步骤7 圆形处于选定状态，如图 6-20 所示，在“设置形状格式”窗口更改为“效果”选项，“阴影”下设置“透明度”为“80%”、“大小”为“103%”、“模糊”为“10磅”，把设置好的形状使用“Ctrl+ 鼠标左键”拖动的方法再复制 8 个备用。

透明度为阴影显示的明显程度，值越大则越不显示；大小为阴影比原图大多少，值越大阴影也就越大；模糊为阴影边缘的虚化程度，值越大边缘虚化则越大。

步骤8 插入一个图片，在图片处于选定状态时，先拖动图片四周白色圆点更改大小到合适（基本同圆形一样），然后剪切（Ctrl+X）图片，再选择步骤7绘制的圆形，在“设置形状格式”窗口下的“填充于线条”选择“填充”，然后选择“图片或纹理填充”，单击“剪贴板”按钮，完成后效果如图6-21所示。

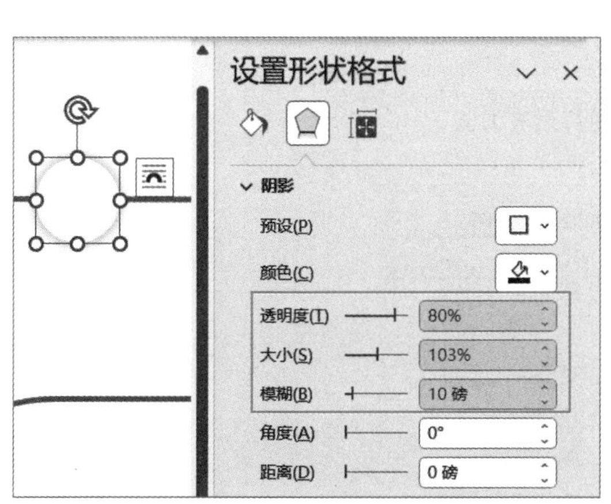

图6-20　设置阴影效果参数

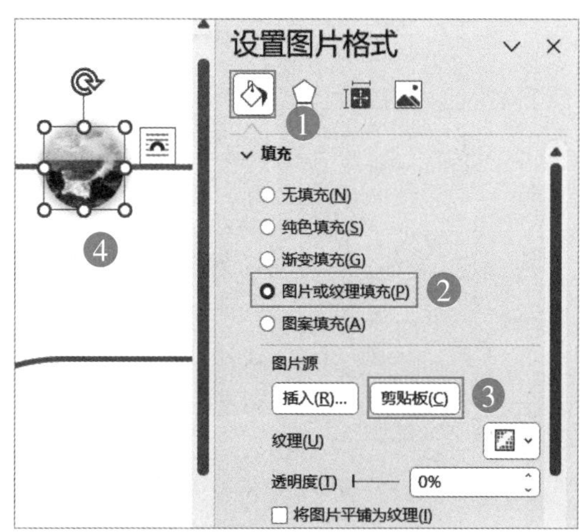

图6-21　圆形填充图片效果

在图片填充后“设置形状格式”窗口自动变换成了“设置图片格式”窗口。

步骤9 参照步骤8依次完成其他8个圆形图片的填充，把图片3个一组摆到线条的合适位置，依次选定3个图片与下方线条，如图6-22所示，依次单击“图片格式”→“对齐”，在弹出的下拉菜单中选择“垂直居中”选项，重复该操作完成其余两组，完成后使用“上下”方向键调整两侧的括号图形位置，使之与线条对齐。

步骤10 竖向选择3个图片，依次单击“图片格式”→“对齐”，在弹出的下拉菜单中选择“左对齐”，其余两组图片也执行同样操作，如图6-23所示。

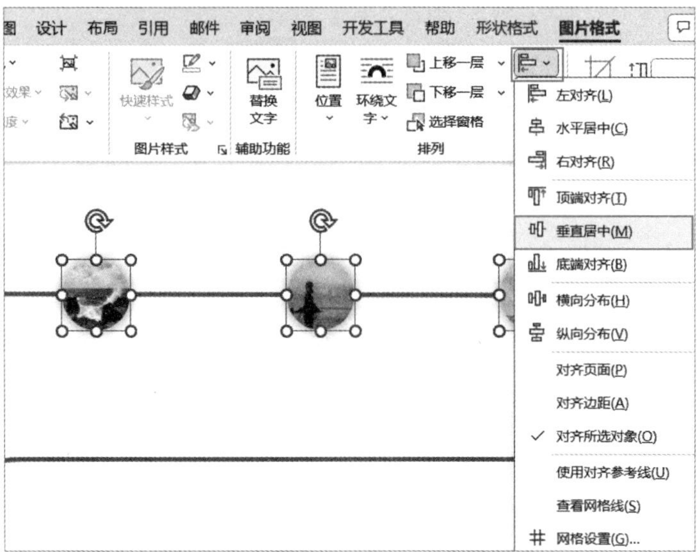

图6-22 调整图片对齐方式

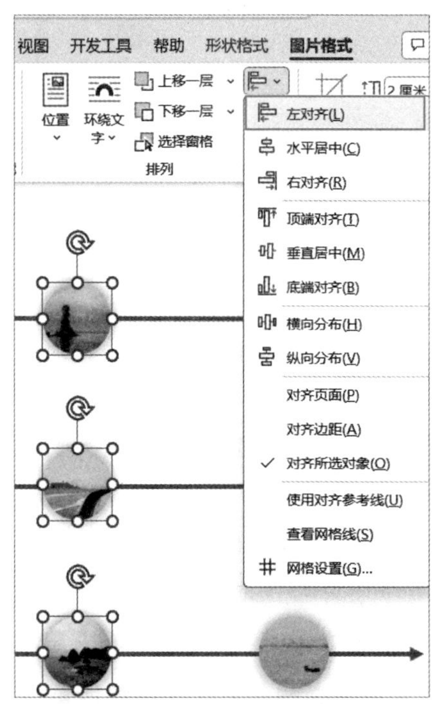

图6-23 对齐图片

步骤11 绘制两个文本框，在第一个文本框中输入标题内容，并设置其“字体”为

“宋体”、“大小”为“小三号”、“加粗”并“居中”；在第二个文本框中输入叙述性内容并选定，依次单击“开始”→“项目符号”，在弹出的下拉列表中选择合适的项目符号，完成后效果如图 6-24 所示。

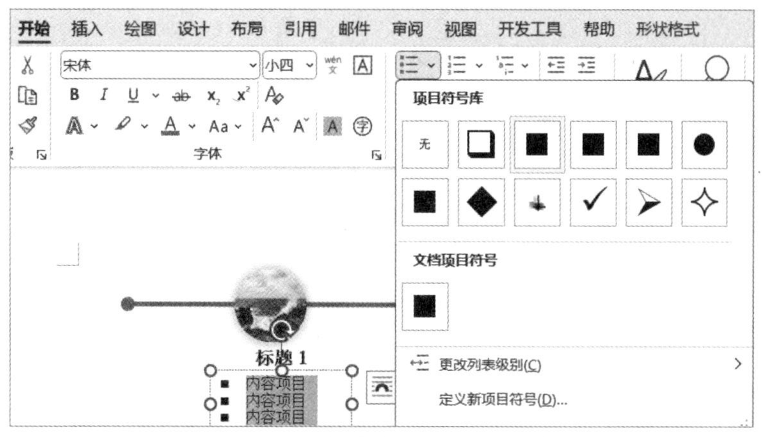

图6-24　文本框内的文字添加项目符号

步骤12 先单击选定第一个文本框，然后按住“Shift”键的同时再单击第二个文本框，选定两个文本框，再依次单击“形状格式”→“对齐”，在弹出的下拉菜单中选择“左对齐”，如图 6-25 所示，再单击“形状格式”→“组合”。

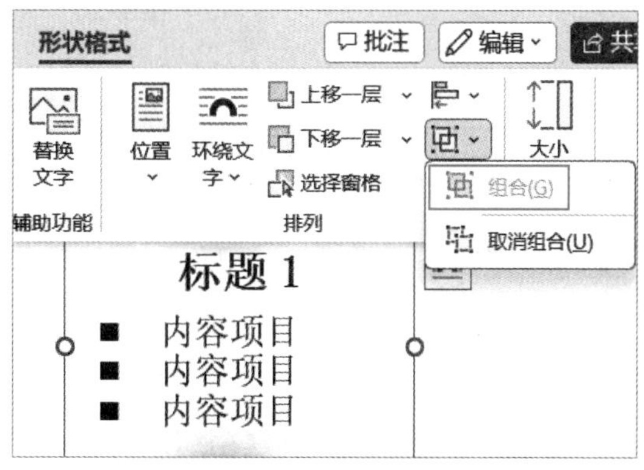

图6-25　文本框组合显示

组合的目的在于将两个以上的形状变成一个整体，方便后续的选择、复制和移动。

步骤13 复制 8 个组合后的文本框，然后分别移动到合适的位置，绘制一个同页面一样大小的圆角矩形，拖动黄色圆形控制点把圆角矩形的圆角变小，并改变填充颜色为“白色”、“形状轮廓”为“无轮廓”，参照步骤 7 设置阴影效果，其阴影选项设置为“透明度”为“90%”、“大小”为“103%”、“模糊”为“20 磅”，最后依次单击“形状格式”→“下移一层”，在弹出的下拉菜单中选择“置于底层”，完成后的效果如图 6-26 所示。

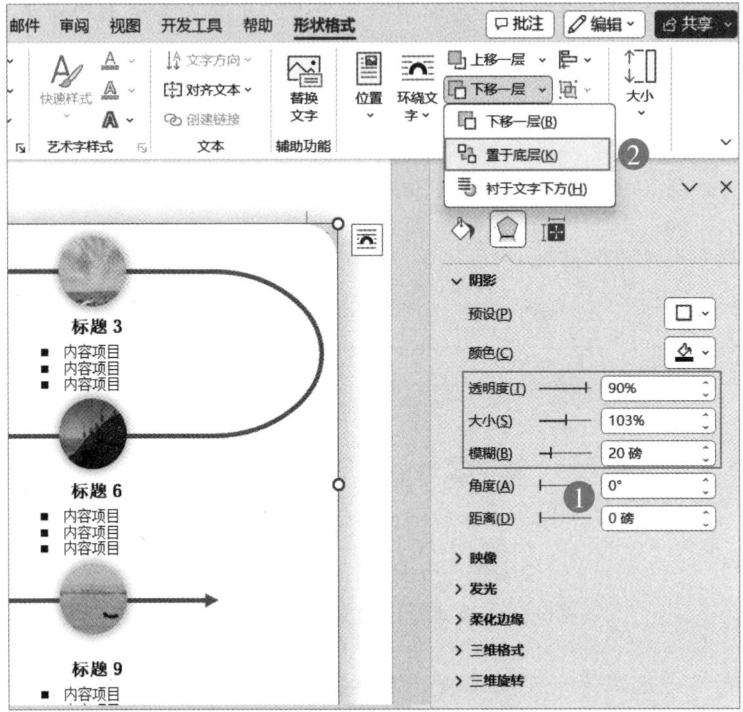

图6-26 背景图形的设置

6.3 组织架构图的两种绘制方法

绘制组织架构图有两种方法：第一种方法是使用 SmartArt 图形；第二种方法是插入形状并进行美化。SmartArt 是一种可以快速创建图形不同显示形式的工具，例如组织架构图、列表、流程、循环等。

示例一：SmartArt 创建组织架构图

步骤1 如图 6-27 所示，单击“插入”→“SmartArt”，会弹出“选择 SmartArt 图形”对话框，在该对话框中先选择“层次结构”，再在“层次结构”下选择第一个“组织结构图”，单击“确定”按钮。

步骤2 插入 SmartArt 形状后，直接单击 SmartArt 形状上的文本然后输入自己所需的文本内容，如果需要增加下一级架构，可在选定一个形状后，单击“SmartArt 设计”→“添加形状”→“在下方添加形状”，如图 6-28 所示。

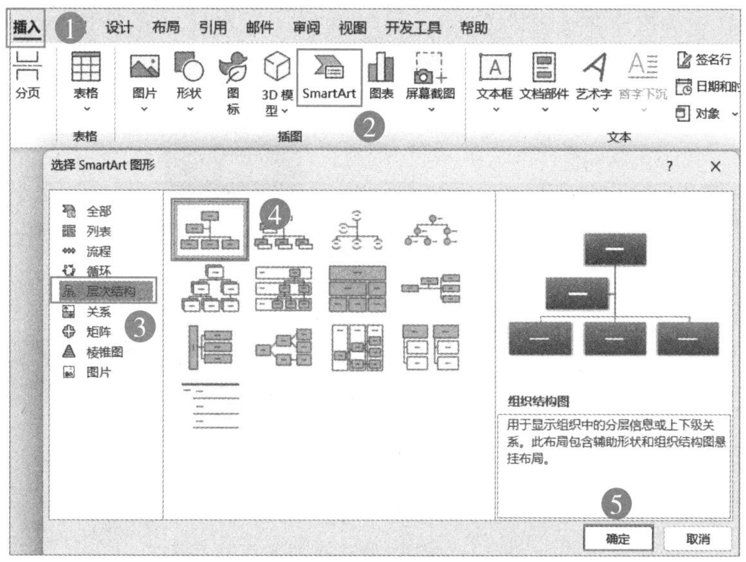

图6-27　插入SmartArt形状

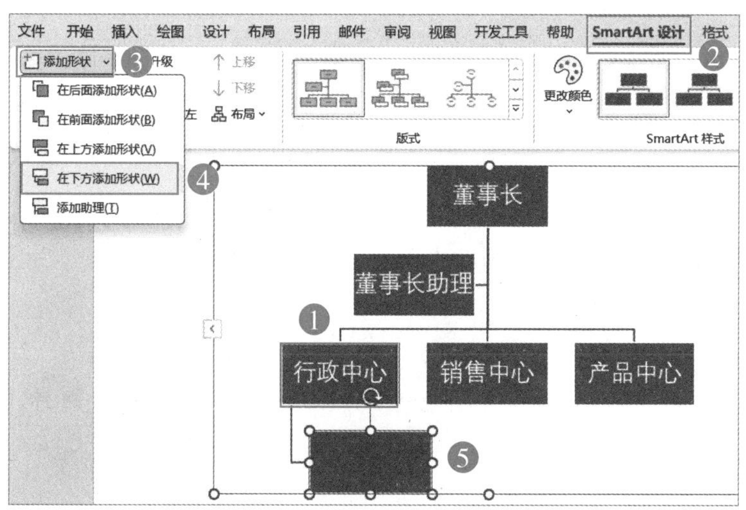

图6-28　在SmartArt形状增加形状

提示

如果是添加同一级的形状，可选择“添加形状”下的“在后面添加形状”或“在前面添加形状”。

步骤3 新增形状后，如果不能直接输入文本，可以在 SmartArt 形状右侧的“在此输入文字"提示对话框下单击输入，如果该对话框没有出现，可单击 SmartArt 形状左侧边框线按钮，如图 6-29 所示。

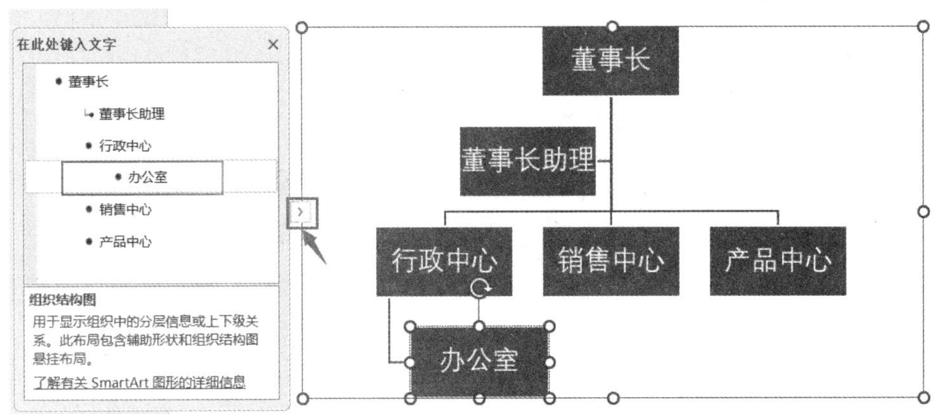

图6-29　SmartArt形状添加文本的方法

"在此输入文字"提示对话框就是"文本窗格"。

步骤4 选定 SmartArt 形状后，依次单击"SmartArt 设计"→"更改颜色"命令，在弹出的下拉菜单中选择"彩色填充一个性色 5"，然后在"SmartArt 样式"的下拉列表中选择"强烈效果"，如图 6-30 所示。

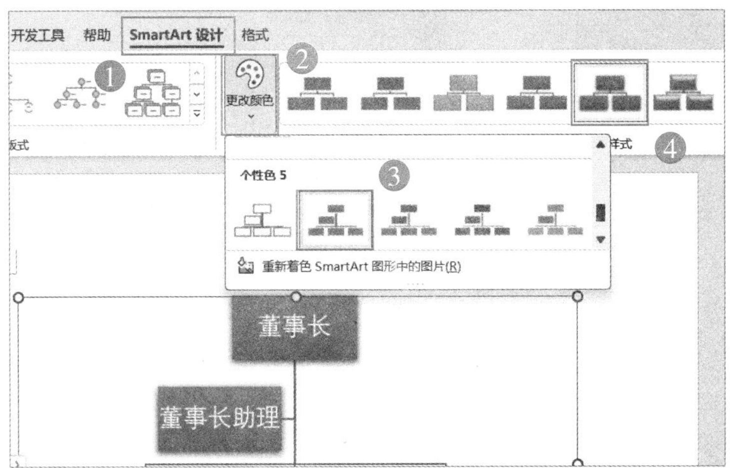

图6-30　更改SmartArt形状的样式效果与颜色

如果需要自定义设置 SmartArt 形状，可以通过“SmartArt 工具”下的“格式”选项卡来进行更改。

示例二：自定义形状绘制组织架构图

本示例通过绘制圆角矩形并和线条组合来实现，组织架构图效果如图 6-31 所示。示例主要用到知识点有形状的绘制、渐变的使用、组合的使用以及形状之间的对齐。

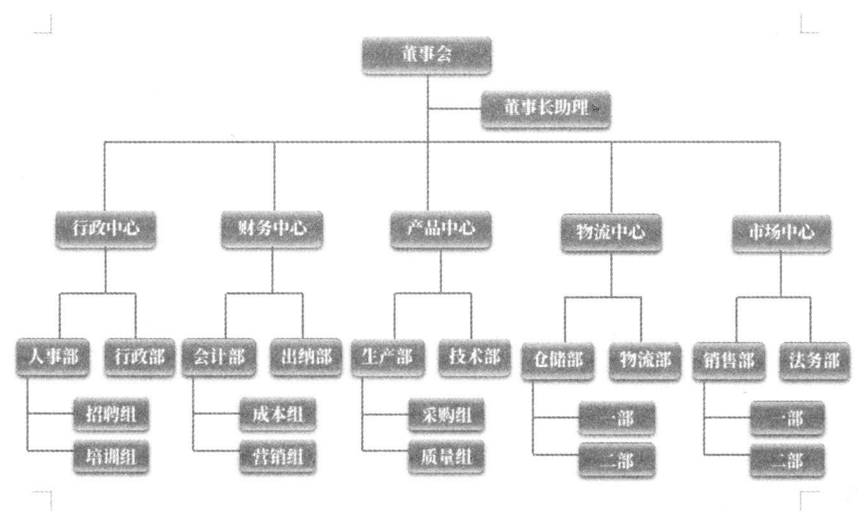

图6-31 组织架构图效果图

步骤1 依次单击“布局”→“纸张方向”→“横向”，绘制一个圆角矩形，绘制后该形状将处于选定状态，再依次单击“形状格式”→“形状填充”，在弹出的下拉菜单中选择“浅蓝色”；单击“形状轮廓”，在弹出的下拉菜单中选择“无轮廓”，最后单击“形状效果”，在弹出的下拉菜单中选择“阴影”→“偏移：下”，完成后效果如图 6-32 所示。

步骤2 复制步骤 1 绘制的圆角矩形，先改变其“形状效果”下的“阴影”为“无阴影”。再依次单击“形状格式”→“形状填充”→“渐变”→“变体”→“线性向下”，如图 6-33 所示。

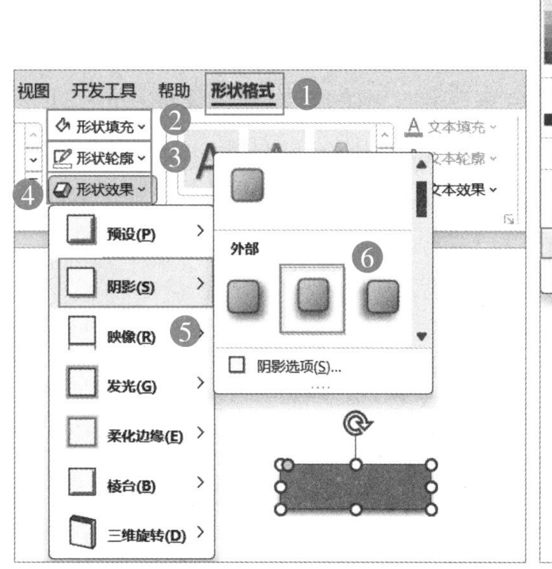

图6-32 绘制圆角矩形更改形状属性并添加阴影效果

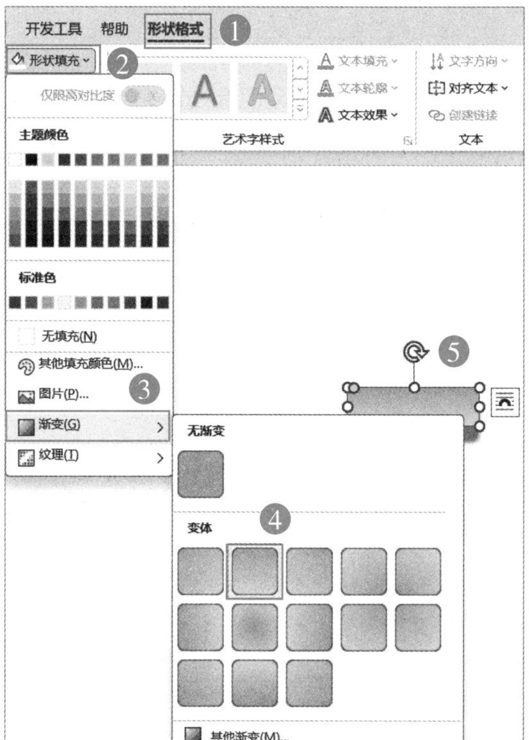

图6-33 复制图形改变填充颜色为渐变

提示

单击“形状格式”→“形状填充”→“渐变”→“其他渐变”，调出“设置形状格式”窗口。如图 6-34 所示，其中“数字 1”对应的是预设渐变方向的选择；“数字 2”对应的角度可以自定义改变方向；“数字 3”对应的停止点代表了这个位置渐变的颜色以及透明度；“数字 4”对应的按钮是控制停止点（也就是渐变光圈）的增加和减少；“数字 5”是表示改变数字 3 选择的停止点位置的颜色；“数字 6”是改变停止点显示的位置；“数字 7”是改变选择的停止点颜色的透明度。

 参照步骤 2 的提示，增加两个渐变光圈（也就是停止点），位置分别设置在“20%”与“80%”，而这 5 个渐变光圈（停止点）的颜色都选择“白色”，改变位置在“20%”与“80%”的渐变光圈（停止点）的透明度为“80%”，而开始和结束位置渐变光圈（停止点）的透明度为“15%”，中间 50% 位置的透明度为“100%”，完成后的效果如图 6-35 所示。

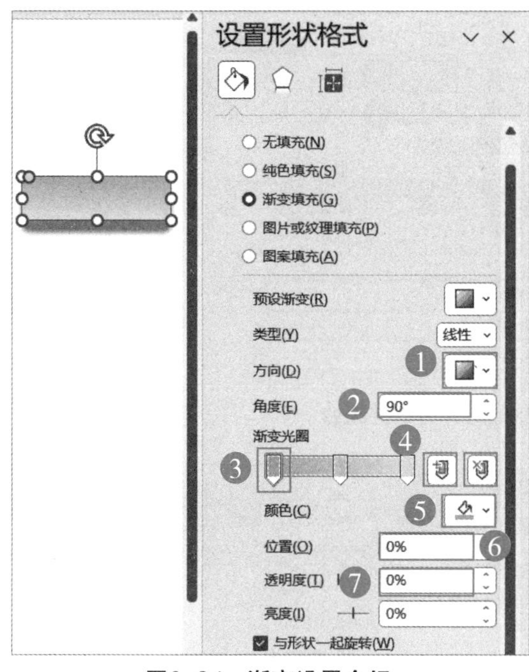

图6-34　渐变设置介绍

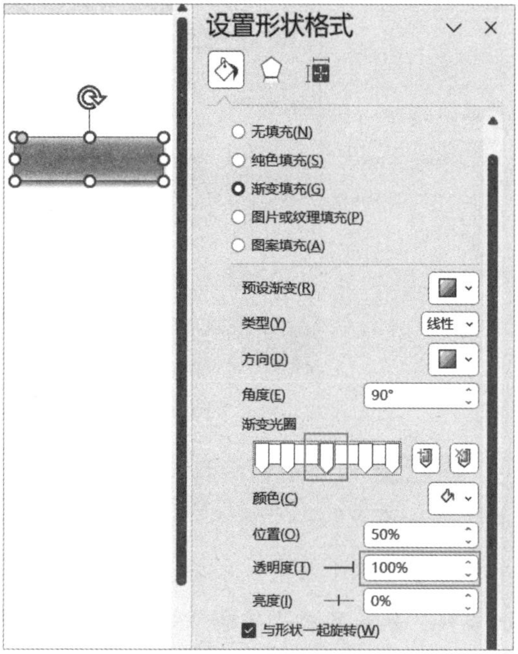

图6-35　渐变具体设置

步骤4 绘制一个同圆角矩形一样宽的文本框，并输入文本，依次改变该文本框文本的“字体”为“思源宋体”、“字号”为“三号”、“颜色”为“白色”、“段落对齐”为“居中”，“行距”为“固定值：20 磅”，完成后效果如图 6-36 所示。

图6-36　绘制文本框输入文本并更改文本框与文本属性

步骤5 将鼠标光标定位到文本框内，依次单击“形状格式”→“选择窗格”，右侧出现“选择”窗口，在“选择”窗口，按住 Ctrl 键并依次单击形状名称。选定三个形状后，先单击“形状格式”→“对齐”，在弹出的下拉菜单中分别选择调整为“水平居中”与“垂直居中”命令，最后单击“形状格式”→“组合”，效果如图 6-37 所示。

提示

组合的目的是将两个及以上的形状变成一个整体，方便后续选择、移动和复制。组合后形状保留了各自的属性。

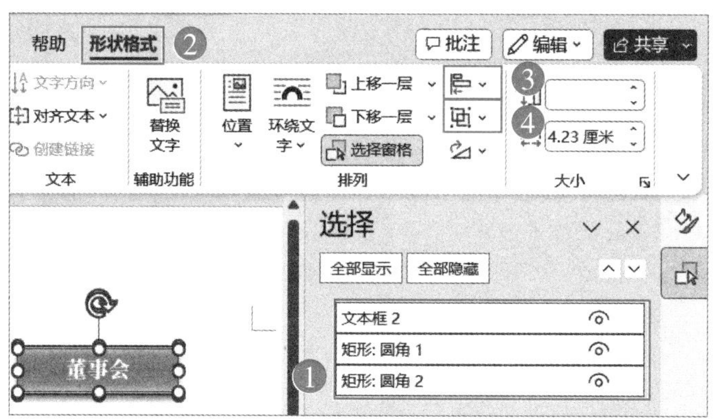

图6-37　调整三个形状的对齐方式并组合

步骤6 组合后的形状处于选定状态，单击“形状格式”→“对齐”，在弹出的下拉菜单中选择“水平居中”命令，再绘制一条向下的直线，然后改变直线的“形状轮廓”颜色为“浅蓝”、“粗细”为“2.25 磅”，设置后在线条上单击鼠标右键，弹出快捷菜单，选择“设置为默认线条”命令，如图 6-38 所示。

提示

对组合对象执行对齐命令，那么组合对象就会依照页面，示例选择“水平居中”，就会对齐到页面水平正中间位置。

图6-38　对绘制完成的线条设置为默认线条

步骤7 设置完默认线条后，先绘制一根较短的直线，并复制步骤 5 完成的组合图形并更改文字为“董事助理”，再绘制一根相对较长的横向直线线条，并复制步骤 6 绘制的直线，共得到 5 根，选定这 5 根直线与横着的直线，依次单击“形状格式”→“对齐”，在弹出的下拉菜单中选择“顶端对齐”命令，效果如图 6-39 所示。

步骤8 参考之前步骤，先对步骤 5 组合后的形状与步骤 6 和步骤 7 绘制的线条进行多次复制，然后对复制后的线条改变长短使之符合要求，对复制后的组合形状改变大小并更改文本框内的文字，最后将这些形状选定后在四周框线上单击鼠标右键，在弹出的快捷菜单中选择“组合”命令，如图 6-40 所示。

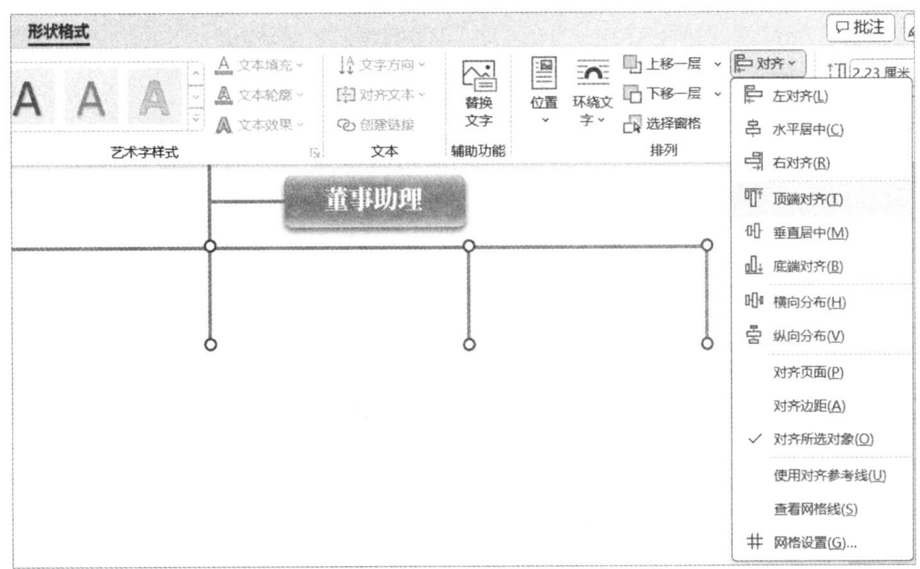

图6-39　绘制横向线条并复制多根竖着的直线

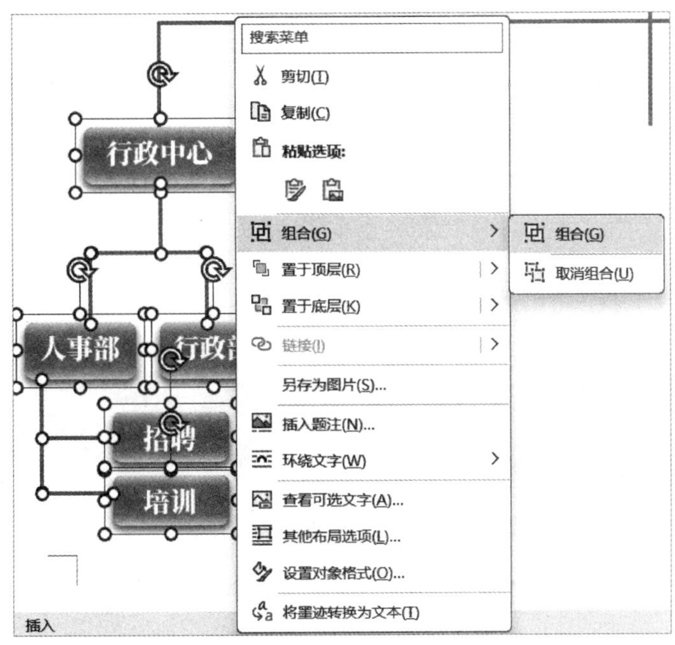

图6-40　复制图形并组合

最后，对图 6-40 所示的组合形状进行四次复制得到全部图形，然后进行位置、对齐、文字改变等细节调整。

6.4 图标递进式的时间轴绘制法

时间轴可以把企业经营活动中的一些关键事件清晰地表现出来。本示例通过形状与图标的组合来绘制时间轴，完成后的图形如图 6-41 所示。

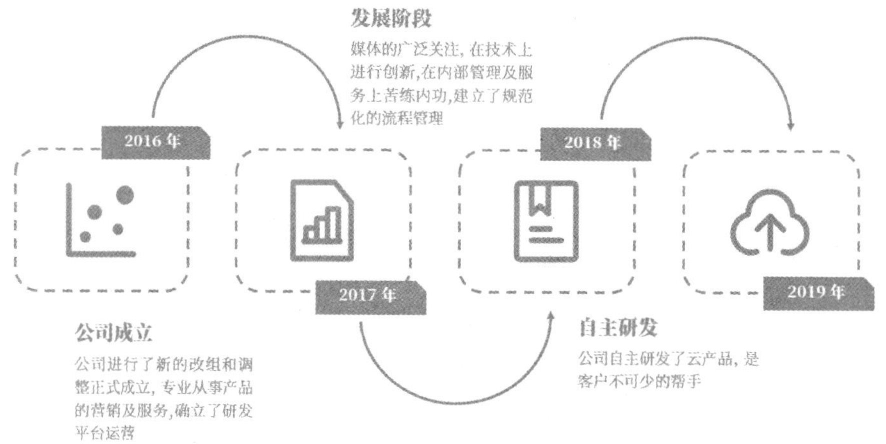

图6-41 时间轴效果图

步骤1 单击“布局”→“纸张方向”→“横向”，在工作区绘制一个圆角矩形，处于选定状态，按住 Ctrl 键的同时，鼠标左键向右拖动即可复制该形状，复制后再重复执行两次，完成后效果如图 6-42 所示。

图6-42 绘制圆角矩形并复制多个

步骤2 按住 Shift 键的同时，鼠标依次单击选定四个圆角矩形，再依次单击“形状格式”→“对齐”，在弹出的下拉菜单中选择“顶端对齐”命令，完成后效果如

图 6-43 所示。

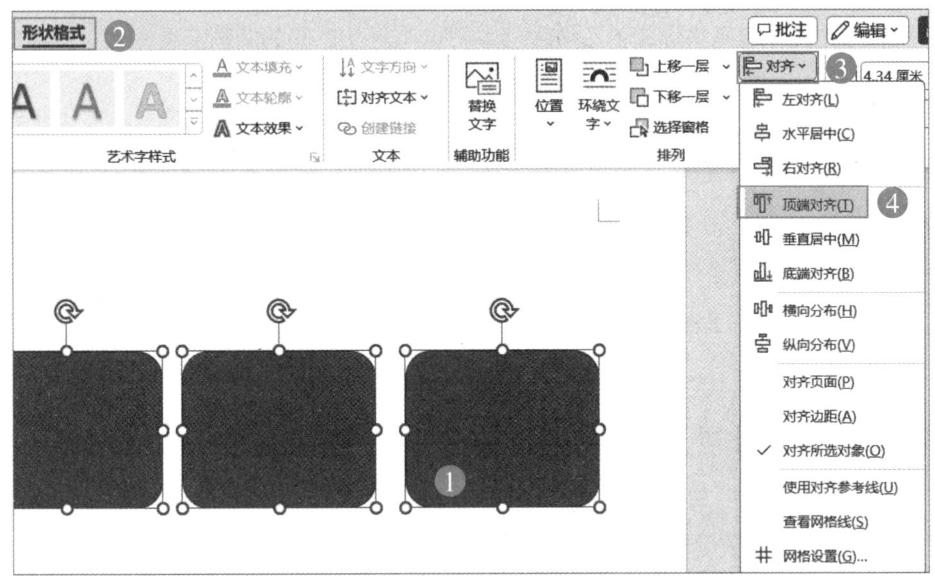

图6-43　对多个圆角矩形做顶端对齐操作

步骤3 四个圆角矩形处于选定状态，依次单击“形状格式”→“对齐”，在弹出的下拉菜单中先选择“对齐页面”命令，然后再执行“对齐”下“横向分布”命令，效果如图 6-44 所示。

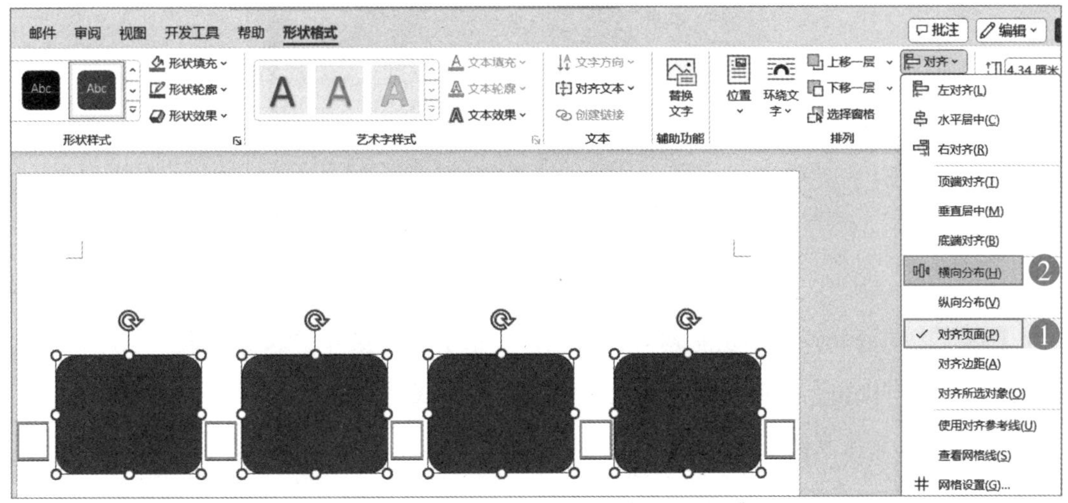

图6-44　调整圆角矩形之间的间距变得一致

提 示

横向分布其作用是将选定的三个以上的形状与形状之间的间隔变得一致，选择对齐页面后再调整分布则形状会以页面为边距进行间隔距离调整。

步骤4 保持四个圆角矩形处于选定状态，单击鼠标右键在弹出的快捷菜单选择"设置对象格式"命令，右侧出现"设置形状格式窗口"，先选择"填充"下的"无填充"，再依次设置"线条"下的颜色为"浅蓝"、"宽度（也就是粗细）"为"2.25 磅"，"短划线类型"选择为"短划线"。效果如图 6-45 所示。

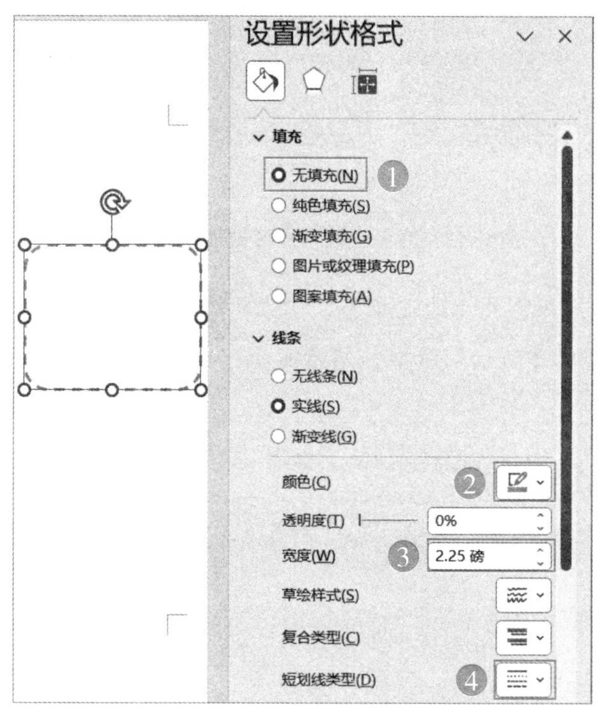

图6-45 更改圆角矩形的形状属性

步骤5 同时插入四个图标图片，插入后，依次改变图片"环绕文字"方式为"四周型"，按住"Shift"键的同时单击选中该四个图标图片，再选择"图片格式"→"大小"命令，改变高度为"2.8 厘米"，改变高度时默认宽度会自动变化，效果如图 6-46 所示。

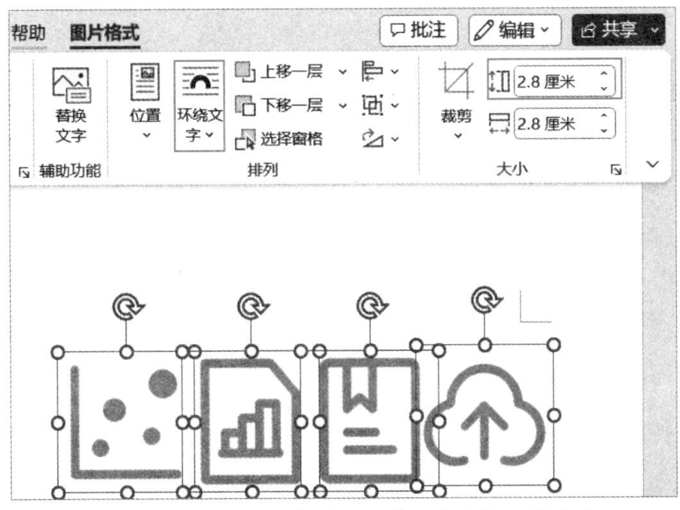

图6-46　插入的图片并更改统一大小与环绕方式

步骤6 将四个图标图片分别移动到合适的矩形里面，再依次选定圆角矩形与图片，单击“图片格式”→“对齐”，在弹出的下拉菜单中先选择“对齐所选对象”命令，然后再分别执行“水平居中”与“垂直居中”命令，效果如图6-47所示。

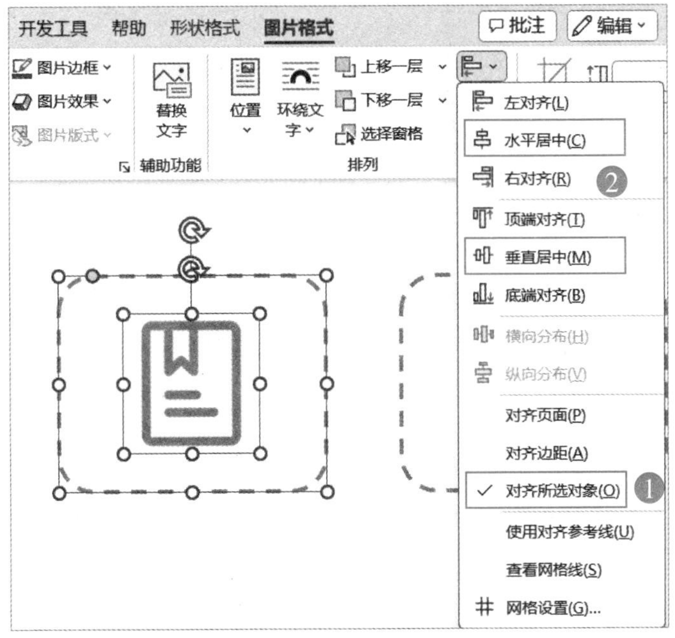

图6-47　分别调整图标与矩形的对齐方式

提示

先选择“对齐所选对象”命令是由于步骤3更改了对齐形式为“对齐页面”，如果不改变，会将选择的形状与图片对齐到页面正中心的位置，而我们需要的是形状与图片之间对齐，故要先选择“对齐所选对象”。

步骤7 绘制一个“矩形—减去单角”，参照6.1节，绘制后改变该形状填充颜色并添加文字，并改变“字体”为“思源宋体 CN Heavy”、“字号”为“四号”、字体“颜色”为“白色”，改变“行距为”固定值调整到合适，如果文字还靠下显示，单击鼠标右键，在弹出的快捷菜单中选择“设置形状格式”命令，如图6-48所示，在“设置形状格式”窗口，单击“布局属性”，将“上边距”与“下边距”均设置为0厘米。

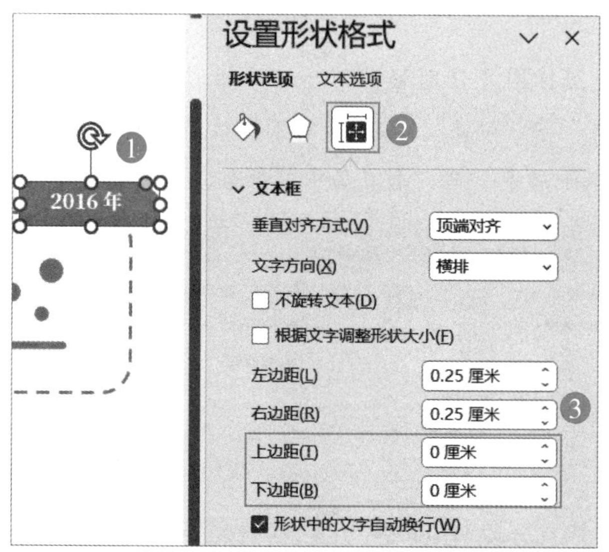

图6-48 绘制图形添加文字并调整文字距图形的边线距离

步骤8 将步骤7制作完的形状复制三个，分别改变复制后形状内的文字。绘制一个“弧形”，通过分别拖动端头的两个黄色圆形控制点改变弧形形状的显示使之符合要求，最终在“设置形状格式”窗口，改变“颜色”为“浅蓝”、“宽度（粗细）”为“2.25磅”、“箭头末端类型”下选择“箭头”，效果如图6-49所示。

步骤9 将绘制好的弧形，参照之前小节复制两个，按照图6-41所示效果，分别移动弧形到合适的位置，然后选定下方的弧形，依次单击“绘图工具”→“格式”→“旋转”，在弹出的下拉菜单中选择“垂直翻转”命令，效果如图 6-50 所示。

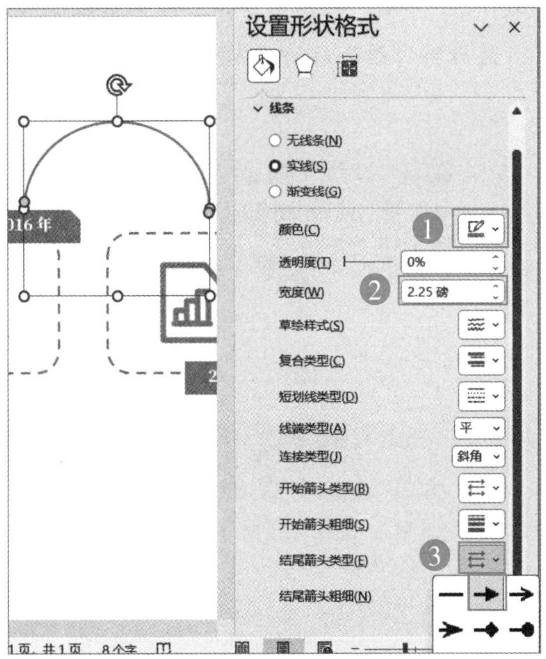

图6-49 绘制弧形并更改线条属性

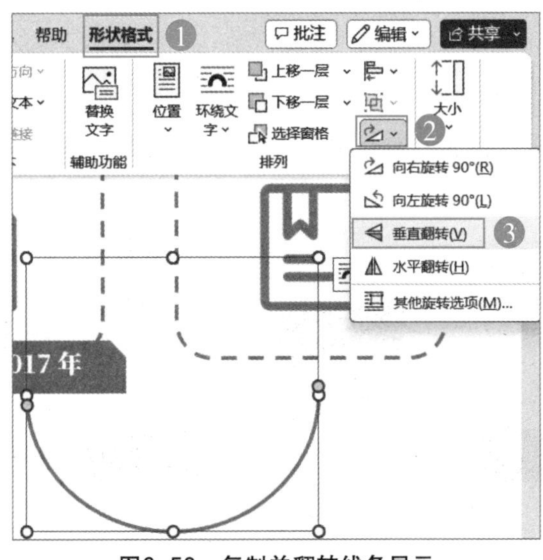

图6-50 复制并翻转线条显示

步骤10 绘制两个文本框，分别输入文字并改变文本的大小、字体、颜色和行距等格式属性，改变后选定两个文本框，单击“形状格式”→“对齐”，在弹出的下拉菜单中选择“左对齐”，如图6-51所示，再依次单击“形状格式”→“组合”，在弹出的下拉菜单中选择“组合”，最后再对组合后的文本框进行复制，并移动到合适的位置、改变文字的内容。

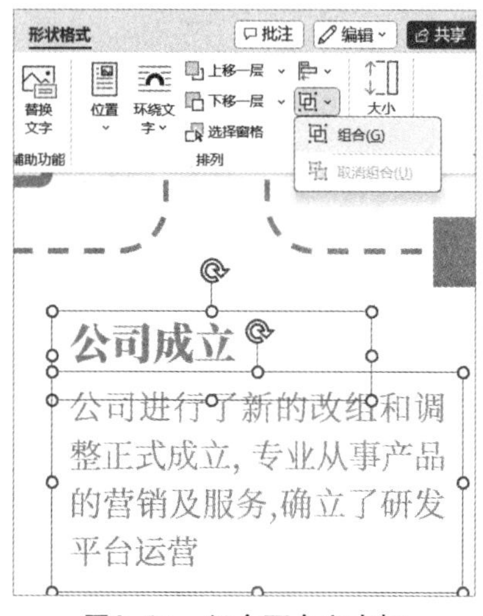

图6-51 组合两个文本框

举一反三

参照之前所学内容，完成如图6-52所示的公司发展历程图示。

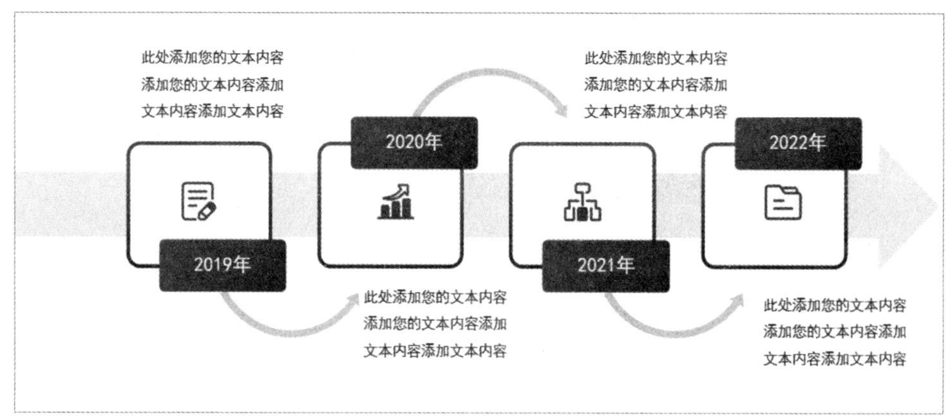

图6-52 公司发展历程

04 篇
长文档排版

第7章 毕业论文排版八步走

毕业论文篇幅长并且有严格的格式要求，导致排版难度增加。通过本章的学习，读者可以灵活使用“样式”，提高论文排版效率，同时本章重点讲解了论文所需的目录、页眉页脚、题注、脚注、尾注的排版方法和使用技巧，让论文排版“so easy”。

本章主要学习知识点

- 样式的使用方法
- 多级列表与样式关联使用方法
- 节的作用方法
- 页眉与页脚的使用方法
- 目录的制作方法
- 脚注与尾注的使用方法

建议：出于笔者辅导学员与讲授课程的多年经验，给即将需要排版的人员一个建议，就是不要直接使用学长与学姐的论文文档进行套用更改，这样会出现很多未知的错误。

7.1 掌握排版效率利器——样式

一篇论文动辄几十页甚至上百页文档，如图7-1所示，论文的文章结构一般可以分为不同级别的标题、正文内容，正文内容也有统一的格式要求。在排版之前需要提醒的是：为了后续文章格式修改方便，不要使用如图7-2所示的“开始”选项卡下的“字体”和“段落”命令进行格式排版。

正确的做法应该是对论文正文段落使用样式。样式的作用是将字体、段落、项目编号、边框等一系列格式组合在一起，样式就如同套装衣服，而单独的格式就像上衣这样的单件衣服。还要记住一点：正文段落使用样式后就不用再单独通过图7-2所示的命令设置格式了，所有需要的格式变化都应该定义在样式中。

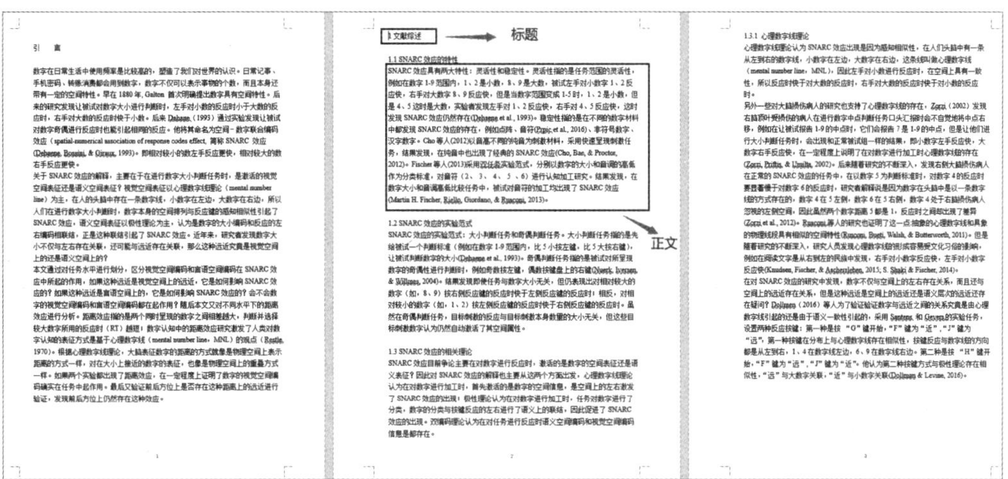

图7-1　论文章节示例

图7-2　快速格式设置

步骤1 使用“Ctrl+Alt+Shift+S”快捷键打开样式窗口，将鼠标光标先定位在任意一个段落位置，可以看到文档默认使用的是“正文”样式，如图7-3所示。

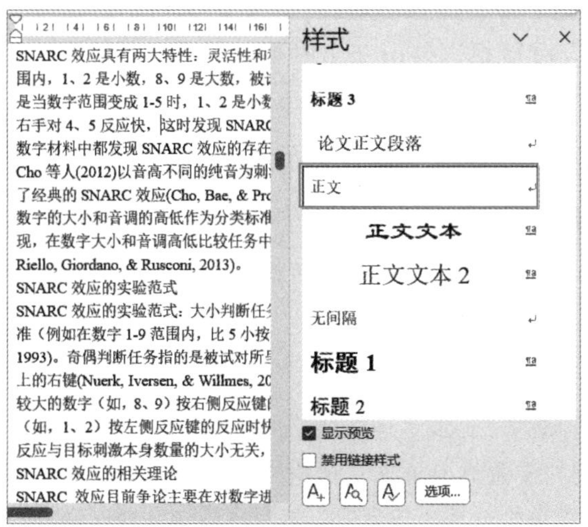

图7-3　样式窗口

提示

从这个地方也可以看出微软官方也是推荐大家排版时使用样式，因为文档默认使用了样式，但是要注意，不要直接修改“正文”样式，这个样式是文档的基准。

步骤2 如果段落文字不是使用默认的正文样式而是其他样式（如标题3），如图7-4所示，只需要把鼠标光标定位在段落的任意位置，单击“开始”→“清除所有格式”命令按钮，段落就会自动应用正文样式。

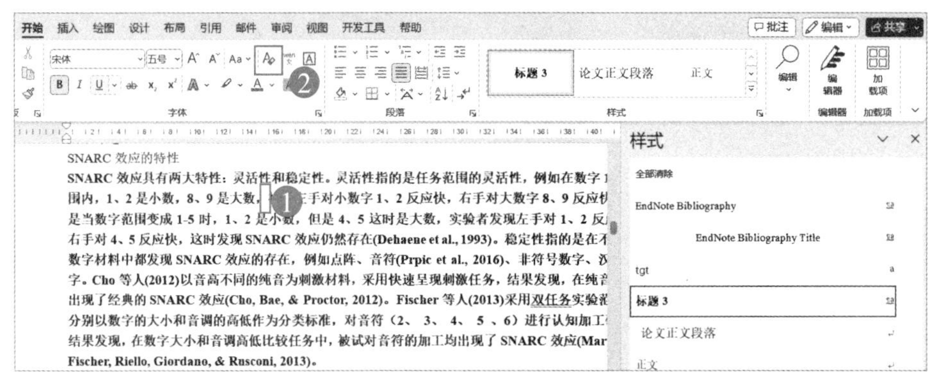

图7-4 清除格式

步骤3 为论文正文创建一个包含“宋体、小四号、首行缩进2字符、行距固定值20磅、两端对齐”格式的样式。在“样式”窗口，单击“新建样式”按钮，弹出“根据格式化创建新样式”对话框，如图7-5所示。

步骤4 如图7-6所示，在弹出的“根据格式化创建新样式”对话框“名称”文本框输入“论文正文段落”、“样式类型”默认选择“段落”、“样式基准”默认选择“正文”，而该样式所需格式可通过“快速格式”命令按钮或通过单击“格式”按钮在弹出的快捷菜单中选择命令，然后在弹出的对话框中设置。

提示

“快速格式”是笔者为了让读者理解所起的名字。而“快速格式”只是进行一些常用格式的设置，更详细的设置需要单击“根据格式化创建新样式”对话框下方的“格式”按钮，在弹出的快捷菜单中选择对应命令，然后出现该命令对话框进行详细设置。

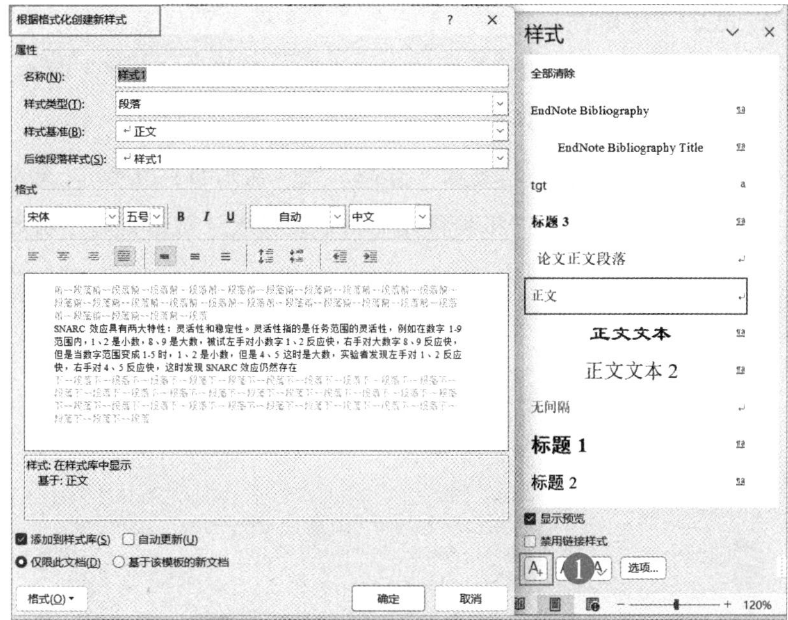

图7-5　创建样式

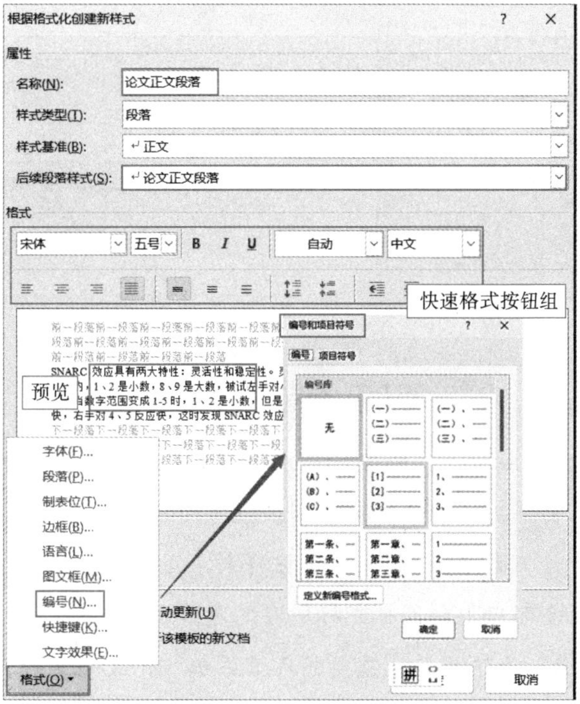

图7-6　样式设置

步骤5 如图 7-7 所示，按步骤 3 要求在“快速格式”位置将“字号”改成“小四”、“两端对齐”，单击“根据格式化创建新样式”对话框的“格式”按钮，在弹出的下拉菜单中选择“段落”命令，弹出“段落”对话框，在该对话框“特殊”下选择“首行”，“缩进值”默认为“2 字符”，更改“行距”为“固定值：20 磅”，先单击“段落”对话框的“确定”按钮，再单击“根据格式化创建新样式”对话框的“确定”按钮。

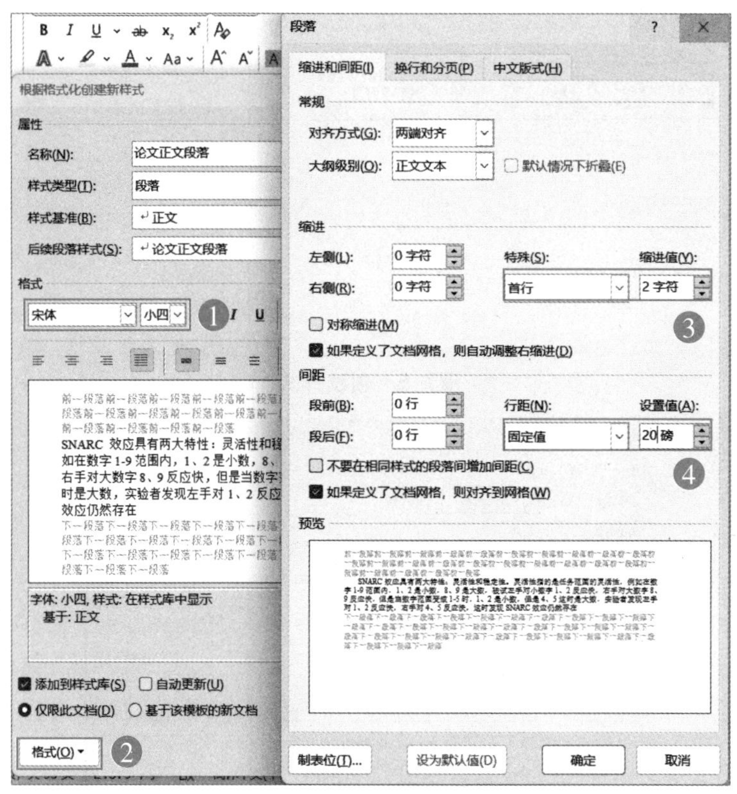

图7-7 样式的详细设置

步骤6 样式创建完成后，鼠标光标所在段落会自动应用更改样式，如果其他正文段落应用该样式，只需要把鼠标光标定位到该段落的任意位置，如图 7-8 所示，在“样式”窗口单击样式“论文正文段落”，即可把样式应用到段落里。应用样式后，样式里所包含的格式就可以全部应用到鼠标光标所在的段落里。

步骤7 参照步骤 6 为论文其他需要的段落添加“论文正文段落”样式，如果有格式的问题就（例如字体大小改为 5 号）可以在“样式”窗口找到对应的样式，如图 7-9

所示，在弹出的下拉菜单中选择“修改”命令打开“修改样式”对话框，直接更改格式即可。“修改样式”对话框的设置方法同新建样式是一致的，在此就不再赘述。

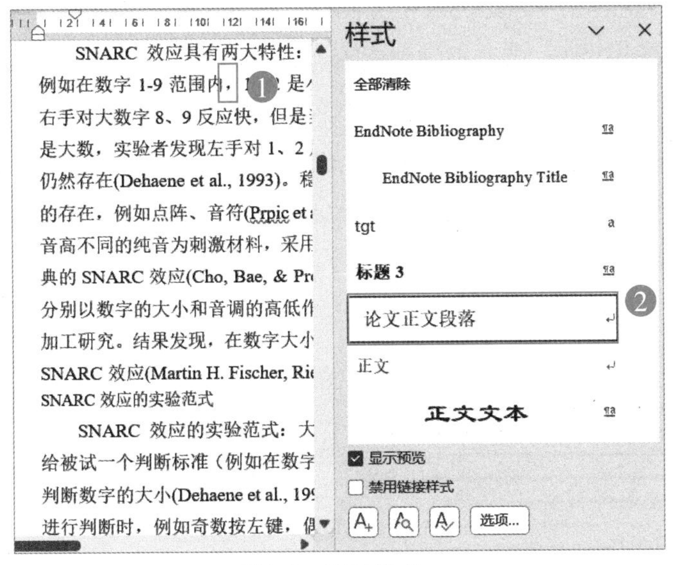

图7-8　应用样式

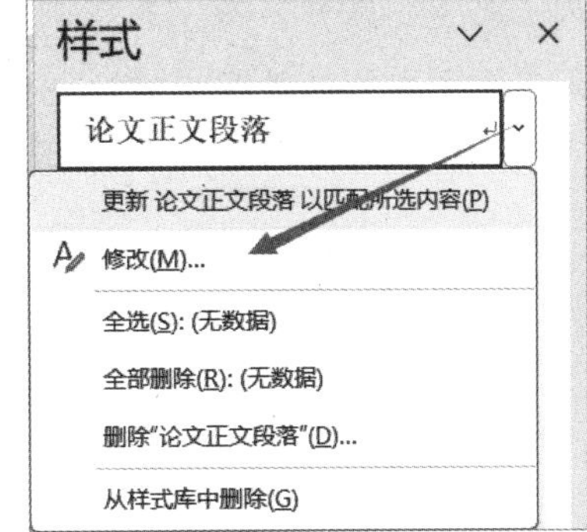

图7-9　修改样式

如果某些段落的格式使用“论文正文段落”时不能满足需要，如某个段落需要加粗等，那么就需要再次创建新的样式给其使用。

技巧：对样式修改格式后，凡是使用该样式的段落均会自动发生变化。这就是使用“样式”的好处：修改格式方便。

7.2　多级列表与标题样式关联设置

Word 多级列表作用是给不同级别的标题段落添加不同的数字编号形式，论文中的不同级别标题段落多应用标题 1 ~ 9 样式，然后再通过多级列表为标题样式添加数字编号形式，这样以后对标题段落修改样式级别时，如把应用标题 2 样式的段落改成应用标题 3 样式，多级列表编号就会自动重新编号。

示例如下，第一级标题应用标题 1 样式，编号形式为“第 1 章”“第 2 章”“第 3 章”等；第二级标题应用标题 2 样式，编号形式为“1.1”“2.1”“2.2”“2.3”等；第三级标题应用标题 3 样式，编号形式为“1.1.1”“2.2.1”“2.2.2”“2.2.3”等，多级编号一般不超过四级，两级之间用下角圆点隔开，每一级的末尾不加标点。

步骤1 单击“开始”→“多级列表”，在弹出的下拉菜单中选择“定义新的多级列表”命令，会弹出“定义新多级列表”对话框，左侧级别默认选择的就是“1”，然后单击“更多”按钮，在“将级别链接到样式”下拉列表选择“标题 1”，在输入编号的格式下方文本框的数字 1 前后分别输入“第”与“章”，如图 7-10 所示。

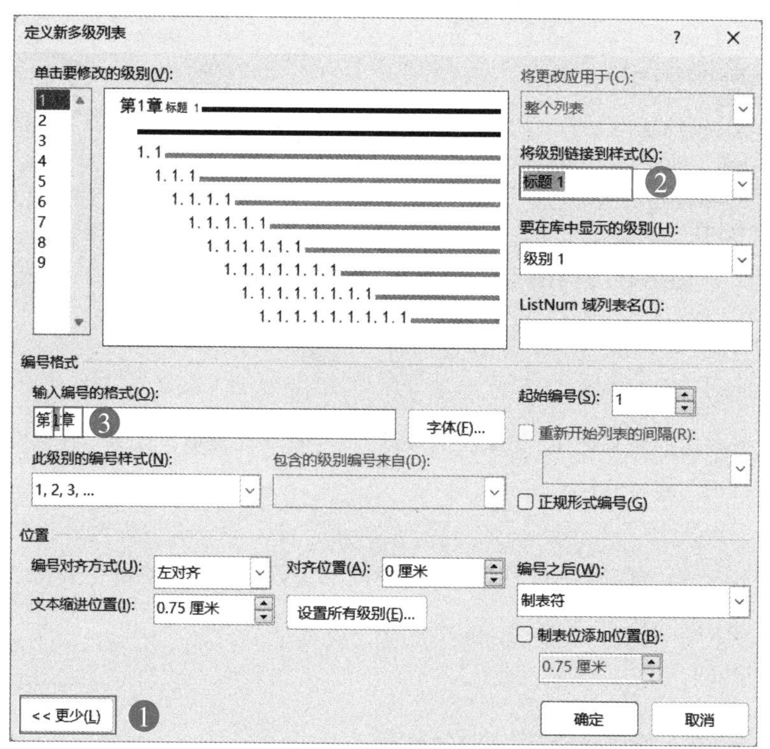

图7-10 设置多级列表级别1的编号关联标题1样式

提示

一定要注意输入编号的格式下方文本框的数字 1 不能删除，自行输入，如不小心删除，可在“此级别的编号样式”下拉列表重新选择编号样式。

步骤2 如图7-11所示，在“单击要修改的级别”下单击选择“2”，默认的编号形式就是我们需要的“1.1”，但是还需要修改几项设置：一是“对齐位置”改为“0厘米”；二是“文本缩进位置”改为“1厘米”；三是在“将级别链接到样式”下拉列表选择“标题2”。

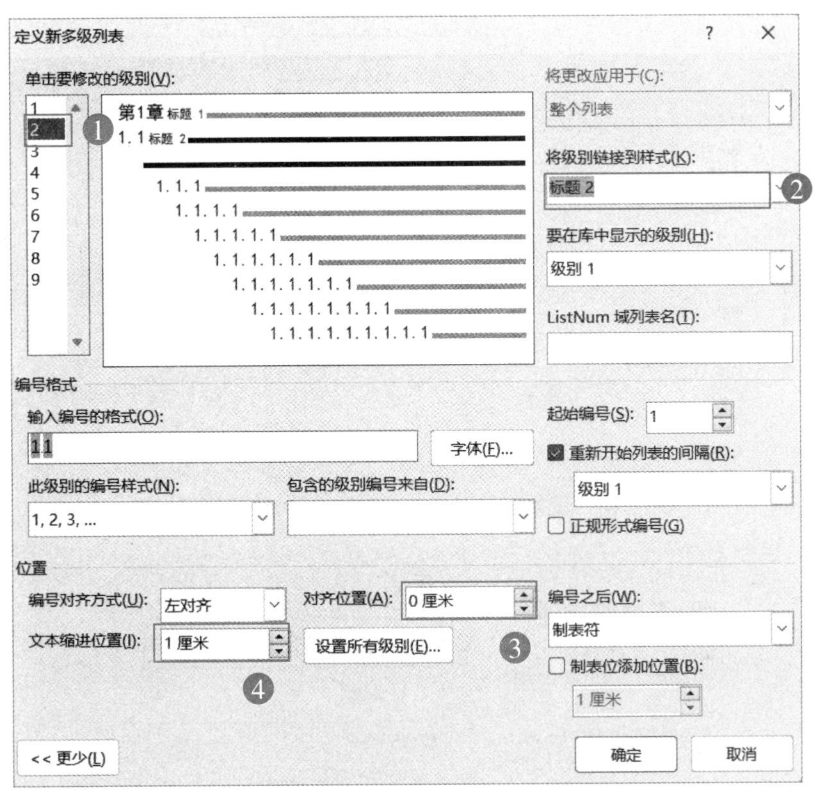

图7-11　设置多级列表级别2的编号关联标题2样式

步骤3 在“单击要修改的级别”下单击选择“3”，默认的编号形式就是我们需要的“1.1.1”，同样还是需要修改几项设置：一是“对齐位置”改为“0厘米”；二是“文本缩进位置”改为“1厘米”；三是在“将级别链接到样式”下拉列表选择“标题3”，如图7-12所示。

步骤4 当三个级别设置完成后单击“确定”按钮，如图7-13所示，鼠标光标所在位置的段落会自动应用标题1样式，段落前边出现第1章的字样，而在样式窗口标题1、标题2、标题3样式中也会出现设置的多级列表的编号形式。

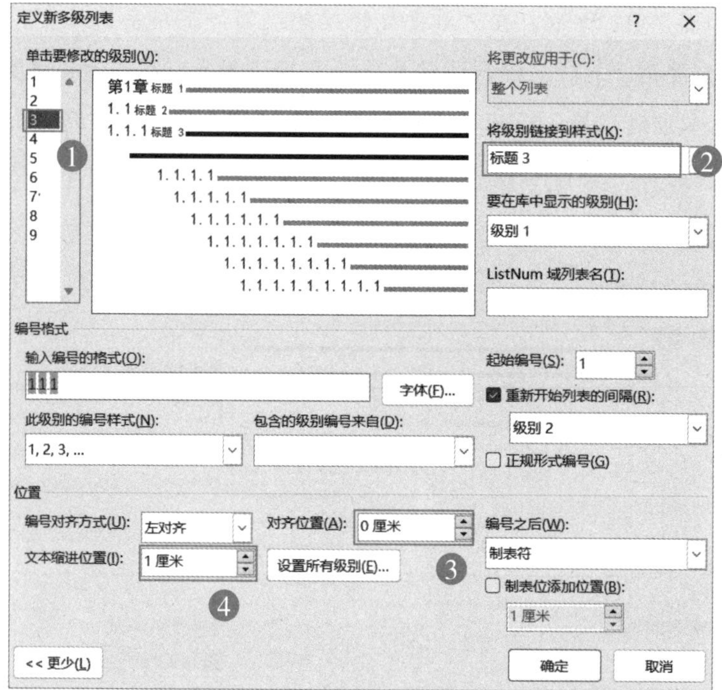

图7-12　设置多级列表级别3的编号关联标题3样式

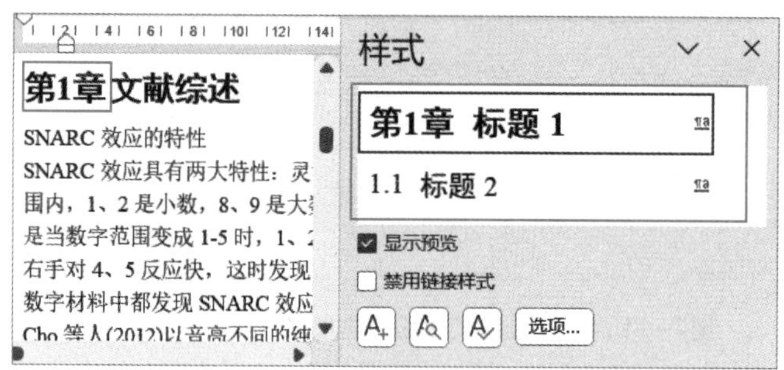

图7-13　样式窗口显示关联后的效果

总结：执行完多级列表命令之后，如果样式窗口对应的样式没有出现关联后的多级编号，碰见这种情况，只需要重新执行一下多级列表命令即可。

7.3　标题样式的格式修改

多级列表与标题（1、2、3）样式关联后，把标题样式添加到正文段落后，标题正

文段落就会按照 5.2 节所述的列表形式显示，如第 1 章……。但是默认的标题样式自带的格式是不符合论文排版要求的。假设把论文标题样式要求如下：

- 标题 1 格式：黑体、三号字、加粗、段前段后各 1 行，居中显示、行距为固定值：20 磅；
- 标题 2 格式：黑体、四号字、加粗、段前段后 0.5 行，行距为固定值：20 磅；
- 标题 3 格式：黑体、小四号字、加粗、段前段后 0.5 行，行距为固定值：20 磅；

现在通过下述步骤，更改标题（1、2、3）样式的格式，使之符合要求。

步骤1 如图 7-14 所示，把鼠标光标定位在需要使用标题 1 段落的任意位置，单击标题 1 样式，这样就把标题 1 样式应用到该段落。

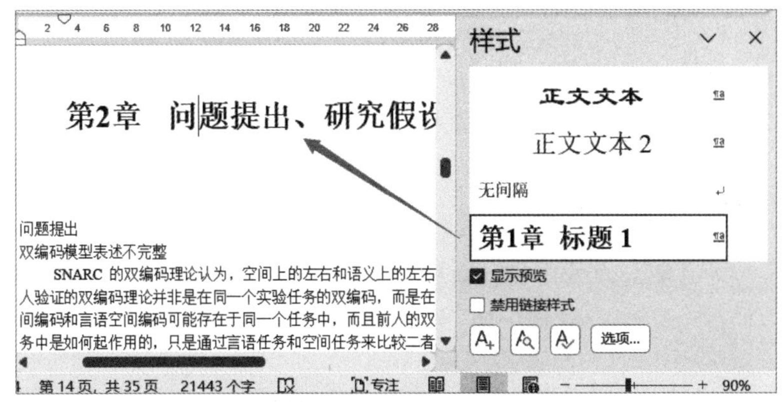

图7-14　标题1样式应用到正文

步骤2 先单击“第 1 章 标题 1”样式旁边下拉三角按钮，在弹出的快捷菜单中选择“修改”命令，在弹出的“修改样式”对话框中，按格式要求分别通过“格式”下方命令按钮与“格式”下打开的“段落”对话框完成设置，具体设置如图 7-15 所示。

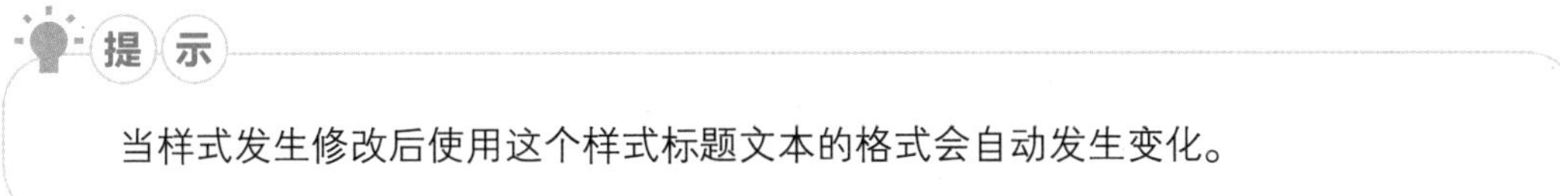

提示

当样式发生修改后使用这个样式标题文本的格式会自动发生变化。

步骤3 单击两次“确定”按钮，完成“第 1 章 标题 1”样式的格式更改，而该样式修改完成后，论文正文使用该样式的段落会自动变化，如图 7-16 所示。

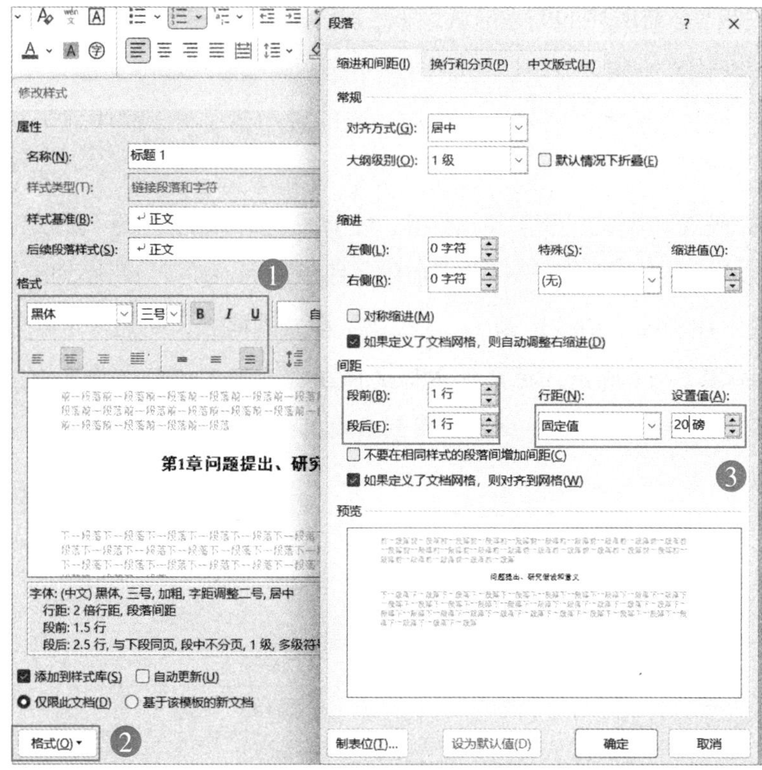

图7-15　修改标题1样式格式

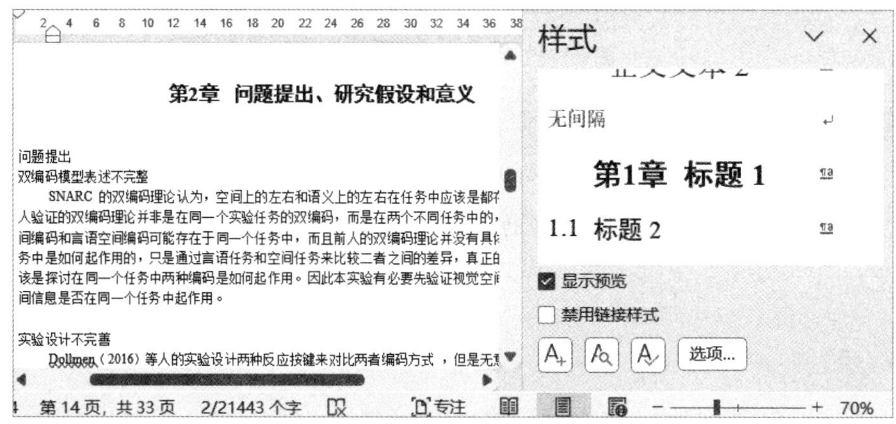

图7-16　应用标题1样式的段落格式自动变化

步骤4 参照步骤 1 在“样式”窗口对“1.1 标题 2”样式进行修改，在打开的“修改样式”对话框，先通过快速格式进行字体、字号设置，然后参照步骤 2 再对该样式的段落格式进行修改，如图 7-17 所示。

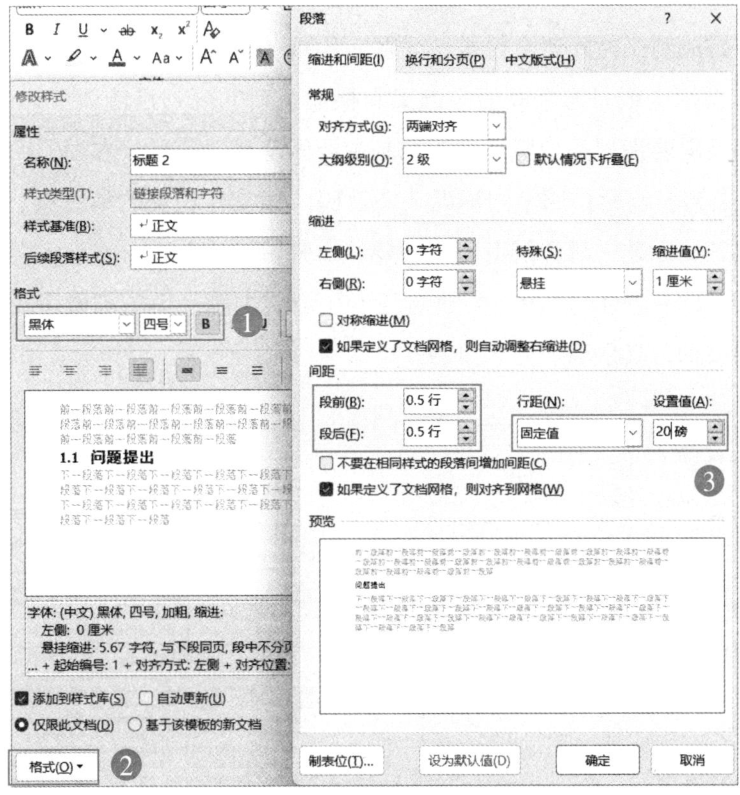

图7-17　修改标题2样式格式

最后对“1.1.1 标题 样式 3”按要求参照上述步骤进行格式设置。完成后再对论文中所有需要使用“第 1 章 标题 1、1.1 标题 2、1.1.1 标题 3”这 3 个样式的标题段落应用样式，操作方法是将鼠标光标依次定位到对应的标题段落，在样式窗口单击对应的样式。

提示

标题 1 样式在很多电脑中默认的格式为“宋体、二号、段前 17 磅、段后 16.5 磅、多倍行距 2.4”，而很多同学都是直接在学校文档的基础上排版，所以“标题 1、标题 2、标题 3”初始格式会和默认的有出入，只需要根据学校的要求修改样式即可。示例文档使用的是“东北师范大学”的论文文档，所以这三个样式初始格式就和默认的有出入。

7.4 规划节

节的作用是控制文档元素（目录、页眉、页脚、页码及纸张方向等）具有不一样的效果，如一篇文档中纸张方向既有纵向又有横向。节的规划是让读者知道节在论文排版起到的作用及需要设置多少节。节的控制主要体现在以下几个方面。

目录：目录的表现形式通常为标题……页码，通常在正文的第三页、第四页出现，但目录获取的正文标题，对应的页码又需要从 1 开始。

页眉页脚：如图 7-18 所示，多数情况下在论文中第一页不需要设置页眉和页脚，而目录页需要页脚，其余章节显示页眉。

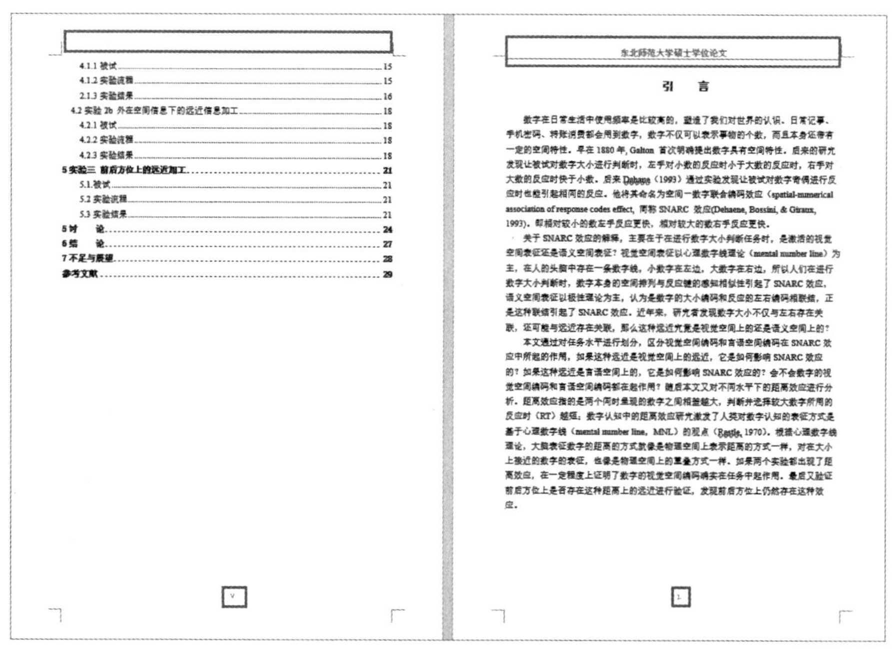

V

东北师范大学硕士学位论文

引　言

数字在日常生活中使用频率是比较高的，塑造了我们对世界的认识。日常记事、手机密码、转账消费都会用到数字，数字不仅可以表示事物的个数，而且本身还带有一定的空间特性。早在 1880 年，Galton 首次明确提出数字具有空间特性。后来的研究发现让被试对数字大小进行判断时，左手对小数的反应时小于大数的反应时，右手对大数的反应时快于小数。后来 Dehane（1993）通过实验发现让被试对数字奇偶进行反应时也能引起相同的反应。他将其命名为空间一数字联合编码效应（spatial-numerical association of response codes effect，简称 SNARC 效应(Dehaene, Bossini, & Giraux, 1993)。即相对较小的数左手反应更快，相对较大的数右手反应更快。

关于 SNARC 效应的解释，主要在于在进行数字大小判断任务时，是激活的视觉空间表征还是语义空间表征？视觉空间表征以心理数字线理论（mental number line）为主，在人的头脑中存在一条数字线，小数字在左边，大数字在右边，所以人们在进行数字大小判断时，数字本身的空间排列与反应键的感知相似性引起了 SNARC 效应。语义空间表征以极性理论为主，认为是数字的大小编码和反应的左右编码相联结，正是这种联结引起了 SNARC 效应。近年来，研究者发现数字大小不仅与左右存在关联，还可能与远近存在关联，那么这种远近究竟是视觉空间上的还是语义空间上的？

本文通过对任务水平进行划分，区分视觉空间编码和言语空间编码在 SNARC 效应中所起的作用，如果这种远近是视觉空间上的远近，它是如何影响 SNARC 效应的？如果这种远近是言语空间上的，它是如何影响 SNARC 效应的？会不会数字的视觉空间编码和言语空间编码都在起作用？随后本文又对不同水平下的距离效应进行分析。距离效应指的是两个同时呈现的数字之间相差越大，判断并选择较大数字所用的反应时（RT）越短。数字认知中的距离效应研究激发了人类对数字认知的表征方式是基于心理数字线（mental number line，MNL）的观点（Restle, 1970）。根据心理数字线理论，大脑表征数字的距离的方式就像是物理空间上表示距离的方式一样，对在大小上接近的数字的表征，也像是物理空间上的重叠方式一样。如果两个实验都出现了距离效应，在一定程度上证明了数字的视觉空间编码确实在任务中起作用。最后又验证前后方位上是否存在这种距离上的远近进行验证，发现前后方位上仍然存在这种效应。

1

图7-18　页眉和页脚设置不同后的效果

纸张方向：一篇论文中可能会有一页纸张方向是横向的，其余纸张方向是纵向的。

页脚上的页码：目录页的页脚页码多数要求是罗马数字（Ⅰ，Ⅱ），而论文正文页面多使用阿拉伯数字（1，2，3）。

如果要满足以上需求，就需要先对节进行规划，还要再明确一个概念：一篇文档不管有多少页，在没有创建节之前，默认属于同一节，亦即一篇文档属于同一节。

一、"查看节"

在 word 程序中状态栏任意位置单击鼠标右键，在弹出的快捷菜单中选择"节"命令，即可在状态栏上把节显示出来，这样以后鼠标光标定位在哪个页面上，状态栏就会显示该页面所处的节。如图 7-19 所示。

图7-19　状态栏显示节

二、"节规划"

（1）论文的封面页与独创性声明是单独一节，不需要页眉页脚。

（2）论文中英摘要、目录页面可能会有 4～5页，不需要页眉，但页脚上需要显示罗马数字，所以也需要单独一节。

（3）正文每一章要求可能不同，例如每一章奇数页显示章节标题，偶数页显示论文标题。此时需要按章节创建节，有几章就创建几节。

（4）如果结论与致谢页的页眉同正文章节要求不一样，也需要另外创建两节。

总结："第 1、2 页（1 节）+ 摘要""目录（1 节）+ 正文"有几章就创建几节加结论与致谢（2 节）。

7.5　页眉与页脚排版

页眉位于文档页面顶部，常用于放置章节或文档标题、标志等信息；页脚作用于页面底部，常用于放置页码信息。在 Word 里默认插入的页眉与页脚是针对文档所有页面，但如果想实现按章节显示不同的页眉和页脚，就需要结合"节"的控制来实现。

页眉页脚在论文排版中，每个学校设置要求是不同的。归纳整理常见的要求如下：

- 论文封面、作者声明不需要设置页眉页脚；

- 中英文摘要页、目录页不需要页眉，页脚上的页码多是罗马数字形式；
- 正文章节多要求奇偶页不同，奇数页显示不同的章节标题名称，偶数页显示论文标题；
- 正文章节页脚上的页码多采用阿拉伯数字形式，并要求页码从 1 开始。

鼠标光标定位在摘要页起始位置单击，如图 7-20 所示，再依次单击“布局”→“分隔符”，在弹出的下拉菜单中选择“分节符”下的“连续”命令，单击该命令后页面默认没有任何变化，状态栏上“节”的数字会出现变化。

提示

选择“连续”的目的：在鼠标光标所在页面创建新的节，“连续”适用于对现有文档页面进行分节。

图7-20　创建节

步骤2 将鼠标光标定位在摘要页任意位置，再依次单击“插入”→“页脚”→“编辑页脚”，页面底部进入页脚编辑状态，而页脚在通过分节后就会显示“页脚第一节”“页脚第二节”字样，如图 7-21 所示。

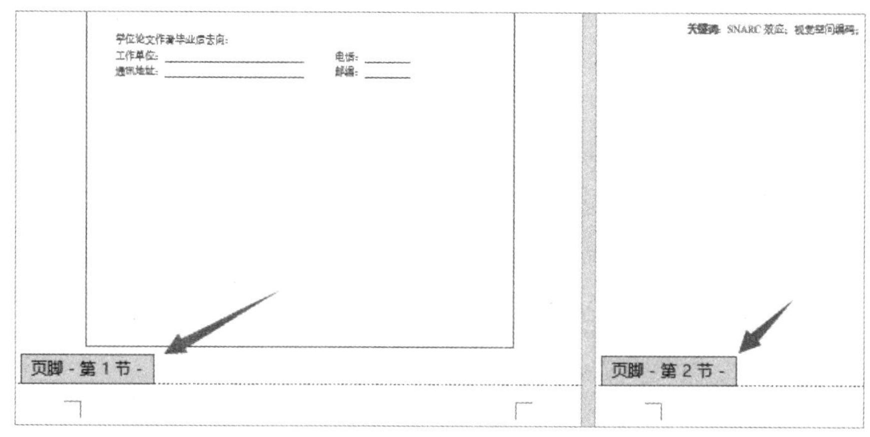

图7-21　插入页脚

如果没有创建节，页脚提示只会显示“页脚”字样。

步骤3 这一步最关键，一定不能有多余的操作。将鼠标光标先定位在“页脚 -第 2 节 -”的位置，Word 软件会有“上一节相同”字样，然后依次单击“页眉和页脚”→“链接到前一节”命令按钮，如图 7–22 所示。

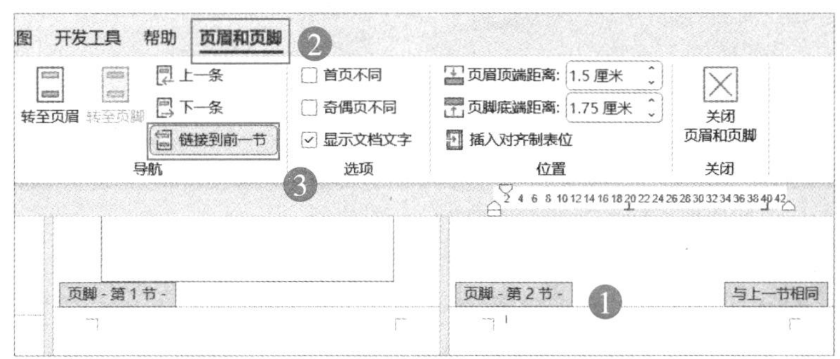

图7–22　去掉页脚第2节与第1节的链接

提 示

Word 软件中“上一节相同”是一个提示作用，表示第 2 节页脚默认与第 1 节页脚内容相同。而单击“链接到前一节(Word 2019 版本之前的版本是链接到前一条页眉)”按钮，去掉选择状态后，“与上一节相同”提示也将消失，其作用是第 2 节页脚输入任何内容，第 1 节将不受影响，同样道理第 1 节页脚输入内容也不影响第 2 节。

步骤4 单击“页眉和页脚”→“页码”→“当前位置”后，选择“普通数字”命令，页脚会自动出现阿拉伯数字 1，但是默认的数字格式并不能满足要求，再次执行“页码”下方的“设置页码格式”命令，弹出“页码格式”对话框，如图 7–23 所示，在对话框“编号格式”选择罗马数字“I,II,III,…”，在页码编码下单击选择“起始页码：I”选项。

提 示

“页码格式”对话框是执行后再次打开的效果，而图 7–23 所示的页码，是在插入页码后，更改字体为“宋体”显示的效果。

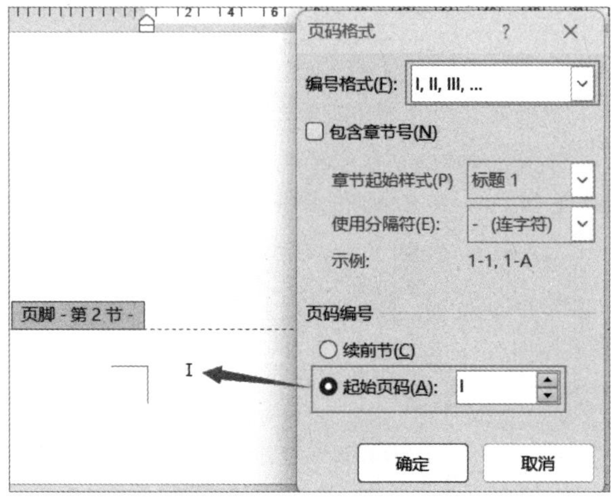

图7-23　页脚上页码格式的设置

步骤5 单击“确定”按钮后，在摘要页及后续页就会出现罗马数字形式的页码，并且此时封面第一页及独创性声明页的页脚则没有页码信息，完成后，依次单击“页眉和页脚”→“关闭页眉和页脚”，如图 7-24 所示。

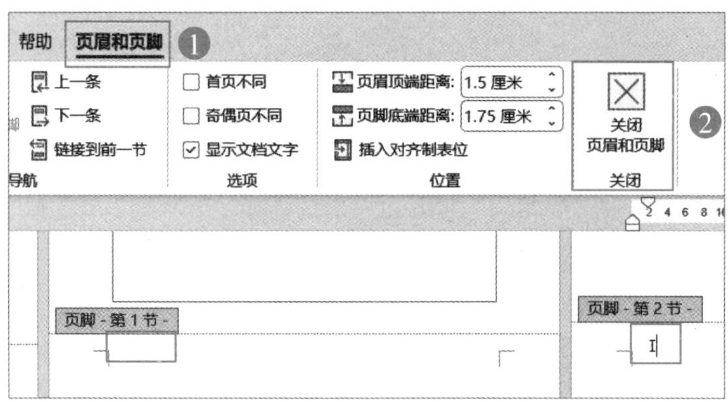

图7-24　页脚第1节与第2节设置后的效果

提示

图 7-24 中第 2 节页脚的页码是为了读者看到与第 1 节页脚不同，所以增大了字号进行显示。

步骤6 将鼠标光标定位在正文章节的引言文字最左边，然后再次单击执行“布局”→“分隔符”→“分节符”→“连续”，如图 7-25 所示。

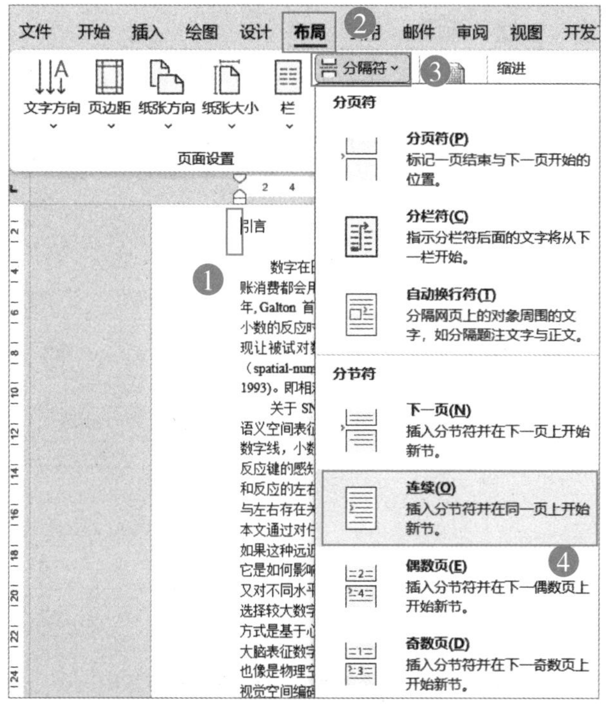

图7-25　创建节

步骤7 单击“插入”→“页眉”→“编辑页眉”，页面顶部进入页眉编辑状态，如图 7-26 所示，再依次单击“页眉和页脚”→“链接到前一节”按钮。

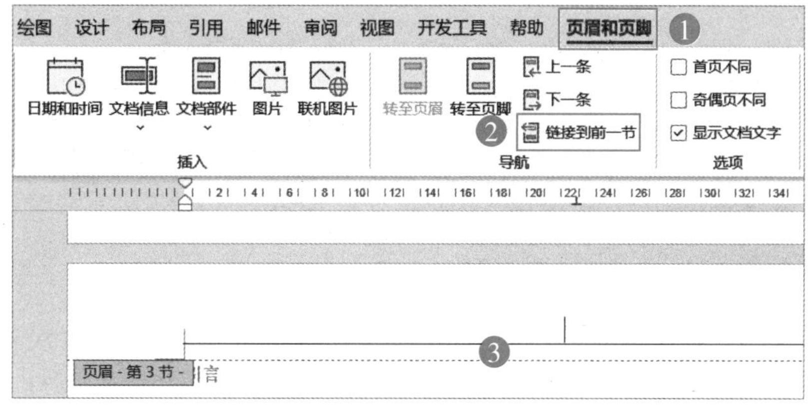

图7-26　去掉链接到前一条页眉

示例论文“引言”占据了两页。

步骤8 在“页眉和页脚”选项卡下勾选“奇偶页不同”复选项，文档上“页眉 - 第 3 节 -”就会变成如图 7-27 所示“奇数页页眉 - 第 3 节 -”提示字样，然后在该页眉上输入文字“引言”。

图7-27 设置页眉和页脚的奇偶页不同

步骤9 单击“页眉和页脚工具”→“下一条”命令，鼠标光标会定位到“偶数页页眉 - 第 3 节 -”上，如图 7-28 所示，再次单击“链接到前一节”命令，即可去掉偶数页的链接，去掉链接后在偶数页的页眉上输入文字“引言”。

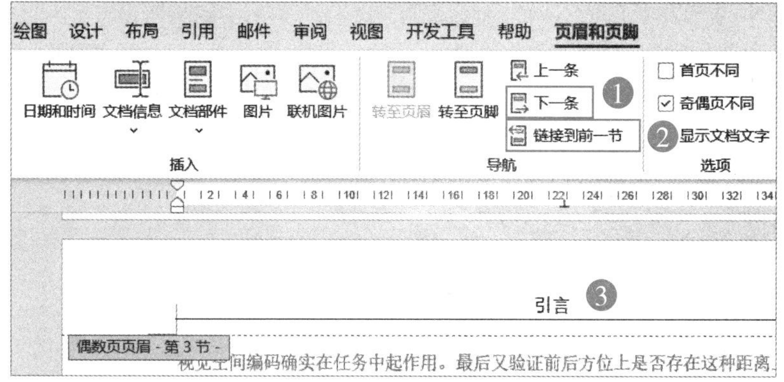

图7-28 去掉“链接到前一条页眉”

提示

偶数页去掉“链接到前一条页眉”是因为设置奇偶不同后，节也就自动分成了奇偶，所以一定要再次去掉，还需要注意的是 2019 Word 之前版本是叫“下一节”。

步骤10 参照步骤 6 ~ 步骤 9 设置论文第 1 章分节与页眉和页脚（主要是去掉“链接到前一节”），设置后，先删除该节页眉上的文字“引言”，将鼠标光标定位在“奇数页页眉第 4 节”上，单击“页眉和页脚”→“文档部件”→“域”，如图 7-29 所示，在弹出的“域”对话框“类别”下拉列表中选择“链接和引用”，在“域名”下方选择“StyleRef”，在右侧“样式名”列表下选择“标题 1”，这样就会自动提取章节标题 1 的文字内容。

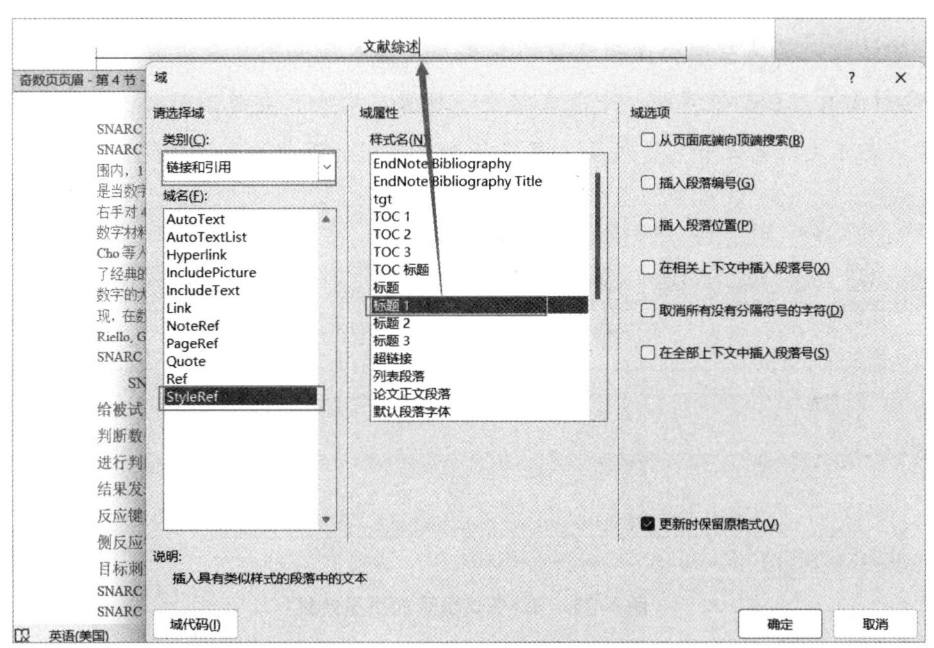

图7-29　“域”对话框引用标题1

技巧

如果需要出现多级列表的编号如“第 1 章”，需要把光标定位到奇数页眉标题 1 前边，再次执行“文档部件”下的“域”，在图 7-29 所示的对话框的“域选项”下勾选“插入段落编号”复选项。

提示

"域"对话框是执行步骤 10 步骤后再次打开的效果。使用域的好处在于论文后续章节会自动获取标题 1 对应的文字，如图 7-30 所示，这样就快速实现了按章节显示页眉的效果。

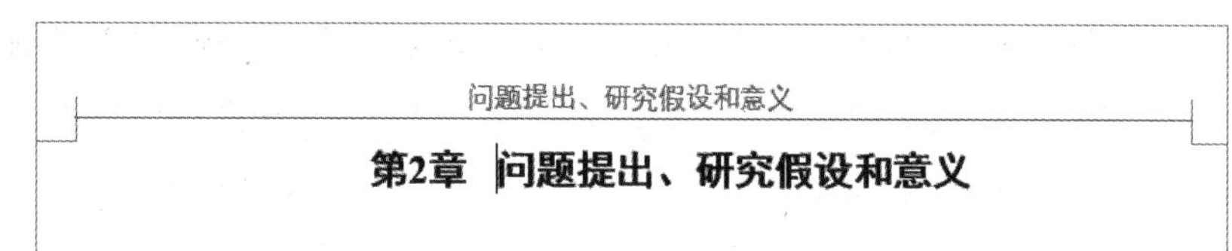

图7-30 正文第2章页眉效果

步骤11 参照之前所学，在"偶数页页眉 - 第 4 节 -"直接输入论文标题"SNARC 效应中的远近是语义空间还是视觉空间"文字，输入后关闭页眉页脚。目前，前两节（目录的封面页、独创性声明、中英文摘要、目录）均没有页眉，而第 3 节页眉显示的是引言，而正文的第 4 节则是按要求显示的奇偶不同的页眉，如图 7-31 所示。

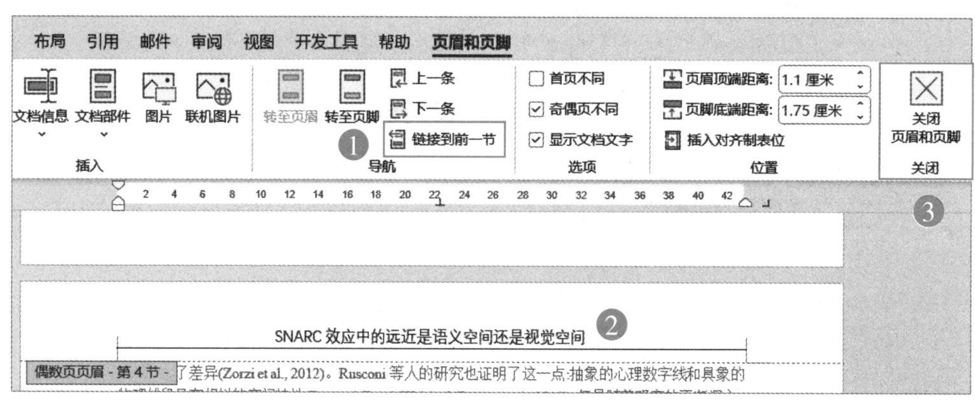

图7-31 第4节偶数页的页眉效果

步骤12 页眉设置完成后，还需要设置页脚，如图 7-32 所示，在正文"引言"页脚位置双击鼠标左键，先取消勾选"链接到前一节"复选项，再单击"页码"下"设置页码格式"命令，在弹出的"页码格式"对话框中更改编号格式为"1，2，3"，页码编号下选择"起始页码"。

步骤13 单击"页眉和页脚"→"下一条"命令，将鼠标光标定位在"偶数页页脚 - 第 3 节 -"的位置，调整段落对齐为"居右对齐"，先取消勾选"链接到前一节"复选框，然后再执行“页码”→“当前位置”→“普通数字”，如图 7-33 所示。

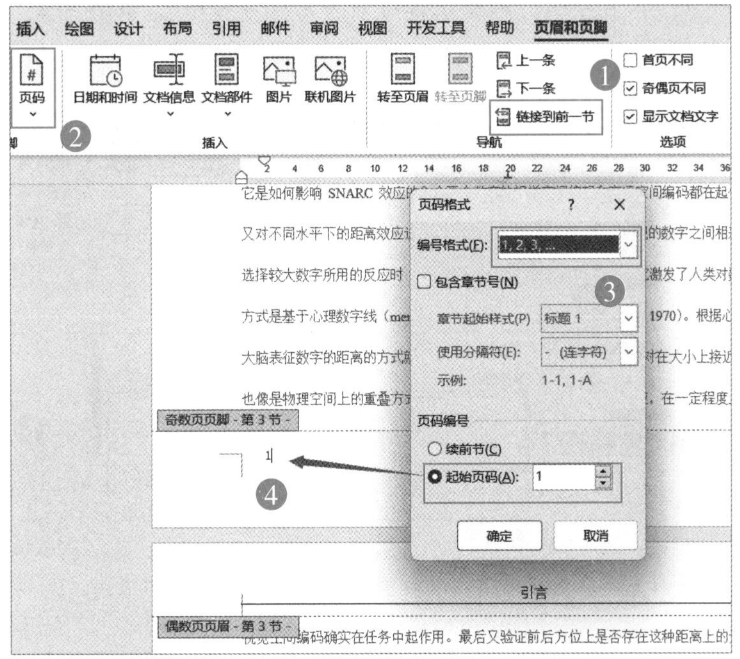

图7-32　第3节页脚插入页码并设置页码格式

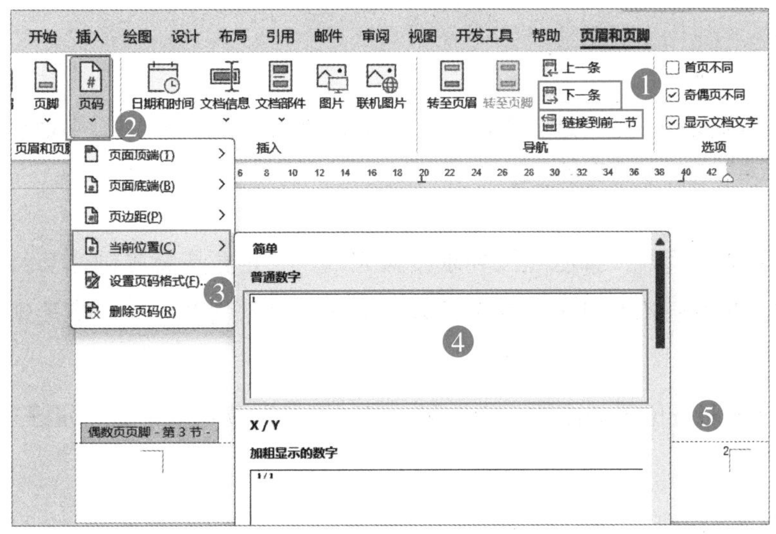

图7-33　偶数页页脚插入页码

步骤14 由于设置了奇偶页不同，导致摘要与目录页下的偶数页页脚自动变成了空白，处在步骤 13 页脚编辑状态，先单击两次“页眉和页脚”→“上一条”命令，再单击“链接到前一节”取消勾选，调整段落对齐为“居右对齐”，最后单击“页码”→“当前位置”→“普通数字”重新插入页码，如图 7-34 所示。

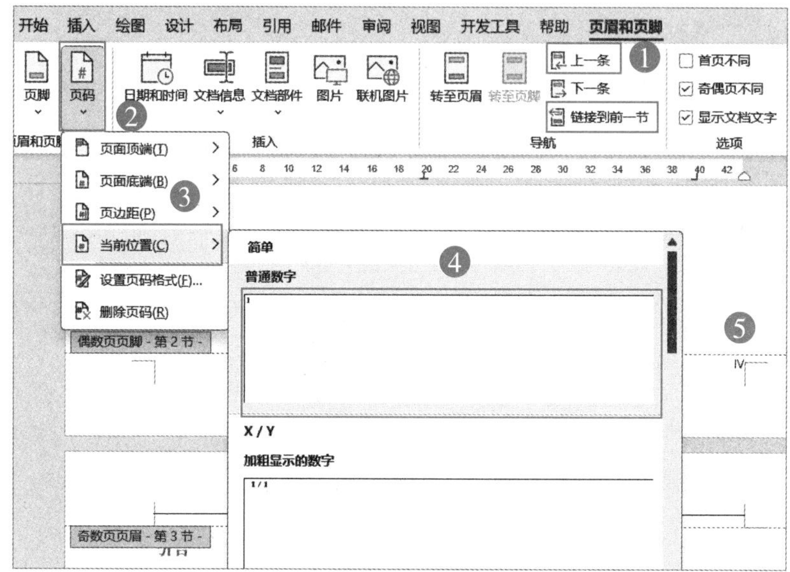

图7-34　目录页下偶数页页脚插入页码

由于目录页之前设置的是罗马数字形式，即使在当前位置使用的普通数字形式插入。最终效果还是罗马数字表现样式。

至此，论文上页眉页脚已经按要求设置完成。一定要注意先创建节，然后再插入页眉和页脚，在页眉和页脚上不管是插入与输入内容都需要注意“链接到前一节”的状态。

页眉文字的对齐位置如需要改变，可通过“开始”选项卡下的“段落”格式设置。

7.6　自动生成的目录

目录就是把正文中章节标题及对应的页码提取汇总，Word 论文排版目录标准做

法就是使用“引用”选项卡下的“目录”→“自定义目录”完成，而不是通过“制表符”手动生成目录，这样做的好处是，当正文标题及内容发生变化，可以快速修改目录。

生成目录最重要的一点就是对正文各章节使用程序自带的标题（标题、标题 1 ～标题 9）系列样式，并且还需要让样式与多级列表进行关联，同时章节内容再通过“节”控制页脚上页码的显示。这样才能满足目录生成的要求，完成后的效果如果 7-35 所示。

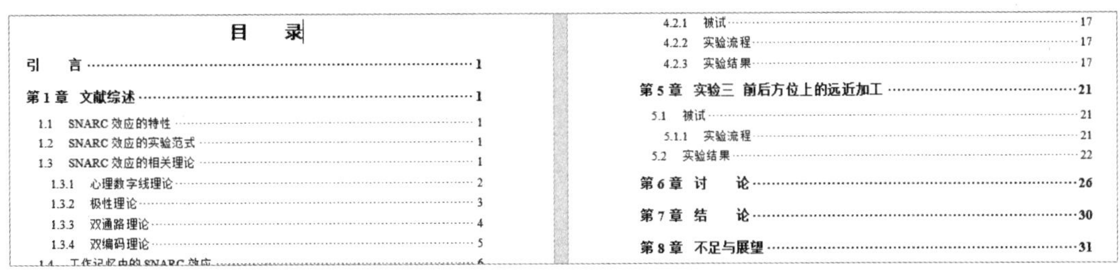

图7-35　目录的最终效果

步骤1 将鼠标光标定位在目录文字下方，然后单击“引用”→“目录”，在弹出的下拉菜单中选择“自定义目录”命令，弹出如图 7-36 所示“目录”对话框，从该对话框中的“打印预览”可以看出默认获取的就是标题 1 ～标题 3 样式。

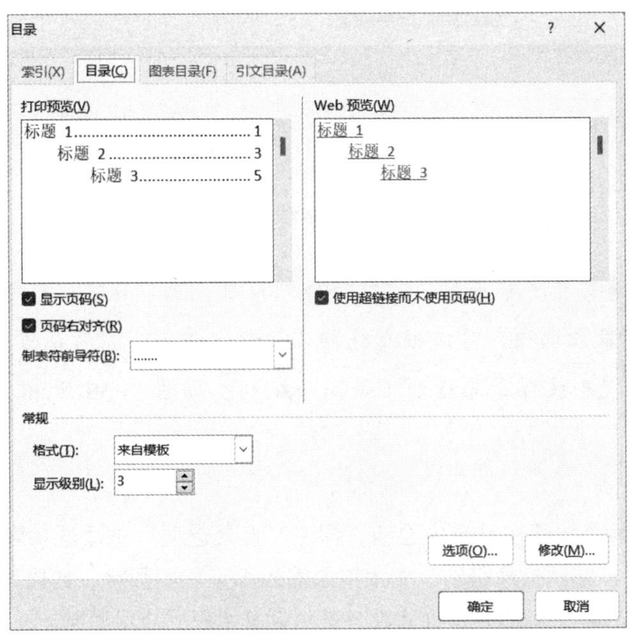

图7-36　目录对话框

提示

如果论文中摘要和参考文献，使用了“标题”样式，那么图 7-35 所示的打印预览下还会自动出现标题的预览。

步骤2 在“目录”对话框下的“制表符前导符”选择标题文字与页码中间的符号，默认提供了五个类型样式，通常选择最后一个，如图 7-37 所示。

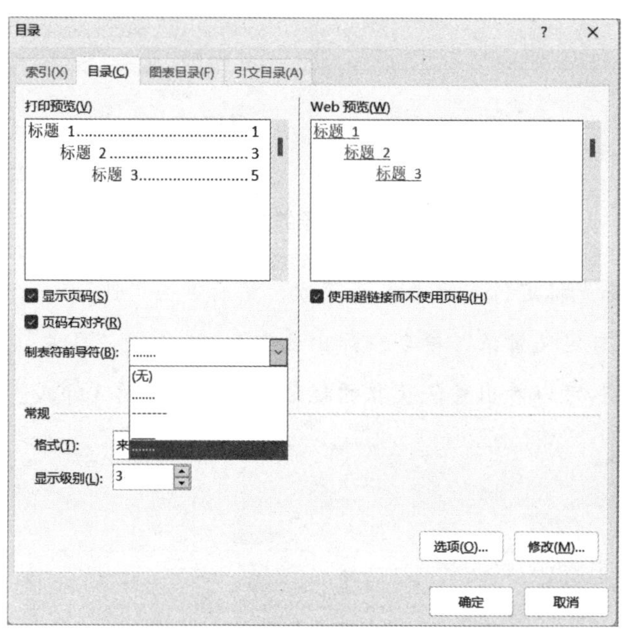

图7-37 目录制表符前导符的选择

步骤3 将“摘要与参考文献”标题添加到目录，在“目录”对话框下单击“选项”按钮，在弹出的“目录选项”对话框里找到“标题”样式，然后在旁边文本框也就是目录级别中输入 1，代表该样式与标题 1 是同一级别，如图 7-38 所示。

想将论文的某个标题在目录中显示，需在“目录选项”对话框找到这个标题使用的样式，如“标题”，在“目录级别”文本框内输入 1 ~ 9 的数字。如果某个样式不想出现在目录，如“副标题”，则删除该样式在目录级别文本框对应的数字。

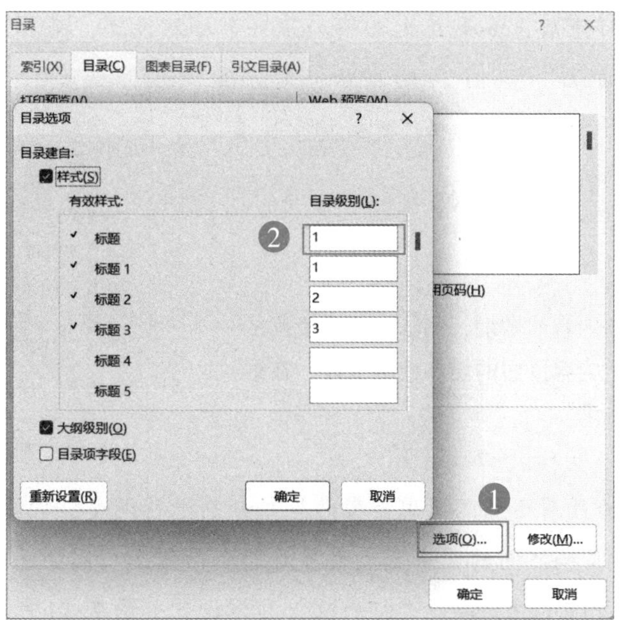

图7-38　添加“标题”样式为目录级别1

提示 2

实际工作中，该步骤默认也可以不做，默认“标题”样式同“标题 1”样式是一致的，目录级别自动是 1。

步骤4 单击“确定”按钮两次，工作区已经按要求获取对应的目录，如图 7-39 所示目录就是基于标题样式创建得到，在步骤 3 目录级别设置为 1 时，生成的目录不缩进并且加粗显示，而设置为 2 的目录文字相对级别 1 的文字会缩进显示，同样道理级别 3 会依次缩进。而通过设置目录级别 1 ～ 3 可以区分标题重要性。

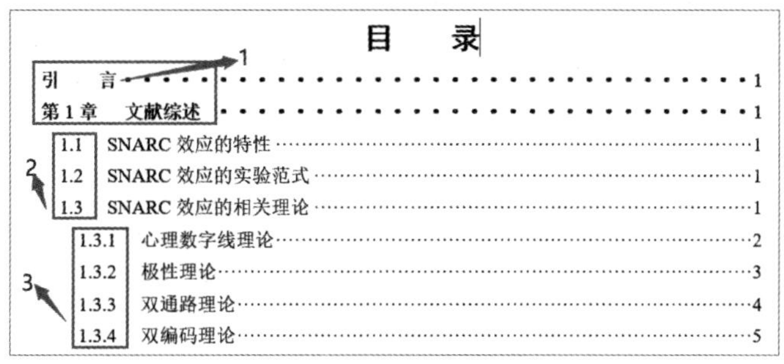

图7-39　目录默认效果

创建目录后，如果正文又增加了一个标题段落，而对应目录只需要单击“引用”→“更新目录”，如图 7-40 所示。然后在弹出的“更新目录”对话框中选择“更新整个目录”即可完成目录的新增。

提示

正文章节标题内容的增加、删除或标题使用的样式发生了变化、内容页面的增加或减少等，在最后均需要“更新目录”。

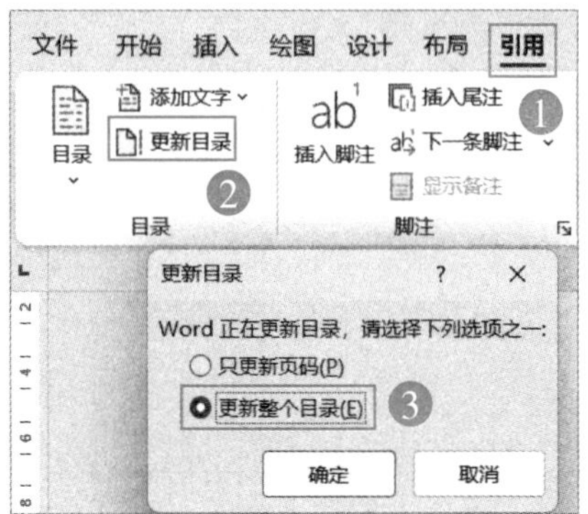

图7-40　更新目录

步骤6 生成的目录还可以使用自带的样式分别进行调整，从图 7-38 所示的目录可以看到标题 1 与页码之间的圆点有点大并且圆点与圆点之间的间距也有点大，打开“样式”窗口，对“TOC 1”样式进行修改，具体设置如图 7-41 所示，其中主要设置“西文字体”为“Times New Roman”、“字形”选择“加粗”、“字号”为“四号”。

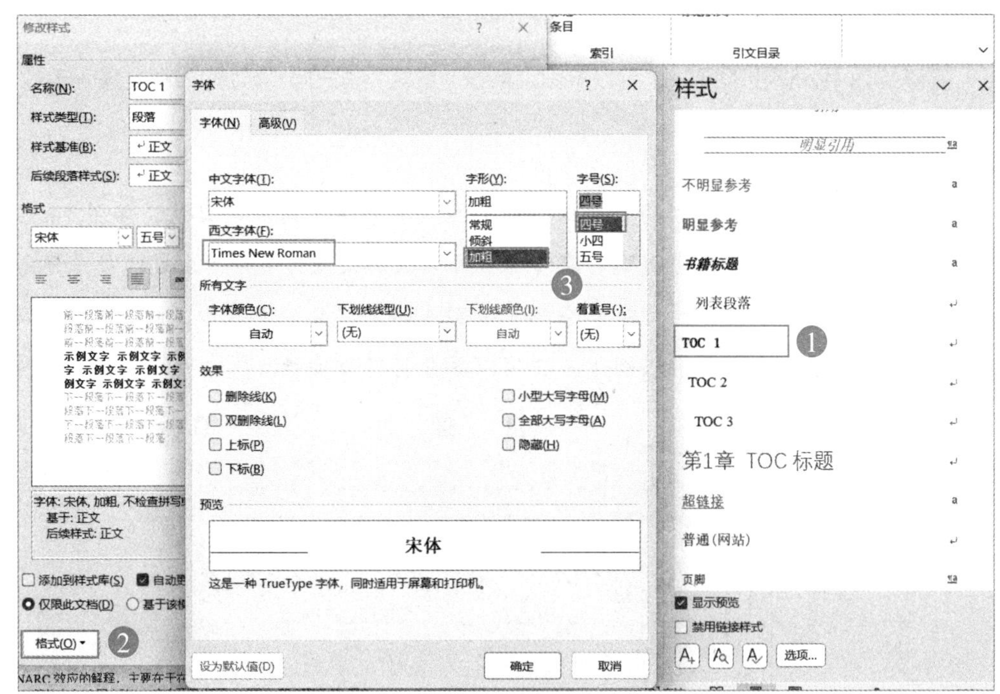

图7-41　修改“目录1”样式的格式

提示 1

图 7-40 所示是“TOC1”样式修改后再次打开对话框后的效果，是为了让读者可以清楚地知道修改了哪些格式及设置后的效果。也可以根据需要对“目录 2”“目录 3”样式进行修改，对应目录的级别 2 与级别 3 的标题文字会发生格式变化。

提示 2

使用自带样式进行调整时，有些电脑会以“TOC 1”“TOC 2”“TOC 3”显示，对应的也就是“目录 1”“目录 2”“目录 3”。

7.7　题注与图表目录的制作

当论文中的图片、表格、图表等内容较多时，都会要求为其添加编号顺序，如图 1、图 2……，表 1、表 2……而添加标题信息则需要通过“题注”功能。题注的作用就是为图片、表格添加编号及标题信息。图片、表格等添加完题注后，再使用“表目录”功能为图片、表格创建目录。

步骤1 先选定图片，单击“引用”→“插入题注”，弹出“题注”对话框，如图 7-42 所示。

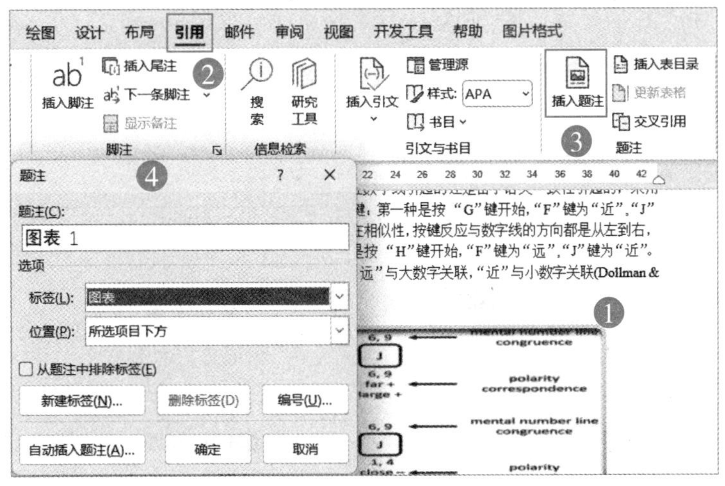

图7-42　插入题注

步骤2 在“题注”对话框下单击“新建标签”按钮，在弹出的“新建标签”对话框“标签”下方文本框输入“图片”，如图7-43所示。

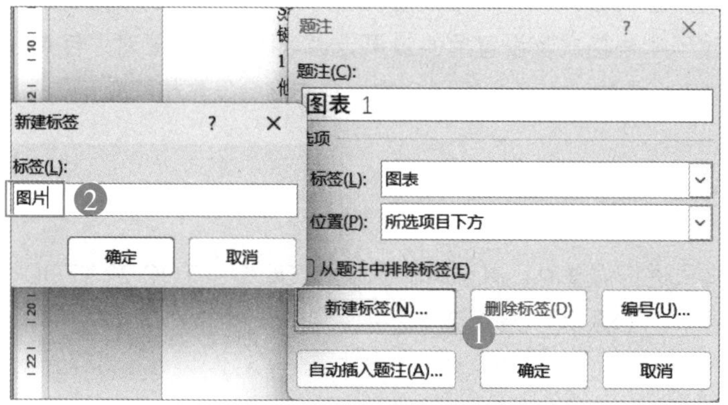

图7-43 新建题注标签

步骤3 如图7-44所示，单击“新建标签”→“确定”按钮，在“题注”下文本框会自动出现“图片 1”字样，然后在旁边输入需要的标题文字，下方“位置”选择“所选项目下方”，并单击“确定”按钮。

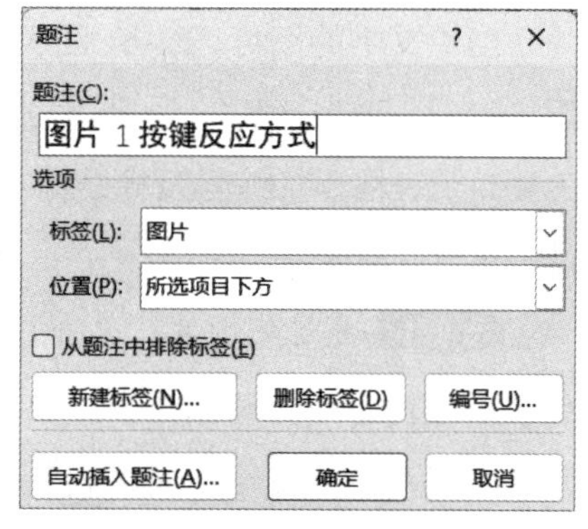

图7-44 题注设置

步骤4 如图7-45所示，图片下方出现对应的标题信息。而题注创建后，就需要单独为图片题注创建一个样式，而创建样式的方法参考7.1节，最终创建一个名为“图片题注”的样式，而该样式主要的格式设置是“居中”对齐。

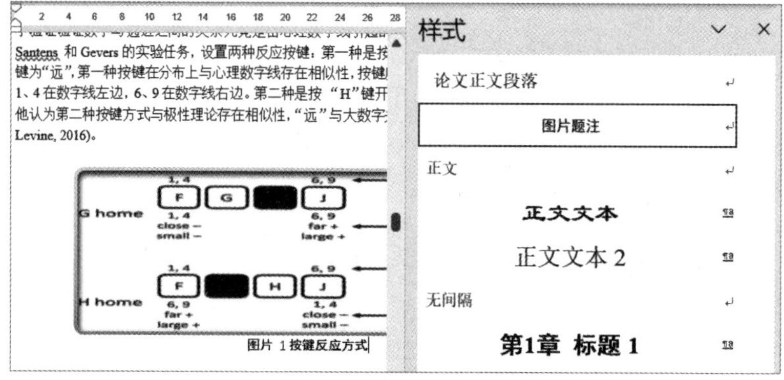

图7-45 题注标题文字应用样式

步骤5 单击选定文档中的第 2 张图片，选定后执行“引用”→“插入题注”命令，弹出“题注”对话框，如图 7-46 所示，对话框的“题注（C）:”下方文本框自动变成图片 2 字样，只需在其旁边输入标题文字即可，题注创建后还需要在“样式”窗口再次单击“图片题注”样式。

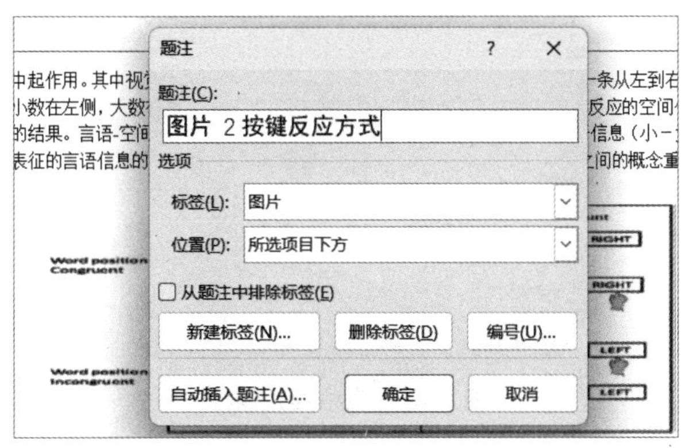

图7-46　插入题注

提示

论文中的其余图片参照步骤 5 依此类推，先插入题注输入标题，然后再应用样式。

步骤6 为表格添加题注，表格的题注一般在表格上方显示，把鼠标光标定位在表格内，依次单击“引用”→“插入题注”，如图 7-47 所示，在“题注”对话框下的标签选项中会自动选择表格，“位置”选择“所选项目上方”，再输入标题信息即可。

提示 1

为表格添加题注后，也需使用“图片题注”样式。

提示 2

当添加题注后，发生图片或表格删除，默认题注的数字编号（如图片 4）不会发生变化，这就会造成编号错乱，解决办法有两种：第一种是按“CTRL+A”键全选文档，然后按“F9”键更新域，但是会弹出“更新目录”对话框，需要确定后才可以更新。第二种为依次单击“文件”→“打印”，什么也不操作，再单击“返回”按钮即可，这时文档题注会自动更新编号。

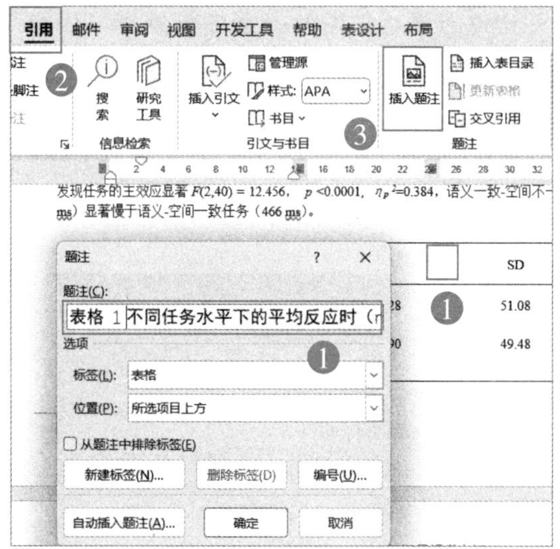

图7-47 表格插入题注

步骤7 最后在7.6节目录下边创建一个空白页，单击“引用”→“插入表目录”，如图7-48所示，在弹出的“图表目录”对话框里，“题注标签”选择“图片”，选择“制表符前导符”样式，单击“确定”按钮。

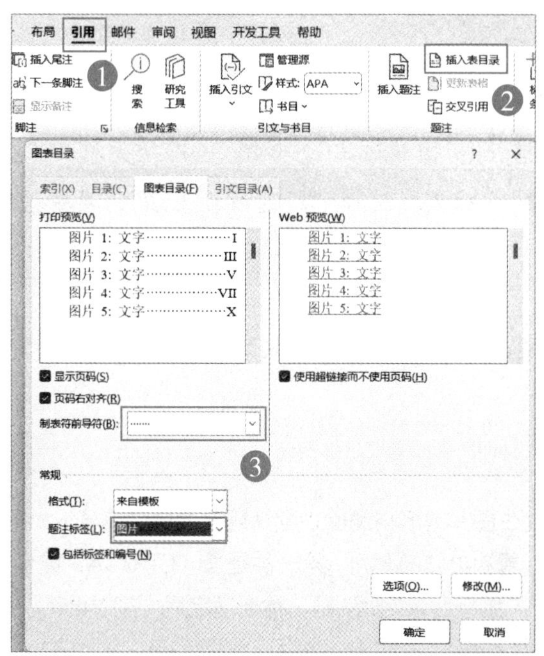

图7-48 创建图表目录

步骤8 单击“确定”按钮后，得到如图 7-49 所示的图片目录，而表格目录也是一样操作步骤，只是在步骤 7 的“图表目录”对话框的“题注标签”下选择“表格”即可。

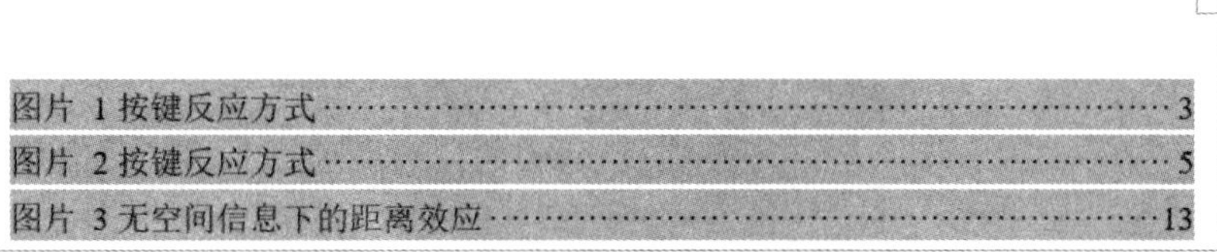

图片 1 按键反应方式……3
图片 2 按键反应方式……5
图片 3 无空间信息下的距离效应……13

图7-49　图片目录完成后的效果

提示

在创建“表目录”时，如果自动选择了 7.6 节创建的目录，还出现“是否替换图表目录”对话框，则需要将 7.6 节创建的目录删除后，再重新创建即可。

7.8　利用脚注与尾注制作参考文献

脚注与尾注的作用是对正文段落中的一句话或一个词进行注释，通常会在词的旁边出现编号数字的形式，脚注与尾注最大区别在于脚注在当前页面底部出现，而尾注则是在文档结尾处出现。一般论文使用的参考文献就是通过尾注功能实现的，在操作时往往为了能在论文编写时直观地看到引用的内容，会先插入脚注，最后再统一把脚注转换成尾注。

步骤1 将鼠标光标定位在需要注释的文字旁边，单击“引用”→“插入脚注”，如图 7-50 所示，在页面下方输入注释内容。

步骤2 参照步骤 1 先为其他内容添加脚注，添加完成后，单击“脚注”命令，弹出“脚注和尾注”对话框，在该对话框里单击“转换”按钮，如图 7-51 所示。

步骤3 单击“转换”按钮后，会弹出一个“转换注释”对话框，选择默认的“脚注全部转转换成尾注”选项，并点击“确定”按钮，如图 7-52 所示，再单击“脚注和尾注”的关闭按钮。

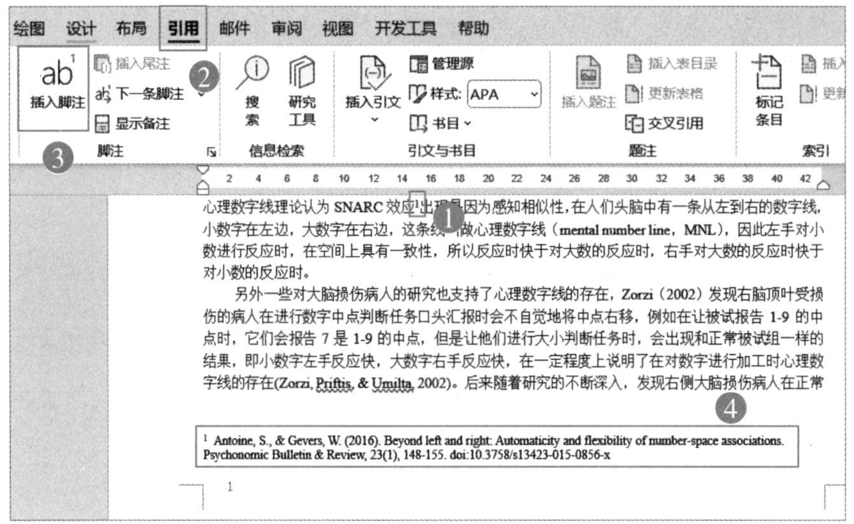

图7-50 插入脚注注释

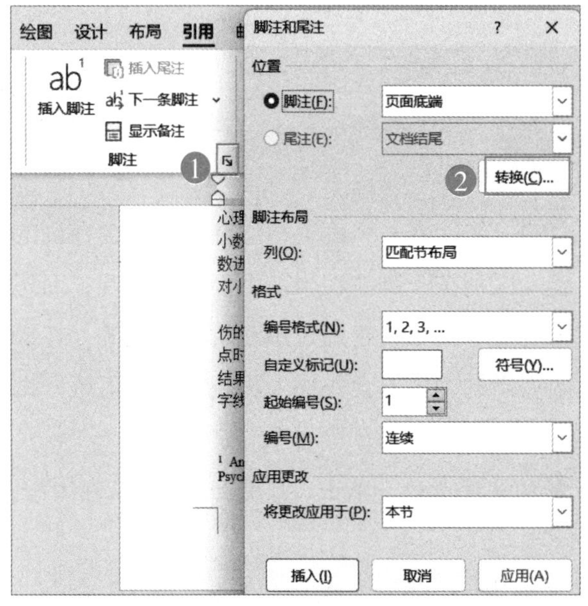

图7-51 脚注和尾注转换

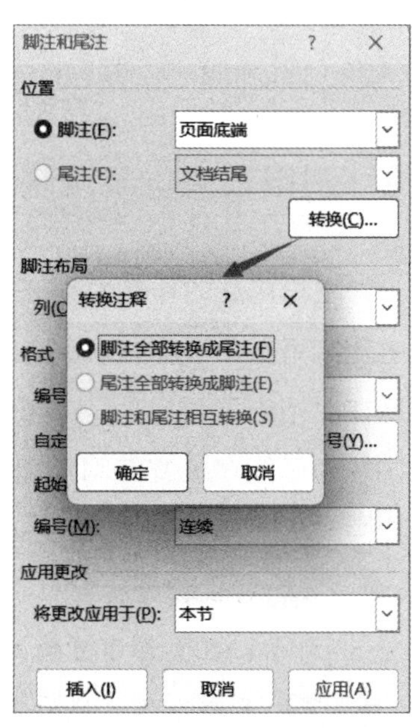

图7-52 脚注转换成尾注

步骤4 如图 7-53 所示，再次打开“脚注和尾注”对话框，改变尾注为“文档结尾”，一定要注意把对话框下方“编号格式”选择成阿拉伯数字“1,2,3…”形式（默认尾注是罗马数字 i,ii,iii 形式），并将“将更改应用于”选择“整篇文档”。

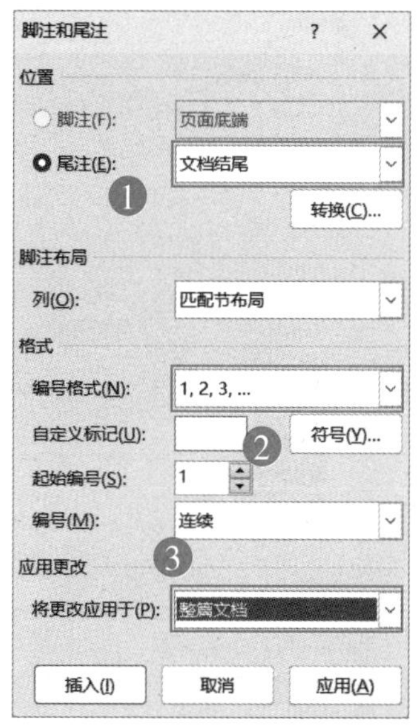

图7-53　设置尾注使用的数字编号格式

步骤5 执行上述四步命令后，可以看到所有引用的注释都汇总到了文档最后一页，效果如图 7-54 所示。

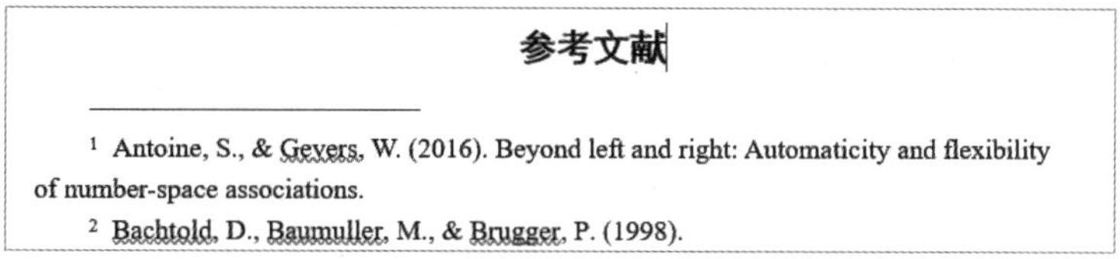

参考文献

[1] Antoine, S., & Gevers, W. (2016). Beyond left and right: Automaticity and flexibility of number-space associations.

[2] Bachtold, D., Baumuller, M., & Brugger, P. (1998).

图7-54　脚注转换成尾注后的结果

步骤6 使用替换为尾注数字编号添加【 】，按“Ctrl+H”快捷键打开“查找和替换”对话框，默认就是替换选项，如图 7-54 所示，单击“更多”按钮，将鼠标光标定位在查找内容的文本框，单击“特殊格式”按钮，选择“尾注标记”，在替换为文本框输入【 】，将鼠标光标定在【 】中间位置，在“特殊格式”下选择“查找内容”，最后再把鼠标光标定位在“替换为”文本框，在“格式”下的“字体”，选择上标后单击“确定”按钮，最后单击“全部替换”按钮。

图 7-55 所示的“更少”按钮是单击“更多”按钮后自动变化的。

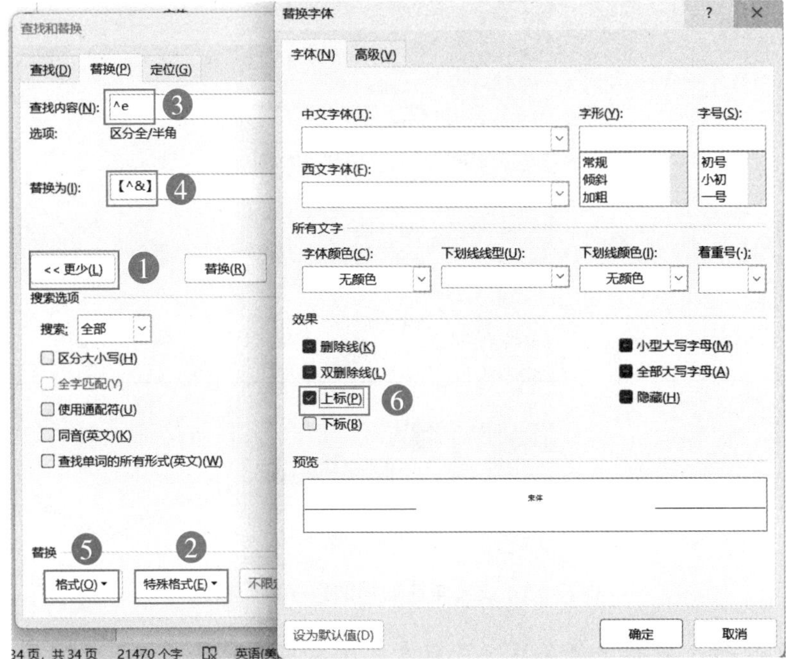

图7-55 尾注数字编号前后通过“替换”批量添加【 】

步骤7 去除尾注分隔线。先转换视图显示，单击“视图”→“草稿”命令，如图 7-56 所示，再依次单击“引用”→“显示备注”，在下方选择尾注分隔符，选定线后按 Delete 键删除即可完成。

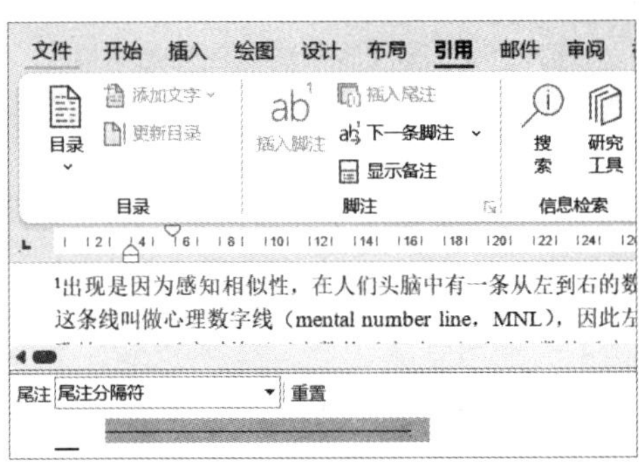

图7-56 去除尾注分隔线

最后依次单击“视图”→“页面视图”，然后选择尾注文字内容，打开“字体”对话框，去掉上标勾选，这样就完成了参考文献的排版。

第 8 章
标书排版的“三招两式”

标书排版在企业工作中的应用频率比较高，通常需要根据甲方的要求制作。本章将标书制作和排版归纳为“三招两式”，“三招”指“标书封面页制作”“标书页眉页脚制作”“标书目录生成”。

本章主要学习知识点

- 样式的使用方法
- 节、页眉、页脚、页码的使用方法
- 样式与多级列表的结合使用方法
- 目录的制作方法
- 文档内容的排版方法

标书排版同论文排版相类似，都针对长文档，不同的是论文是按学校要求的格式，而标书则是根据甲方要求进行排版。下面列出示例标书具体要求。

- 第一页（封面页）不需要页眉和页脚。
- 第二页为目录页，目录页页脚上显示页码。
- 正文奇数页的页眉显示为标书名称；偶数页的页眉显示为公司名称；正文页码以阿拉伯数字 1 开始。
- 第一级标题使用标题 1 样式，段落前添加“一、二、三、……”的数字编号，“字体”要求为“微软雅黑”、“三号”字大小、“1.5 倍行距”、“居中”、“加粗”、段前与段后间距“0 行”。
- 第二级标题使用标题 2 样式，段落前添加“(一)(二)(三)……”的数字编号，“字体”要求为“宋体”、“小四”号字大小、“1.5 倍行距”、“居中”、“加粗”、段前与段后间距“0 行”。
- 第三级标题使用标题 3 样式，段落前添加“1、2、3、……”的数字编号，“字体”要求为“宋体”、“小四”号字大小、“1.5 倍”行距、“加粗”、段前与段后间距 0 行。
- 正文段落采用“宋体”、“五号”字大小、“首行缩进两个字”、“1.5 倍行距”。

- 组织架构、开户许可证等页面横向显示，其他页面为默认的纵向显示。

说明：本章所讲案例内容仅是模拟，标书所涉及的内容、价格、公司名称、合同金额等一系列内容都是虚构的，涉及的图片以空白代替。

8.1 标书标题样式的设置

为了读者能够知道文档标题与正文段落的区别，也为了后续添加样式的方便，故在示例文档标题文字后边添加了“（一级标题）、（二级标题）、（三级标题）”的字样，在样式添加完成后，这些提示性的文字将替换删除。

步骤1 将鼠标光标定位在文档最开始位置，按两次“Ctrl+Enter”快捷键创建两页空白页面，然后将鼠标光标定位在一级标题段落的任意位置，单击“开始”→“样式”，文档弹出“样式”窗口，在“样式”窗口单击“标题 1”样式旁边的下拉三角命令按钮，在弹出的下拉菜单中选择“修改”命令，如图 8-1 所示。

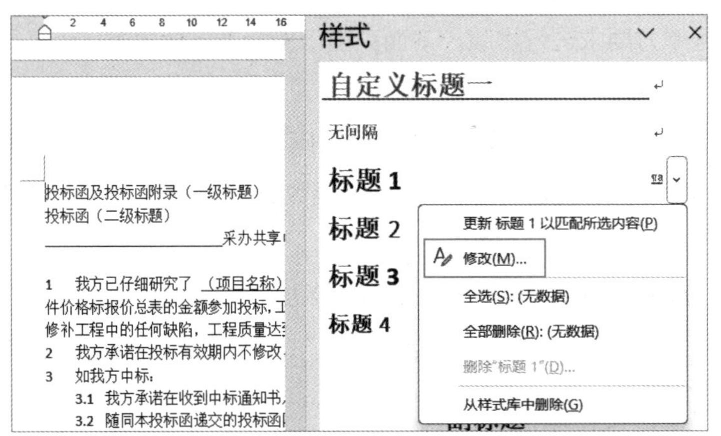

图8-1 打开样式窗口找到对应样式执行修改命令

步骤2 选择“修改”命令后，会弹出“修改样式”对话框，如图 8-2 所示，在“格式”下改变“字体”为“微软雅黑”、“字号”为“三号”，并依次单击“B”加粗、“居中”按钮，在对话框下方单击“格式”按钮，在弹出的下拉菜单中选择“段落”命令，弹出“段落”对话框，在对话框中“行距”设置为“1.5 倍行距”，“段前”与“段后”均设置为“0 行”。

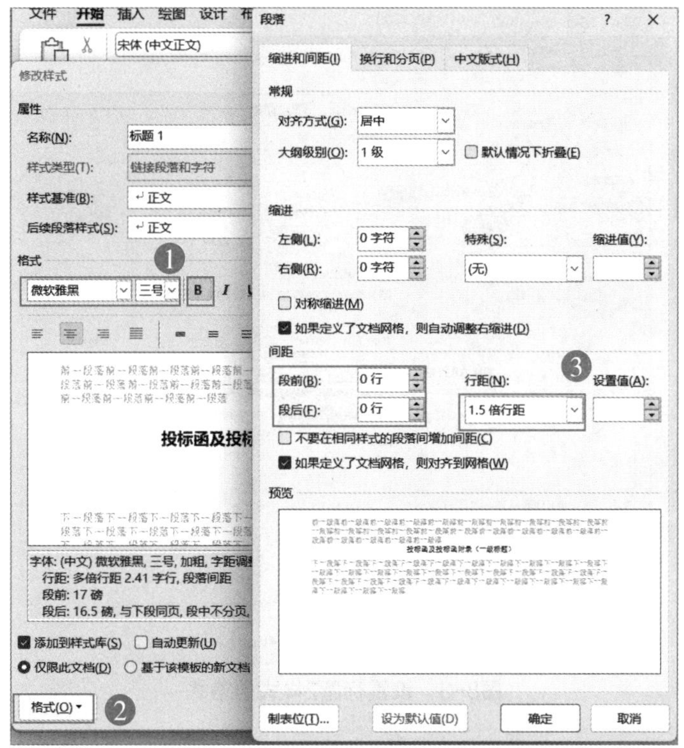

图8-2　设置标题1样式的格式

提示

格式下的命令按钮是常用的格式设置，并不能满足所有需要，单击下方的“格式”按钮，会出现详细的格式菜单，当单击“段落”命令后，会弹出“段落”的设置对话框。

步骤3 在“样式”窗口选择“标题 2”样式旁边的下拉三角命令按钮，单击“修改”命令，在弹出的“修改样式”对话框，作图 8-3 所示的格式设置（“字体”为“宋体”、“字号”为“小四”号、“加粗”、“居中”、段落设置为“1.5 倍行距”、“段前”与“段后”均为“0 行”）。

步骤4 在“样式”窗口选择“标题 3”样式旁边的下拉三角命令按钮，单击“修改”，在弹出的“修改样式”对话框，作图 8-4 所示的格式设置（“字体”为“宋体”、“字号”为“小四”号、“加粗”、“两端对齐”、段落设置为“1.5 倍行距”、“段前”与“段后”均为“0 行”）。

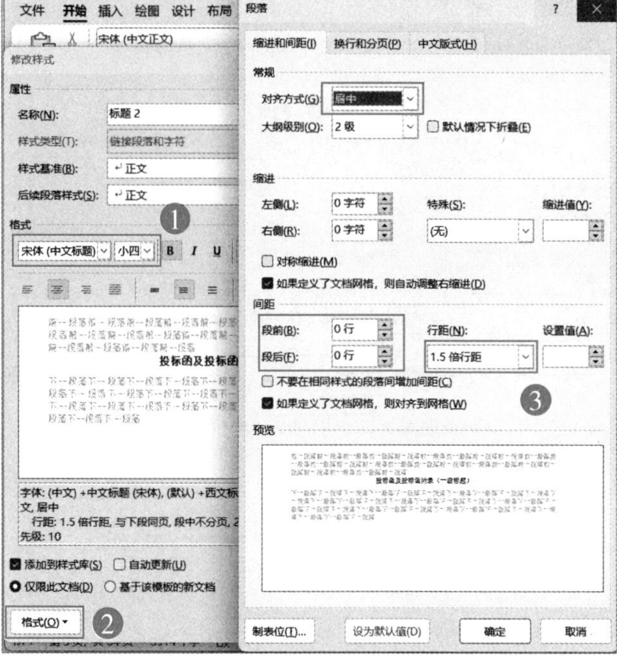

图8-3 设置标题2样式的格式

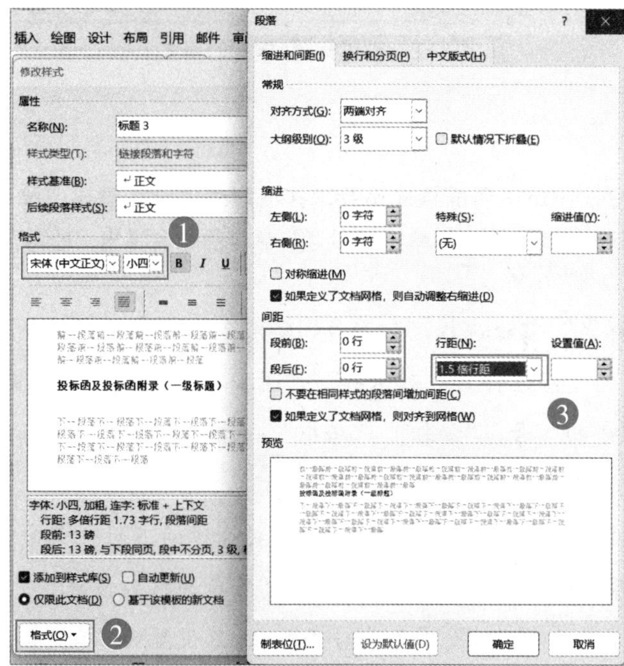

图8-4 设置标题3样式的格式

步骤5 如图 8–5 所示，在“样式”窗口，单击“创建”按钮，弹出“根据格式化创建样式”对话框，在该对话框的“名称”对应文本框中输入“标书正文”，设置格式“宋体（中文正文），五号”，单击“格式”按钮，选择“段落”，在弹出的“段落”对话框中设置“行距”为“1.5 倍行距”、“特殊”下选择“首行”、“缩进值”为“2 字符”，最后单击“确定”按钮完成创建。

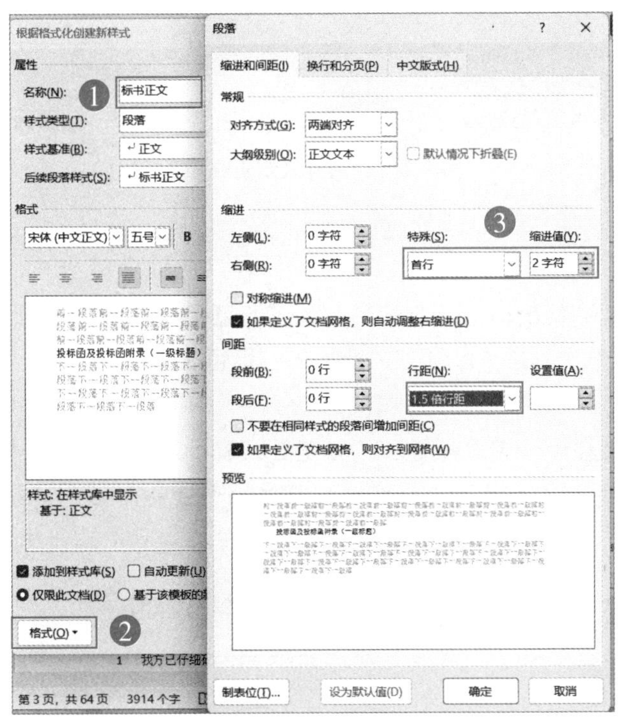

图8–5　创建标书正文样式

提示

正文段落也需要统一格式，是为了方便后期格式（如甲方初始设定为四号字，后需要变更为小四号字）修改，故单独创建样式，统一正文格式排版。

步骤6 将样式（标题 1、标题 2、标题 3、标书正文）分别应用到标书正文段落。操作方法为将鼠标光标定位在需要设置样式的段落的任意位置，然后根据需要直接在“样式”窗口单击对应的样式名称即可，效果如图 8–6 所示。

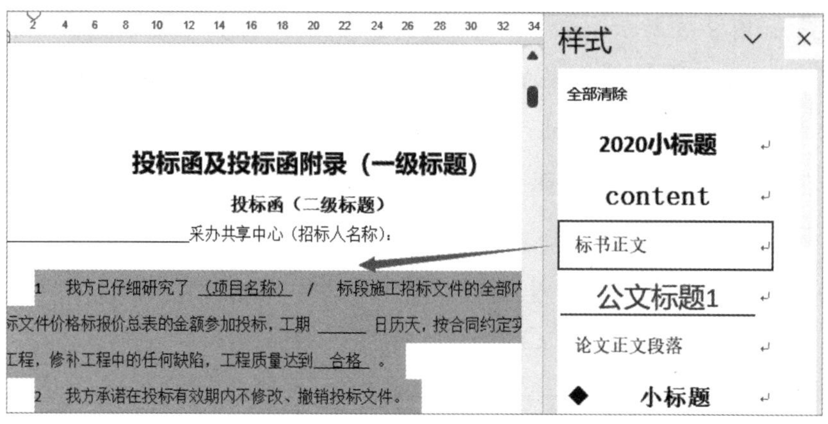

图8-6 应用样式到正文段落

提示

在提供的素材文件.docx已经标识了[（一级标题）、（二级标题）、（三级标题）]标题段落，其对应的样式分别是“标题1”“标题2”“标题3”。

步骤7 整篇文档添加完“标题1”“标题2”“标题3”样式后，单击“视图”→“导航窗口”后，文档左侧会显示“导航”窗口，“导航”窗口下会列出所有使用标题1～3样式的文字，类似于目录效果，如图8-7所示。在“导航”窗口文字上单击（如单击“劳动力管理员”），鼠标光标就可以快速切换到文档对应的位置。

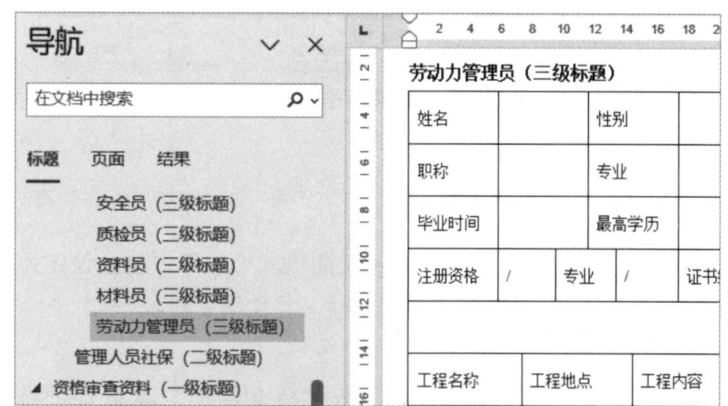

图8-7 打开导航窗口

步骤8 按“Ctrl+H”快捷键打开“查找和替换”对话框，选择“替换”选项，在

“查找内容”的文本框输入“(一级标题)”，而“替换为”文本框则留空。单击“全部替换”按钮，如图 8-8 所示。同样操作完成（二级标题）、（三级标题）的替换。

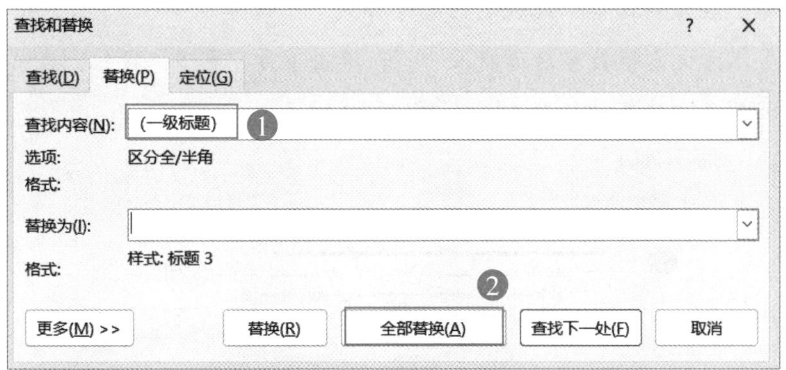

图8-8　替换提示文字

提示

在实际排版中，步骤 8 不需要，素材文件提供这样的文字是为了读者能清楚地知道标题 1 ~ 3 样式应该添加到哪个标题段落。

8.2　多级列表关联编号样式

标书的标题段落前边是有编号要求的，在 8.1 节已经为正文标题设置了（标题 1 ~ 标题 3）样式，而这一节则是按要求把编号直接应用到标题段落。如一级标题的段落应用“一、二、三、”的编号形式。图 8-9 所示为标题样式没有关联多级列表时的初始状态。

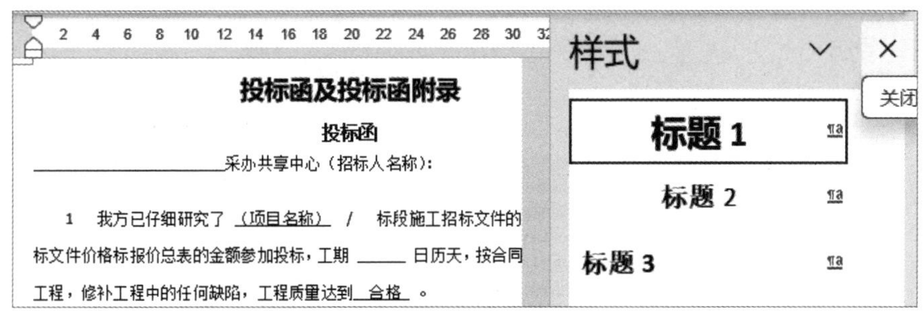

图8-9　标题样式没有关联多级列表

步骤1 将鼠标光标定位在任意一个使用标题 1 样式的段落，单击“开始”→“多级列表”，在弹出的下拉菜单中选择“定义新的多级列表”命令，会弹出“定义新多级列表”对话框，在该对话框“此级别的编号样式”下选择“一，二，三（简）…”，“输入编号的格式”下方文本框数字后边输入“、”，单击下方“更多”按钮，在“将级别链接到样式”下拉列表中选择“标题 1”，如图 8-10 所示。

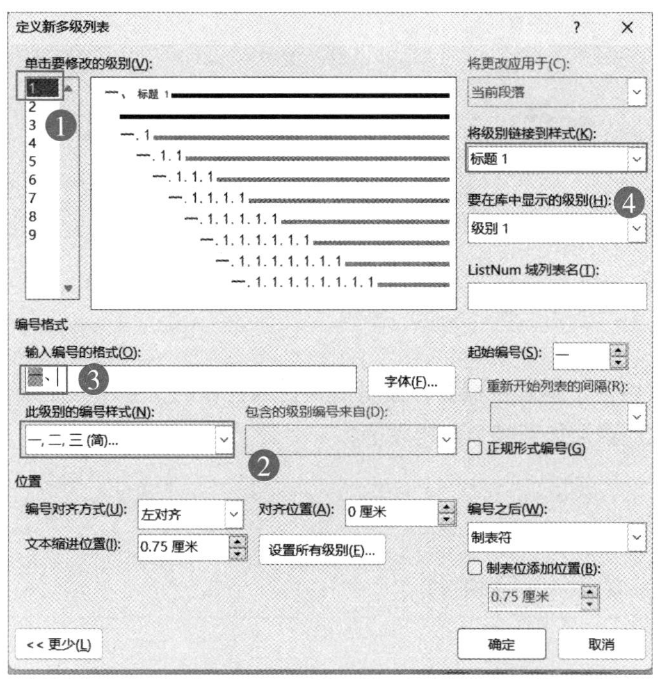

图8-10 设置级别1编号样式并关联标题1样式

单击“确定”按钮，这时在“样式”窗口下，标题 1 样式前边就自动添加了数字编号“一、”，标书中凡是使用了标题 1 样式的段落会自动按顺序添加编号，如图 8-11 所示。

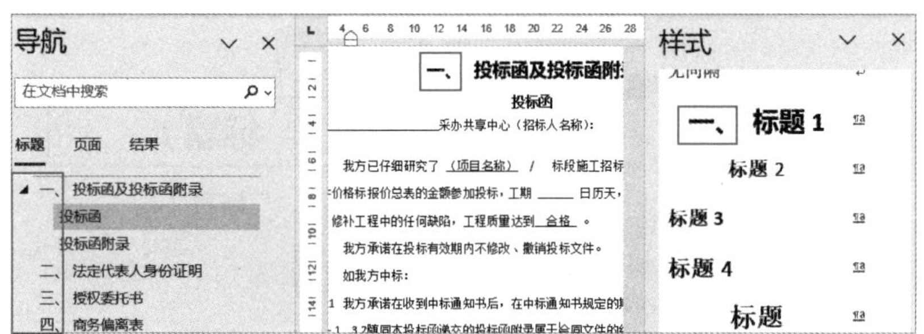

图8-11 关联样式后标题段落按顺序出现编号

步骤2 再次执行“定义新的多级列表”命令，弹出“定义新多级列表”对话框，如图8-12所示，在该对话框“单击要修改的级别”下选择“2”，在“此级别的编号样式”选择“一，二，三（简）…”，删除“输入编号的格式”下方文本框的“一.”并在“一”的前后分别输入“（”与“）”，更改“对齐位置”为“0厘米”与“文本缩进位置”为“1厘米”，在“将级别链接到样式”下拉列表中选择“标题2”。

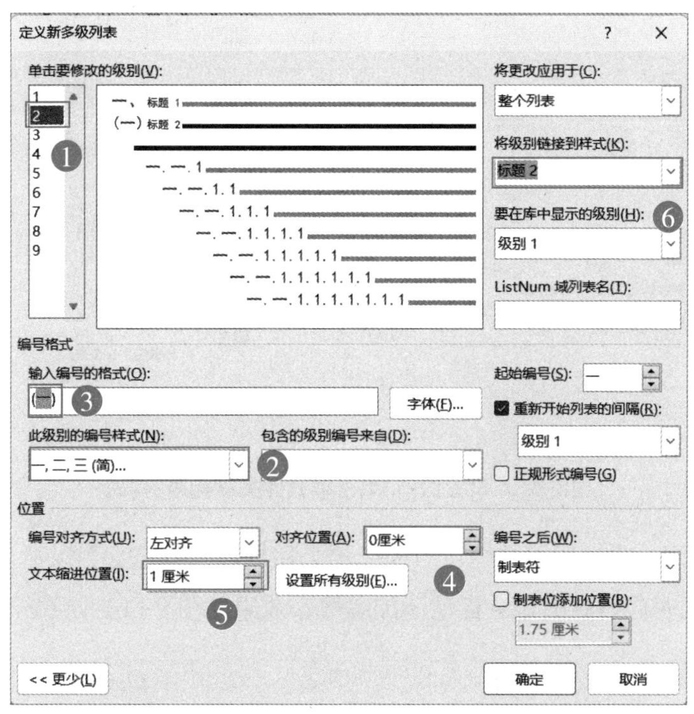

图8-12　设置级别2编号样式并关联标题2样式

提示

在第二次对标题格式更改时，“将更改应用于”会自动选择整个列表。

步骤3 如图8-13所示，在“单击要修改的级别”下选择“3”，删除“输入编号的格式”下方文本框的“一.一.”并在数字“1”后边输入顿号，更改“对齐位置”为“0厘米”与“文本缩进位置”为“1厘米”，在“将级别链接到样式”下选择“标题3”。

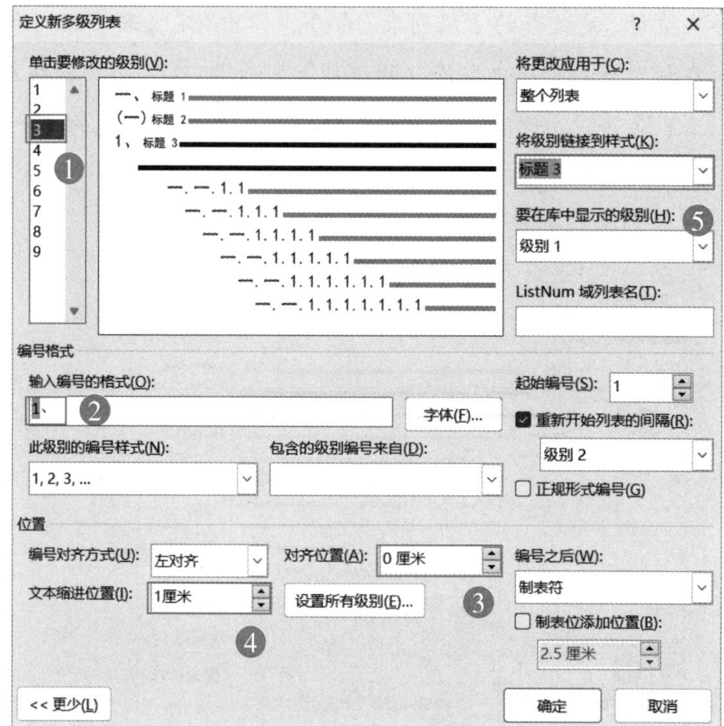

图8-13 设置级别3编号样式并关联标题3样式

最后单击“确定”按钮，文档对应的标题 2 和标题 3 样式会自动添加编号，而在正文段落凡是使用对应样式的也会自动添加编号，效果如图 8-14 所示。

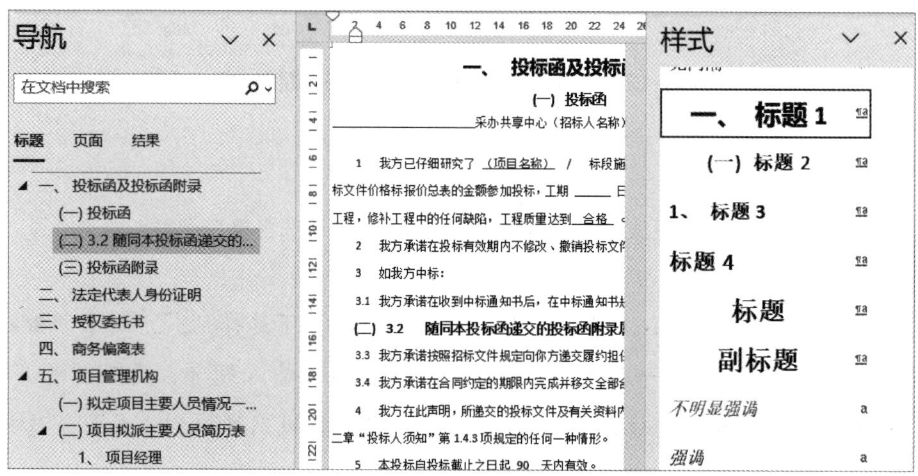

图8-14 使用标题样式的段落按顺序自动添加编号

8.3　节的使用

所谓节可以理解为控制文档元素的样式，例如一篇文档默认只能有一种纸张方向，不能同时有纵向与横向，但是通过创建节可以实现纸张方向既有纵向又有横向。文档元素指的是纸张大小、纸张方向、页眉和页脚、页码等。默认文档没分节之前都属于同一节，但文档根据需要可分成多节，然后再设置每节的文档元素。

步骤1 将鼠标光标定位在第2页，如图8-15所示，依次单击“布局”→“分隔符”→“分节符”→“连续”，执行该命令后，页面上没有变化，在“状态栏”上会显示节的变化，如图8-16所示。

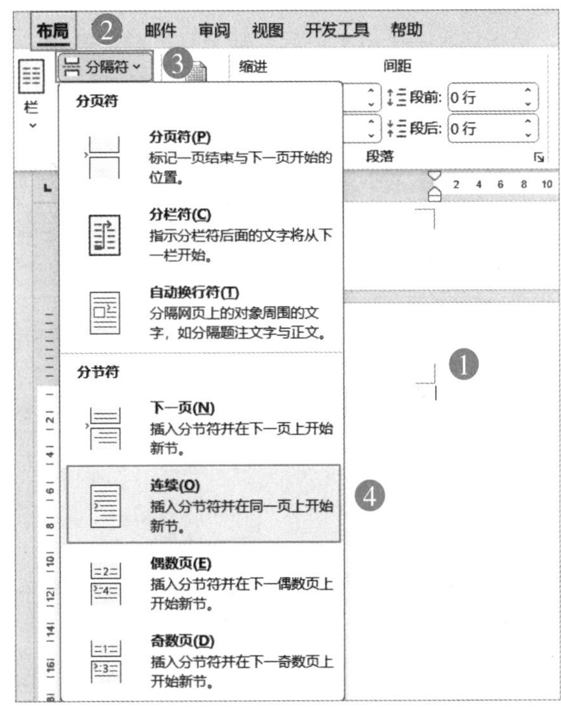

图8-15　第2页创建节

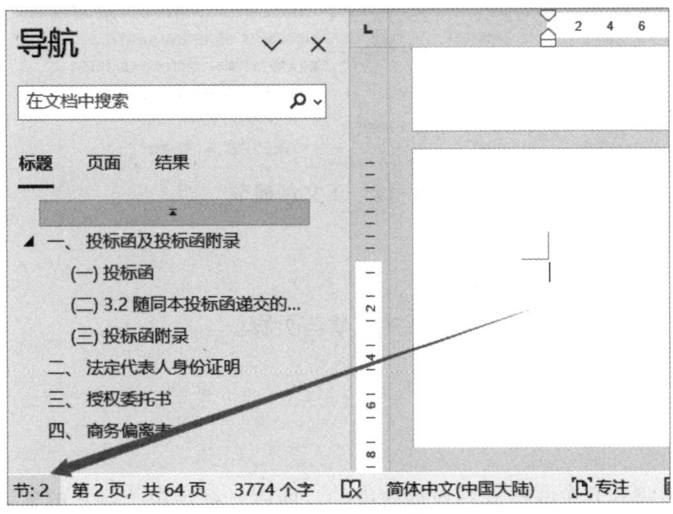

图8-16　查看节

分节符共有四种："下一页"是指插入一个分节符后，新节从下一页开始；"连续"是指插入一个分节符后，新节从当前页开始；"奇数页"或"偶数页"是指插入一个分节符后，新节从下一个奇数页或偶数页开始。

步骤2 将鼠标光标定位在正文最开始的位置也就是"投"字的前边，依次单击"布局"→"分隔符"→"分节符"→"连续"，状态栏的"节"显示为"3"，效果如图 8-17 所示。

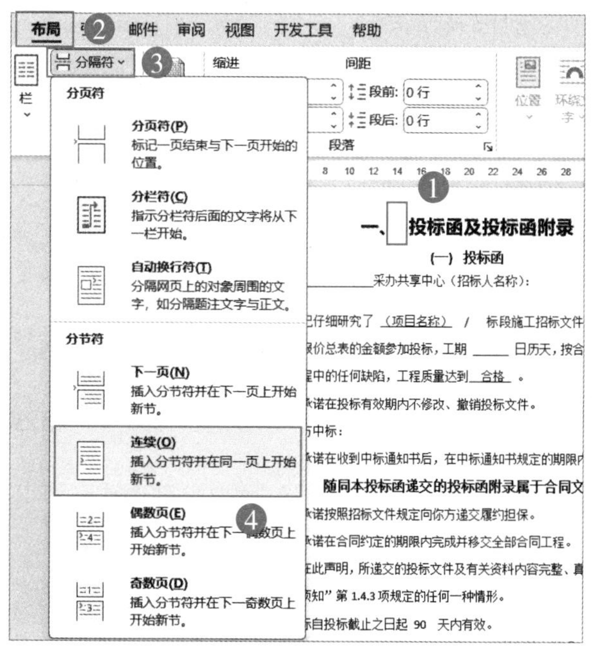

图8-17 正文创建节

在这里分节的目的是后续设置标书的页眉与页脚。

"一、"是多级列表关联样式后自动生成的，所以光标定位不到它的前边。

步骤3 将鼠标光标定位在需要横向显示的页面如“公司组织架构图”，依次单击“布局”→“分隔符”→“分节符”→“连续”，状态栏的“节”显示为“节：4”，单击“布局”→“纸张方向”→“横向”，效果如图 8-18 所示。

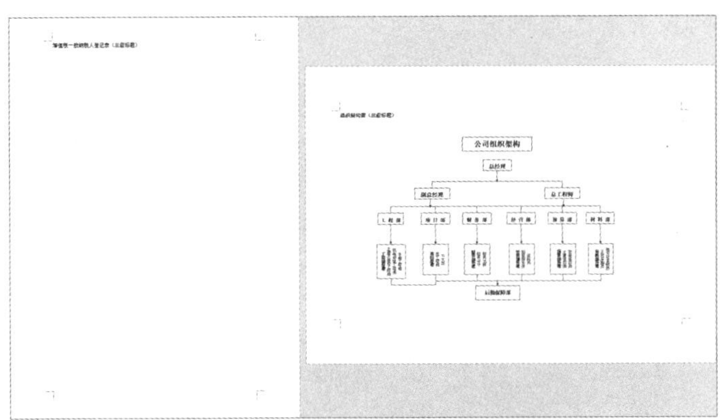

图8-18　创建节并更改纸张方向为横向

步骤4 当前页面横向显示后，当前页面及以后的页面都会变成横向，将鼠标光标定位在需要改回纵向显示的页面，依次单击“布局”→“分隔符”→“分节符”→“连续”，状态栏的“节”显示为“5”，单击“布局”→“纸张方向”→“纵向”，效果如图 8-19 所示。

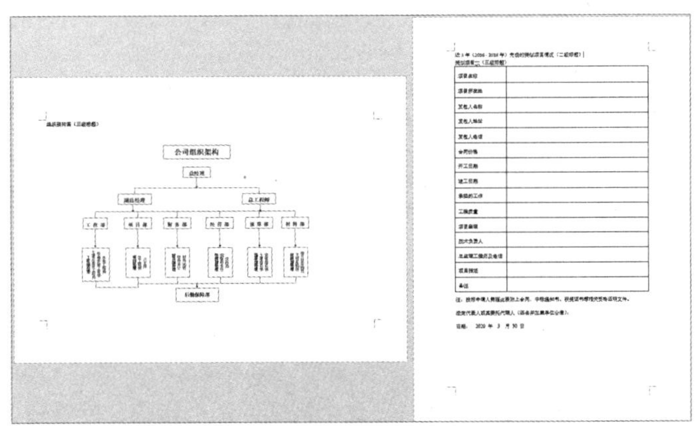

图8-19　创建节并更改纸张方向为纵向

8.4　灵活地设置页眉与页脚

8.3 节已经为第 2 页单独创建了一个节，而正文的最开始即第一页使用了默认的第

1 节。为了达到标书排版的便捷性，先创建目录，再创建页眉与页脚。

步骤1 将鼠标光标定位在第 2 页，依次单击“引用”→“目录”→“自定义目录”，弹出“目录”对话框，如图 8-20 所示，但该对话框所示的打印预览的目录并不太符合要求，示例标书的目录是要求根据（标题 1 ～标题 3）样式生成的。

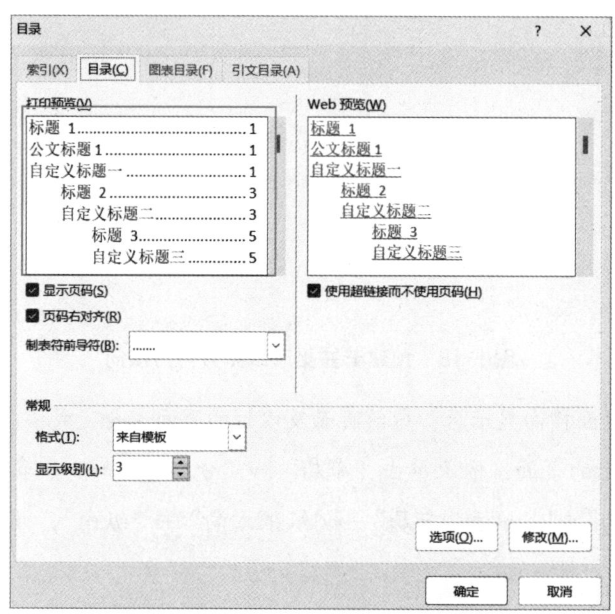

图8-20　打开目录对话框

步骤2 单击“目录”对话框的“选项”按钮，如图 8-21 所示，删除“公文标题 1”右侧文本框中的数字，同样的操作删除自定义标题一至三右侧文本框中的数字，这样创建的目录就不会包含使用这些样式的段落，最后单击“确定”按钮。

如果正文中没有使用如“公文标题 1”这个样式，那么步骤 2 就没有必要删除。

提 示 2

如果那个样式不需要生成目录，例如标题 3，可以在“目录选项”对话框下去掉对应的“目录级别”文本框的数字。

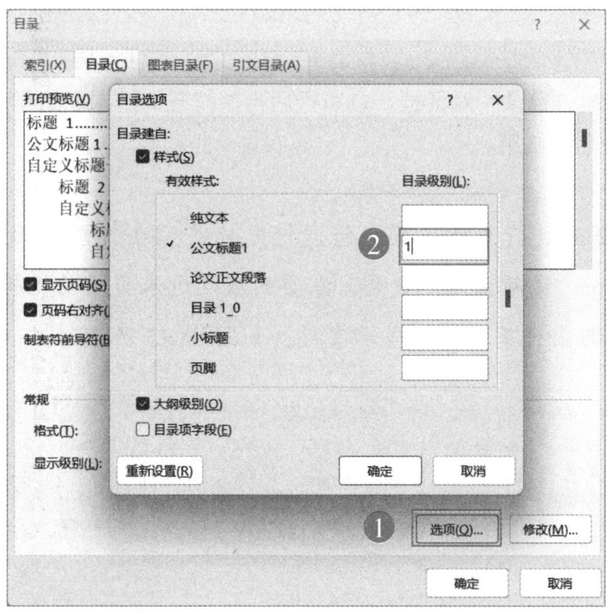

图8-21　删除不需要创建目录的样式

步骤3 在“目录”对话框的“制表符前导符”下拉列表选择最后一项，单击“确定”按钮，就生成了基于标题 1 ~标题 3 样式创建的目录，效果如图 8-22 所示。

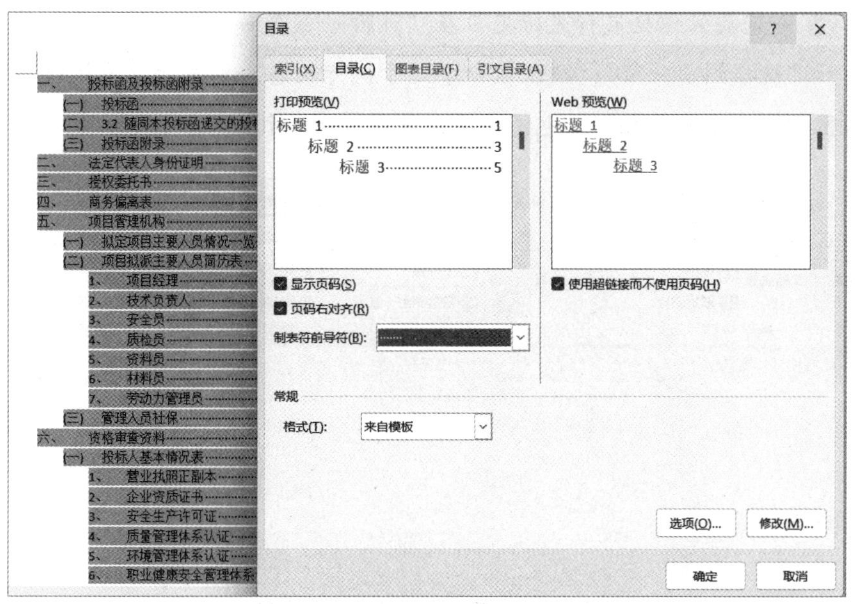

图8-22　选择目录的前导符样式并确定

提示

图 8-22 所示的“目录”对话框，是执行后再次打开的结果。这里是为了读者能看到设置界面以及设置后的结果。

步骤4 目录页面进行页脚设置，将鼠标光标定位在目录页面的任意位置，单击“插入”→“页脚”→“编辑页脚”命令，在页面底端进入页脚的编辑状态，会出现“页脚－第 2 节”与“与上一节相同”提示字样，如图 8-23 所示。

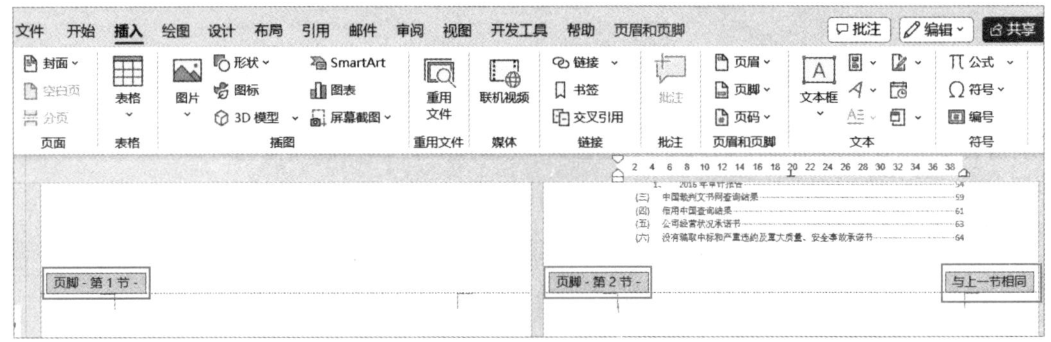

图8-23　目录页的页脚编辑状态

步骤5 一定要注意把鼠标光标定位在“页脚－第 2 节 –”的编辑区，单击“页眉和页脚”→“链接到前一节”，默认该命令处于执行状态，单击后取消执行状态，而在页脚编辑区的“与上一节相同”也消失了，如图 8-24 所示。

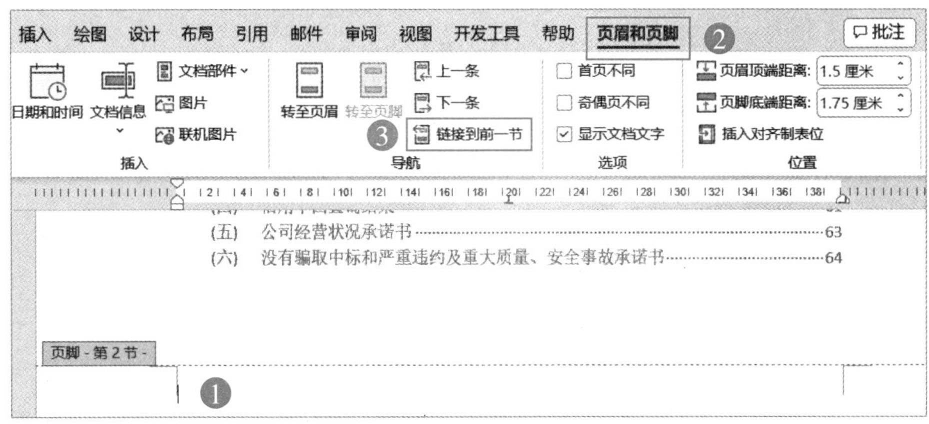

图8-24　取消链接到前一节选择

提示

“链接到前一节”默认处于勾选状态，那么实现的效果是在图 8-24 所示的第 2 节（页眉或页脚）上输入的内容，那么第 1 节（也就是第 1 页的页眉或页脚）也将会出现。

步骤6 依次单击“页眉和页脚”→“页码”→“当前位置”→“普通数字”，插入后默认是以“1,2,3”阿拉伯数字形式显示，再次单击“页眉和页脚”→“页码”→“设置页码格式”，在弹出的“页码格式”对话框,“编号格式”选择“Ⅰ，Ⅱ，Ⅲ…”，在“页码编码”下选择“起始页码：Ⅰ”，如图 8-25 所示。设置完成后单击“页眉和页脚工具”下的“关闭页眉和页脚”，如图 8-26 所示，页脚第 1 节是空白，而如图 8-27 所示，页脚第 2 节则显示罗马数字 I。

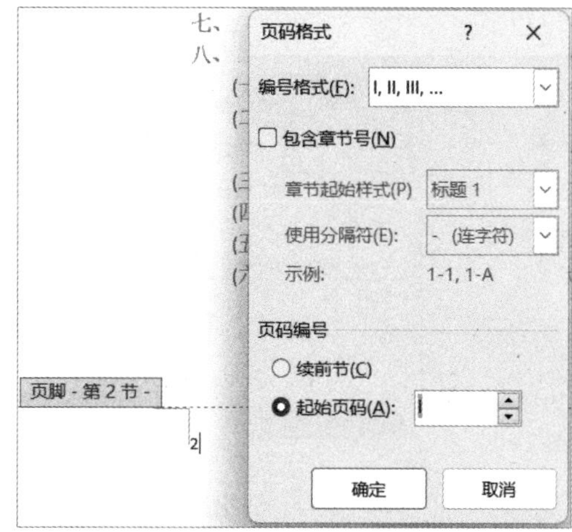

图8-25　插入页码并设置页码的编号形式

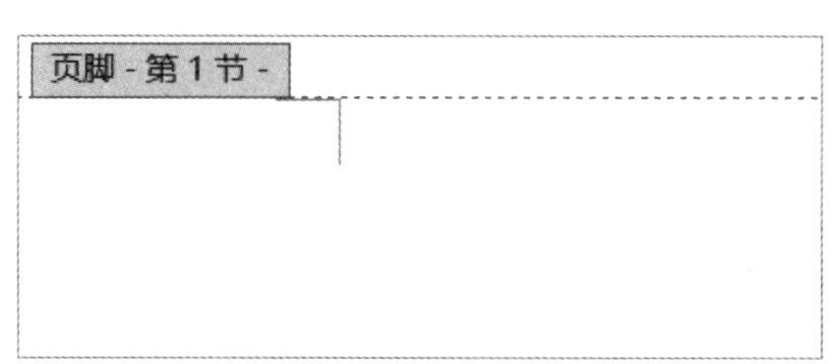

图8-26　页脚第1节空白

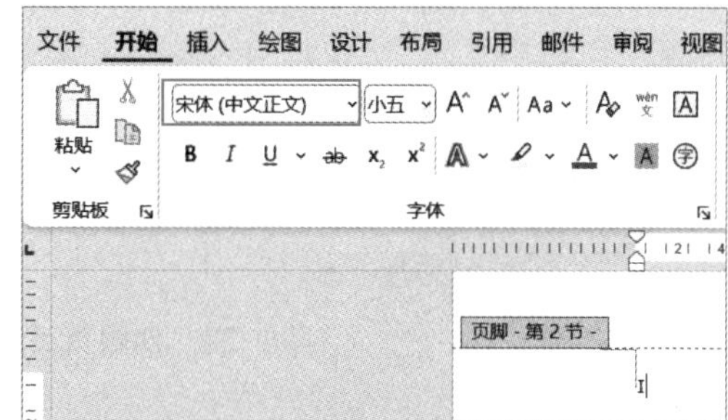

图8-27　页脚第2节显示罗马数字页码

提示

步骤6完成后第1页的页脚是空白的，第2页及以后页面则会显示为罗马数字的形式，但是罗马数字默认显示为 I，这个并不是错误，是因为页脚默认使用的字体是“Calibri（西文正文）”，只需要更改字体为“宋体”即可，如图 8-27 所示。

步骤7 将鼠标光标定位在正文第 1 页（一、投标函……），单击“插入”→“页眉”，在弹出的下拉菜单中选择“编辑页眉”命令，先在“页眉和页脚”选项卡中勾选“奇偶页不同”，如图 8-28、图 8-29 所示，把鼠标光标分别定位在页眉“偶数页页眉 - 第 3 节 -”与“奇数页页眉 - 第 3 节 -”的编辑区域上，单击“页眉和页脚”→“链接到前一节”。

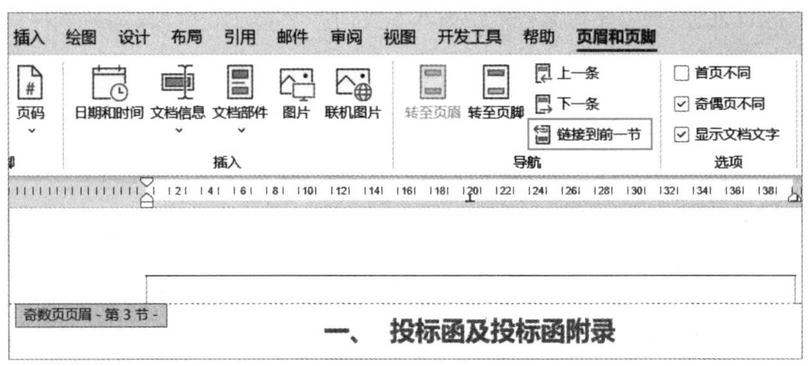

图8-28 奇数页页眉取消链接到前一节选择

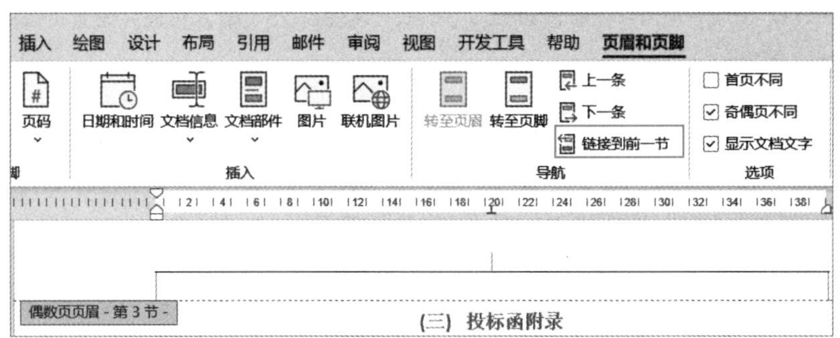

图8-29 偶数页页眉取消链接到前一节选择

步骤8 在页眉的编辑区域上对应的“偶数页页眉 - 第 3 节 -”与“奇数页页眉 - 第 3 节 -”位置，按要求分别输入文字内容，如图 8-30 所示。在步骤 7 去掉了“链接到前一节”，正文的奇偶页有内容，而目录页没有，效果如图 8-31 所示。

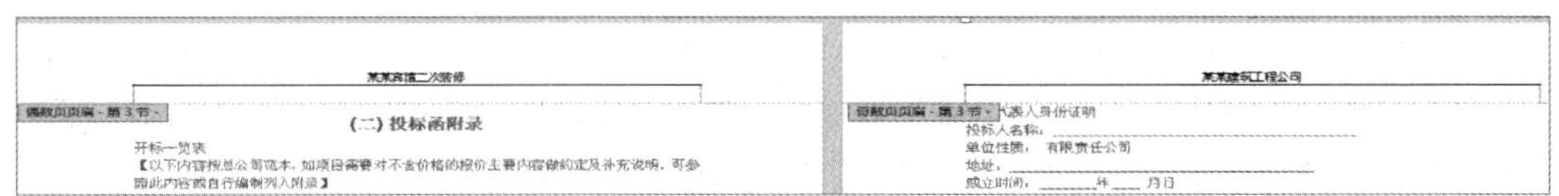

图8-30 分别在奇数、偶数页的页眉输入内容

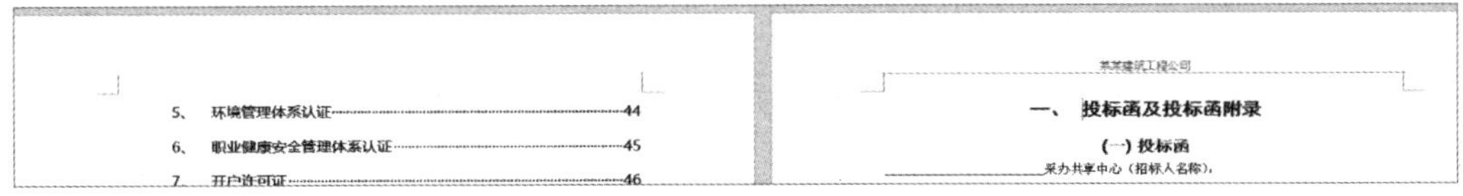

图8-31　目录页没有页眉而正文页有页眉

步骤9 页眉编辑时勾选了“奇偶页不同”，这就需要对页脚再次进行设置，在正文第1页的页脚上双击进入编辑状态，如图8-32所示，在“奇数页页脚－第3节－”会自动生成页码3(Ⅲ)，而目录页所处的“偶数页页脚－第2节－”自动变成空白。

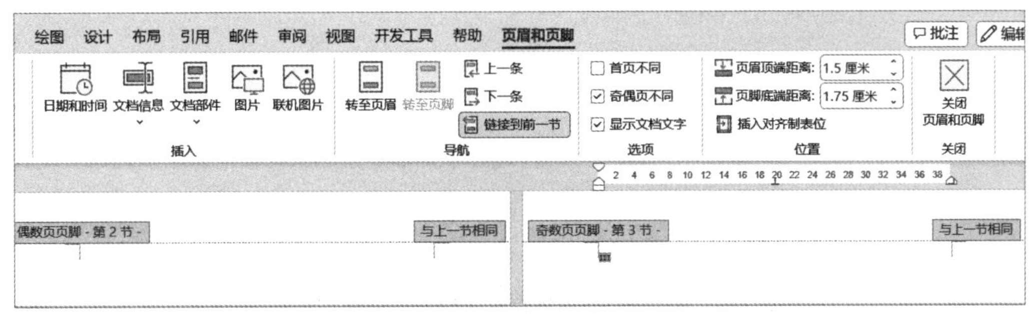

图8-32　勾选“奇偶页不同”后页脚状态

步骤10 将鼠标光标先定位在“奇数页页脚－第3节－”(也就是正文第1页)，单击“页眉和页脚”→“链接到前一节”，去掉“链接到前一节”选择后，再单击“页眉和页脚”→“页码”→“设置页码格式”命令，弹出“页码格式”对话框，在该对话框“编号格式”选择“1,2,3,…”、“页码编码”选择“起始页码：1”，如图8-33所示。

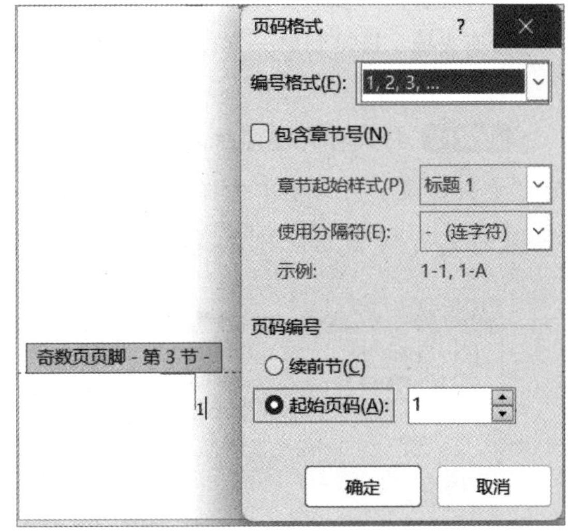

图8-33　设置“奇数页页脚-第3节-”的页码格式

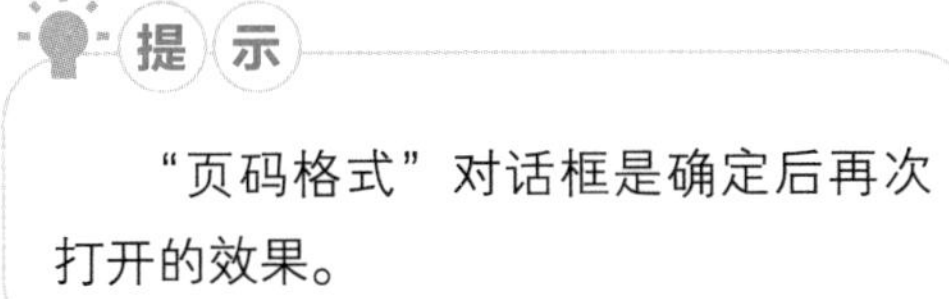

提示

“页码格式”对话框是确定后再次打开的效果。

步骤11 将鼠标光标定位在“偶数页页脚－第2节－”，单击“页眉和页脚”→“链接到前一节”，去掉“链接到前一节”选择后，再单击“页眉和页脚”→“页码”→“当前位置”→“普通数字”，插入后同样需要把页脚的数字设置成“宋体”并且“居中”对齐，如图 8-34 所示。

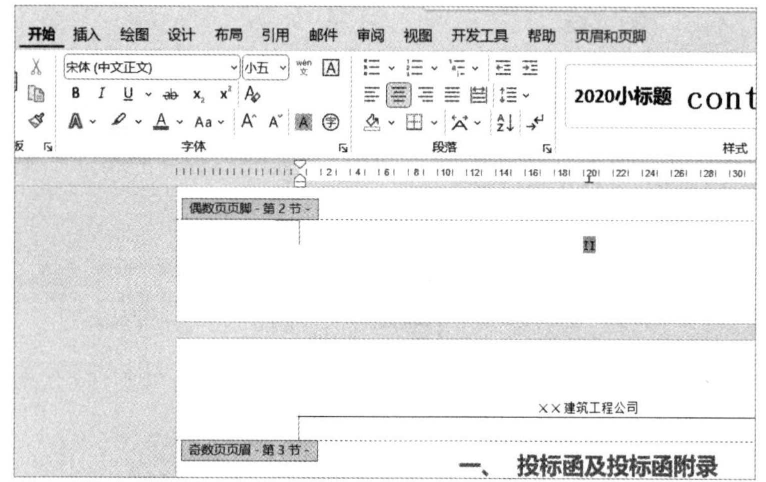

图8-34 为目录页的偶数页页脚插入页码并设置字体

提示

目录页的“偶数页页脚 – 第 2 节 –”插入页码后，“正文偶数页页脚 – 第 3 节 –”由于没有去掉“链接到前一节”，所以页码会自动出现。

 将鼠标光标定位在目录的任意位置，单击“引用”→“更新目录”，在弹出的“更新目录”对话框中选择“更新整个目录”。选定更新后的目录，设置“字体”为“微软雅黑”，完成后的效果如图 8-35 所示。

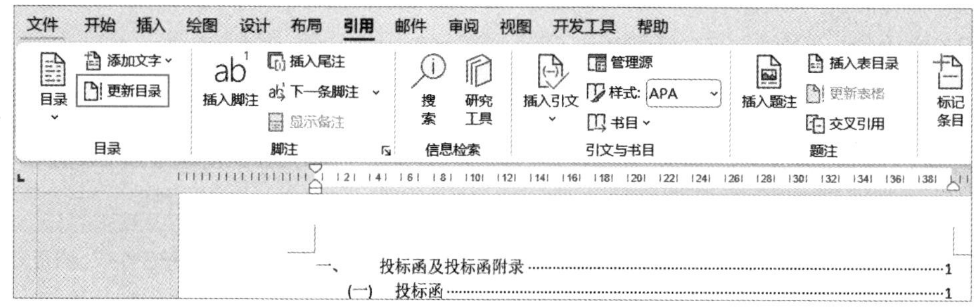

图8-35 更新目录

提示 1

更新目录后原设置的字体大小将恢复成默认状态，需要重新设置。

提示 2

选择更新整个目录是如果正文有新增的标题，包括页码的变化（正文从原来的 3 变成了 1），目录都将变化。

至此完成了标书的排版，完成后的效果如图 8-36、图 8-37 所示。

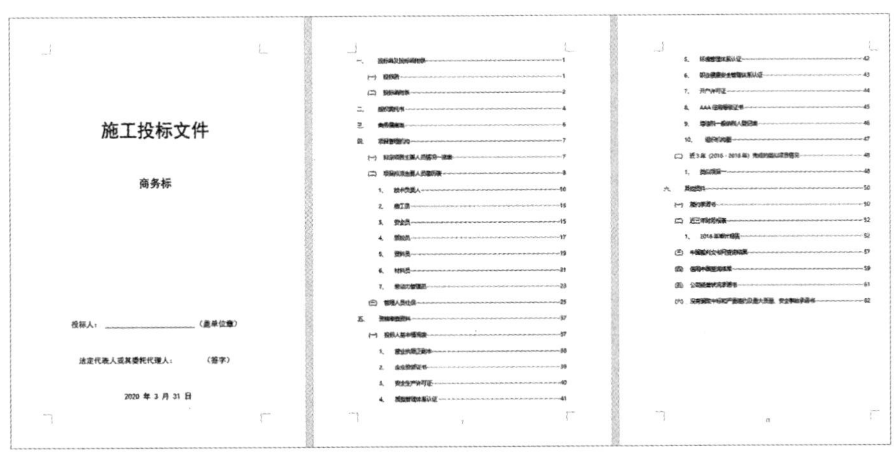

图8-36　标书完成后的效果

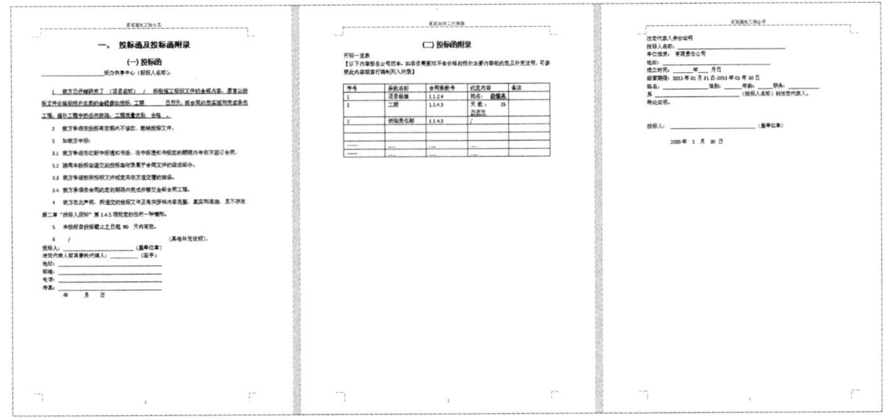

图8-37　标书完成后的效果

8.5 自定义目录的生成与总结

总结一：格式排版使用样式的好处

标书的正文格式设置时一定要使用样式，这样后期修改时比较方便。如需要将标书的标题 1 文字增大一号，并添加下划线。操作方法：在“样式”窗口找到“标题 1”样式，然后单击旁边的下拉三角命令按钮，在弹出的下拉菜单中选择“修改”命令，在弹出的“修改样式”对话框更改格式，更改“字号”为“小二”，并单击“U”下划线按钮，如图 8-38 所示。

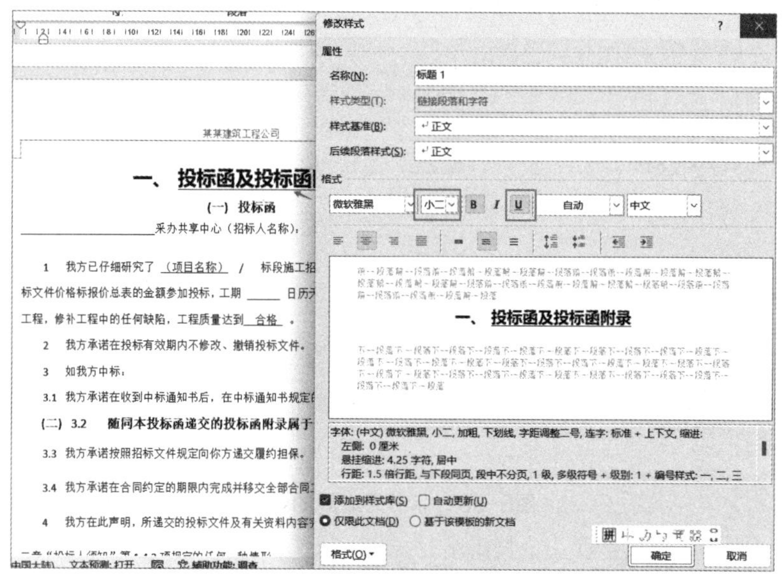

图8-38 修改标题1样式的格式

提示

如图 8-38 所示的“修改样式”对话框，是确定后再打开的效果。

总结二：多级列表关联样式特殊用法

多级列表关联样式后，通常做法是多级列表中的级别 1 关联样式的标题 1，多级列表的级别 2 关联标题 2，依此类推。但是有一种特殊情况，如果标书的一些附录信息需要添加编号，但是又要和正文的标题 1 样式区分。

步骤1 将附录信息的标题添加样式，将鼠标光标定位在标题任意位置，在“样式”窗口单击“标题”，完成后效果如图 8-39 所示。

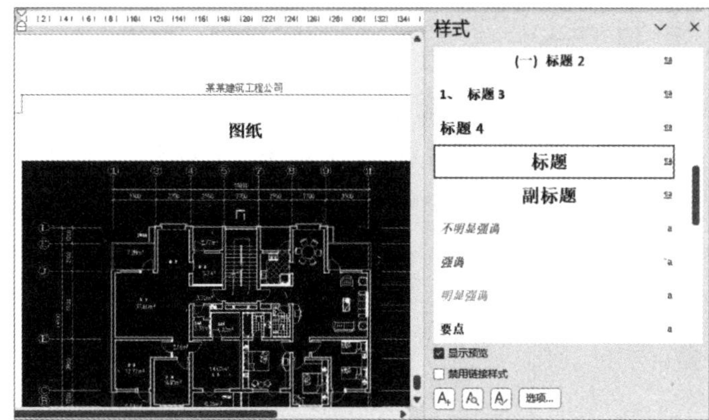

图8-39　段落应用“标题”样式

步骤2 单击“开始”→“多级列表”→“定义新的多级列表”，会弹出“定义新多级列表”对话框，参照 8.2 节，具体设置参照图 8-40 所示，“单击要修改的级别”选择“4”，删除“输入编号的格式”下方文本框的“六 . 六 .1.”，在“此级别的编号样式”下拉列表中选择“i，ii，iii,…”，在“i”前后分别输入“第”和“项”，设置“对齐位置”为“0 厘米”、“文本缩进位置”为“1 厘米”，在“将级别链接到样式”下拉列表选择“标题”，最后单击“确定”按钮。

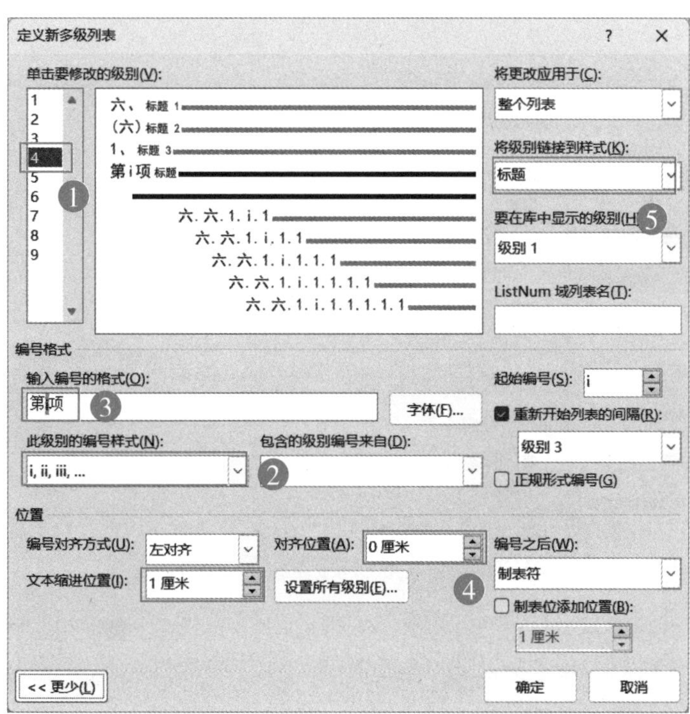

图8-40　定义新多级列表对话框设置级别4关联标题样式

如果下方段落（附录）先使用了样式，在给（定义）段落添加样式后，添加的编号如图 8-41 所示会重复显示，要解决这个问题，只需要给（附录）段落重新应用样式即可。

图8-41　关联后的效果

总结三：目录的增加

在“总结二”新增了需要创建目录的标题样式，而这个样式则是目录的第 1 级，修改的方法为单击“引用”→“目录”→“自定义目录”命令，弹出“目录”对话框，在“目录”对话框中再单击“选项”按钮，在标题样式后输入“1”，确定后的效果如图 8-42 所示。

图8-42　添加标题样式到目录

如图 8-42 所示“目录”与“目录选项”对话框是执行后再次打开的效果。

目录的创建是根据样式，而“目录选项”下的目录级别（输入的数字 1、2、3）决定了目录是否缩进显示。如果是数字 1 则表示是目录 1 级，生成的目录将不缩进。Word 生成的目录使用了自带的 TOC 1 ~ TOC 3（目录 1 ~ 目录 3）样式，如图 8-43 所示，故修改目录的格式（例如加粗文字）需要修改对应的样式。

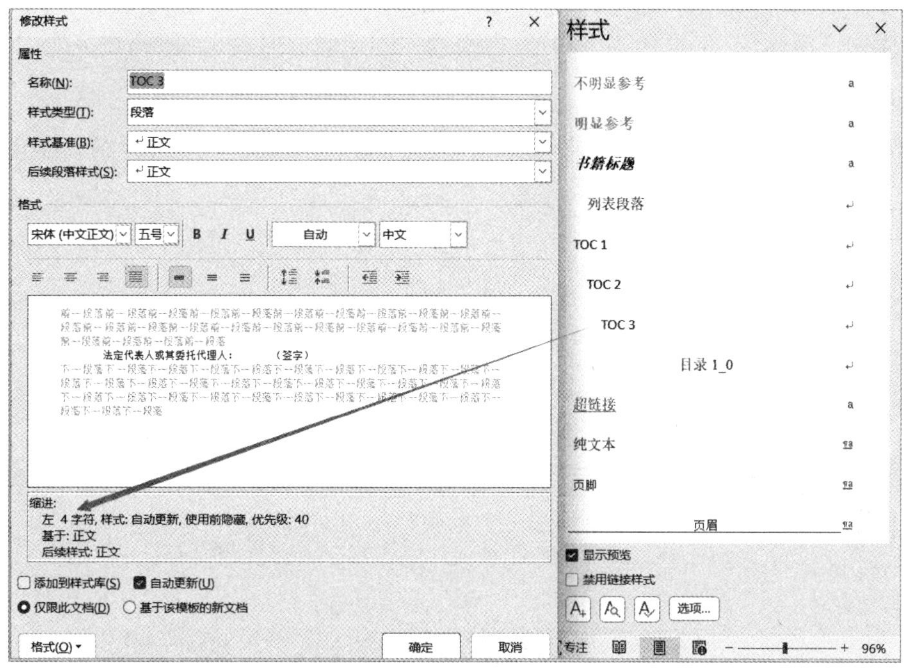

图8-43　设置目录样式的格式

总结四：节的控制

使用节可以设置与文档其他部分不同的格式，例如不同的页眉、页脚、页码，在对长文档进行排版时一定要先对创建的节进行规划。

总结起来无外乎以下几种情况。

- 首页是封面，单独处于一节。
- 目录需要单独处于一节。

- 正文单独处于一节，如果需要按章节显示不同的页眉，则需要对每一章节创建一个节。节创建好后，在创建页眉与页脚时，会按节显示，如“页眉：第 1 节”“页眉：第 2 节”等，默认在第 1 节输入页眉内容，那么第 2 节同样也会有内容。这是因为默认勾选了“链接到前一节”，此时，只需要在第 2 节去掉“链接到前一节”的勾选就可以。

举一反三

（1）创建控制正文段落的样式，具体格式要求如下：

字体为“黑体”、字号为“小四”、行距为“固定值：20 磅”、段落对齐为“两端对齐”并首行缩进两个字符。

（2）创建一个目录，而该目录只包含自定义标题一样式、自定义标题二样式。

05篇

综合案例与 AI 助力

第 9 章

商业计划书的排版

商业计划书通常篇幅较长，并且需要插入图片、表格、图表等元素，这增加了排版的难度。通过本章的学习，读者可以学会灵活运用“样式”来提高商业计划书的排版效率。同时，本章重点介绍了如何高效使用表格、如何呈现图表数据，以及如何设计和重用页眉与页脚等内容。通过学习本章，读者将全面掌握长文档排版所需的知识，能更好地完成商业计划书的排版工作。

本章主要学习知识点

· 样式的使用方法
· 图表、表格的使用方法
· 节的作用
· 页眉与页脚的使用方法
· 目录的制作方法
· 脚注与尾注的使用方法

9.1 样式的创建、修改与应用

样式是长文档排版的基石，之前在长文档排版篇已经讲解过使用它的好处与作用，本节将讲解该文档如何使用 Word 软件自带的（标题 1 ~ 标题 3、题注、TOC1）样式，同时还需要为正文新建样式。自带样式与新建样式需要做以下格式设置。

- 标题 1：“思源黑体 CN Heavy”“蓝色”“三号”“行距：固定值 35 磅”“段落间距：段前与段后均为 6 磅”“左侧缩进：10 字符”，其余默认。
- 标题 2：“思源黑体 CN Heavy”“蓝色”“四号”“行距：固定值 30 磅”“段落间距：段前与段后均为 6 磅”“左侧缩进：10 字符”，其余默认。
- 标题 3：“思源黑体 CN Heavy”“蓝色”“小四”“行距：固定值 30 磅”“段落间距：段前与段后均为 6 磅”“左侧缩进：10 字符”，其余默认。
- 题注：“思源黑体 CN Light”“四号”“加粗”，其余默认。

- 计划书正文（新建样式）：“思源黑体 CN Light”“五号”“特殊：首行缩进 :2 字符”“行距：固定值 22 磅”“段落间距：段前与段后均 6 磅”“左侧缩进：10 字符”。

现在通过下述步骤，更改上述样式的格式与新建样式，使之符合要求。

为了读者练习方便，素材文档中凡是红色标示的段落使用标题 1 样式。

步骤1 按“Ctrl+Alt+Shift+S”快捷键打开样式窗口，先单击“标题 1”样式旁边下拉三角按钮，在弹出的快捷菜单中选择“修改”命令，弹出“修改样式”对话框，先按格式要求通过“快速格式”命令按钮组设置“字体、字号、字体颜色”，然后单击“格式”下拉三角按钮，弹出“段落”对话框，完成设置具体段落格式，如图 9-1 所示，设置后单击“段落”对话框的“确定”按钮。

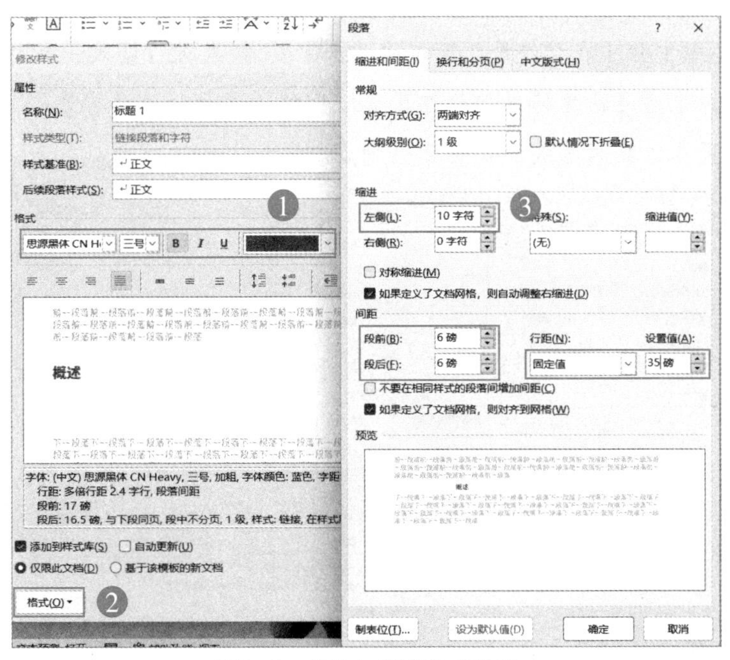

图9-1　字体与段落格式设置

步骤2 在“修改样式”对话框，再次单击下方“格式”按钮，在弹出的快捷菜单中选择“边框”命令，弹出“边框和底纹”对话框，如图 9-2 所示，“颜色”下选择“蓝色”、“宽度”选择“1.5 磅”，单击“下边框”，最后单击“确定”按钮。

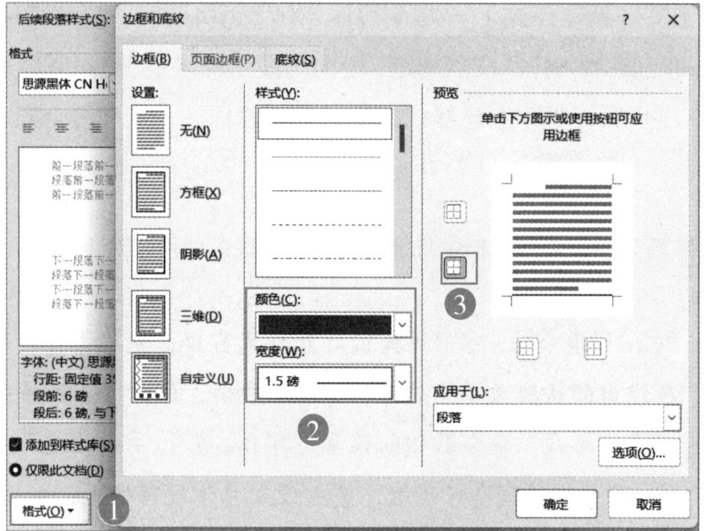

图9-2　标题1样式的边框设置

步骤3 参照步骤1在“样式”窗口对“标题2”样式进行修改，在打开的“修改样式”对话框中，先通过快速格式按钮组设置“字体、字号、字体颜色”，然后打开“段落”对话框设置具体段落格式，如图9-3所示。

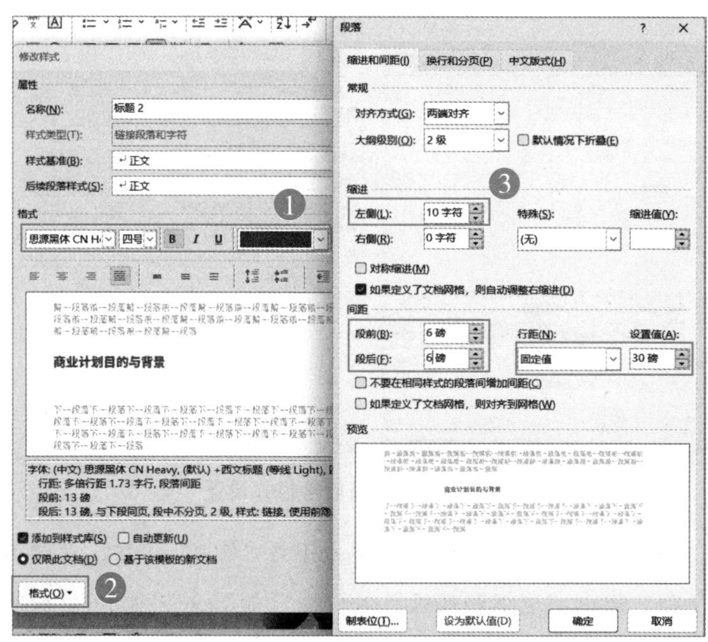

图9-3　标题2样式设置

步骤4 参照步骤 1 在“样式”窗口对“标题 3”样式进行修改，在打开的“修改样式”对话框中，先通过快速格式按钮组设置“字体、字号、字体颜色”，然后打开“段落”对话框设置具体段落格式，如图 9–4 所示。

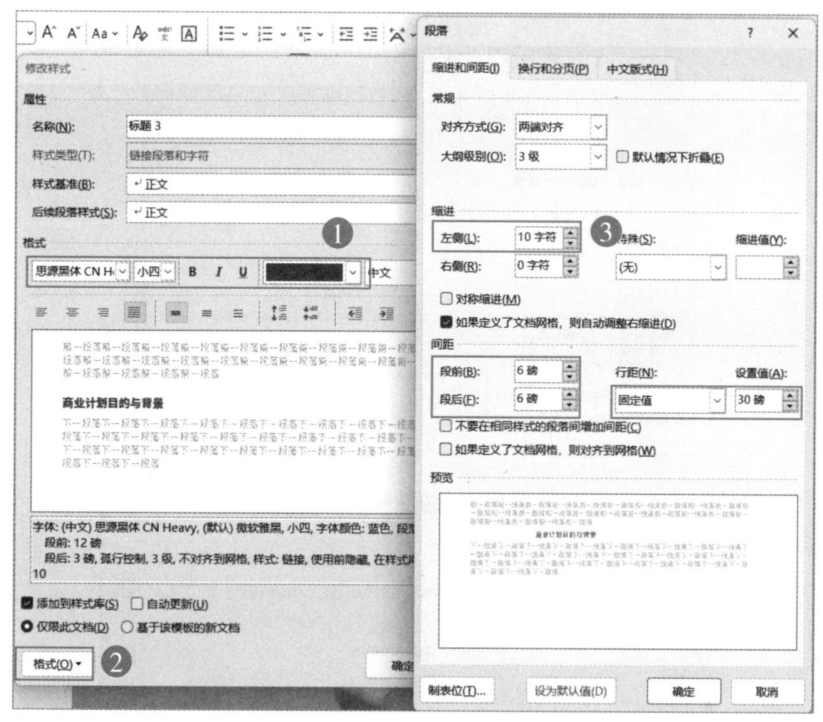

图9-4　标题3样式设置

步骤5 参照步骤 1 在“样式”窗口对“题注”样式进行修改，在打开的“修改样式”对话框中，通过快速格式按钮组设置“字体、字号”并单击“加粗”按钮，如图 9–5 所示。

步骤6 单击“样式”窗口的下拉三角按钮，先单击“创建样式”按钮，再单击“修改”，弹出“根据格式化创建新样式”对话框，如图 9–6 所示，更改名称为“计划书正文”，快速格式按钮组设置“字体、字号”，然后打开“段落”对话框设置具体段落格式。

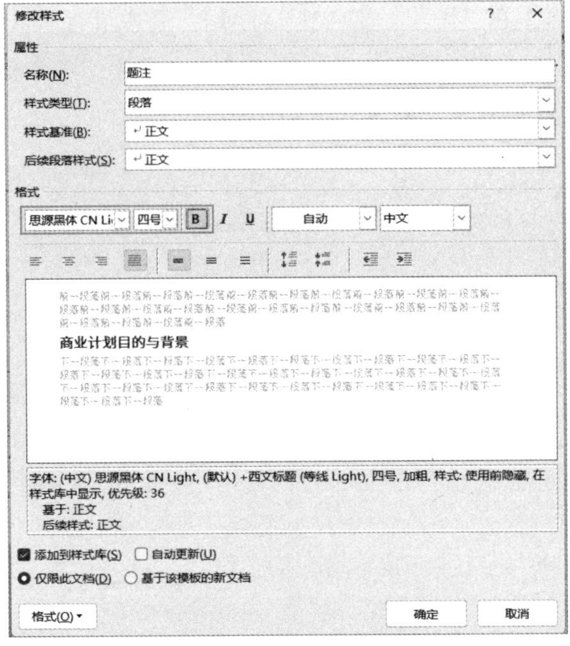

图9-5 题注样式设置

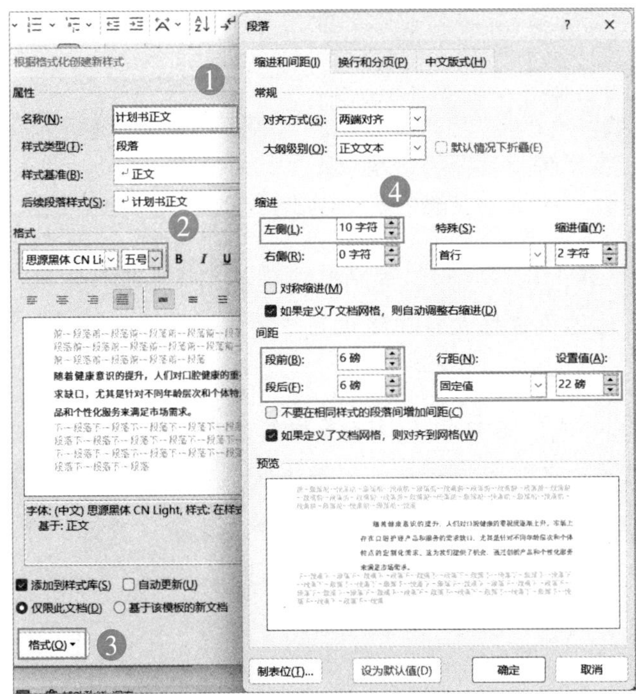

图9-6 新建样式的设置

步骤7 将鼠标光标定位到标红段落任意位置，依次单击“开始”→“选择”→“选定所有格式类似的文本”，然后在“样式”窗口单击“标题 1”样式这样就可以把标题 1 样式应用到所有选择的段落，如图 9-7 所示。

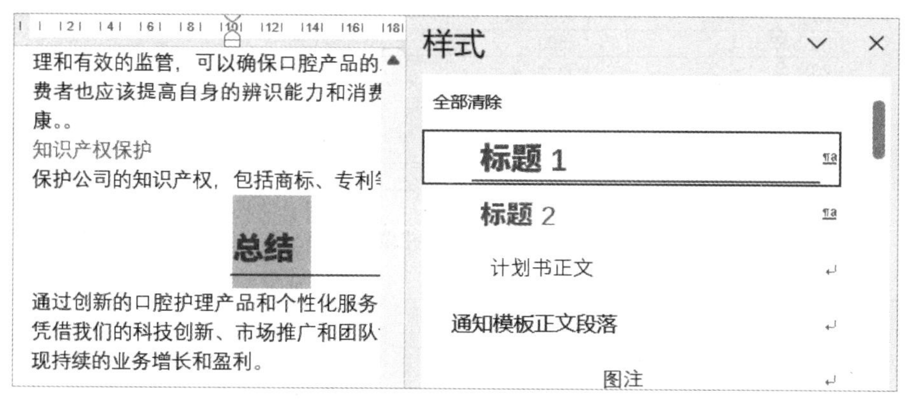

图9-7　选定段落应用样式

提 示

通过“选定所有格式类似的文本”命令，可以把所有格式一致的段落快速选定，段落字体标红，是笔者为了读者朋友学习方便，但在实际工作应用中是需要将每个标题段落选定后，再单击具体的样式。

步骤8 参照步骤 7 快速选定文字是绿色的段落，单击“标题 2”样式，同样将文字是蓝色的段落快速选定，单击“标题 3”样式，再依次选定正文段落，单击“计划书正文”样式。

9.2　表格的高效使用

商业计划书文档内有大量的表格，并且格式比较统一，本节将讲解如何使用表格样式来完成高效排版，同时还会讲解图片如何结合表格进行排版。

示例一：为表格添加样式

步骤1 依次单击“插入”→“表格”→“插入表格”，弹出“插入表格”对话框，更改“列数”为“3”，“行数”为“7”，选择“根据窗口调整表格”，然后单击“确定”

按钮，表格插入后在单元格内依次填写内容，完成后效果如图 9-8 所示。

我们的目标市场是全球口腔医疗行业，包括牙科诊所、口腔医院、义齿加工店等。我们的产品也将面向广大消费者，以满足他们对口腔健康和美容的需求。

年份	市场规模	增长率
2015 年	2500	10%
2016 年	3650	15%
2017 年	4520	18%
2018 年	4236	17%
2019 年	4750	19%
2020 年	5200	21%

图9-8 插入表格并填写内容

步骤2 鼠标光标定位在表格内，然后依次单击“表设计”→“表格样式”→“新建表格样式”，弹出“根据格式化创建新样式”对话框，如图 9-9 所示，名称更改为“计划书表格”，“字体”设置为“思源黑体 CN Light”、边框依次选择“内部框线、下框线、上框线”。

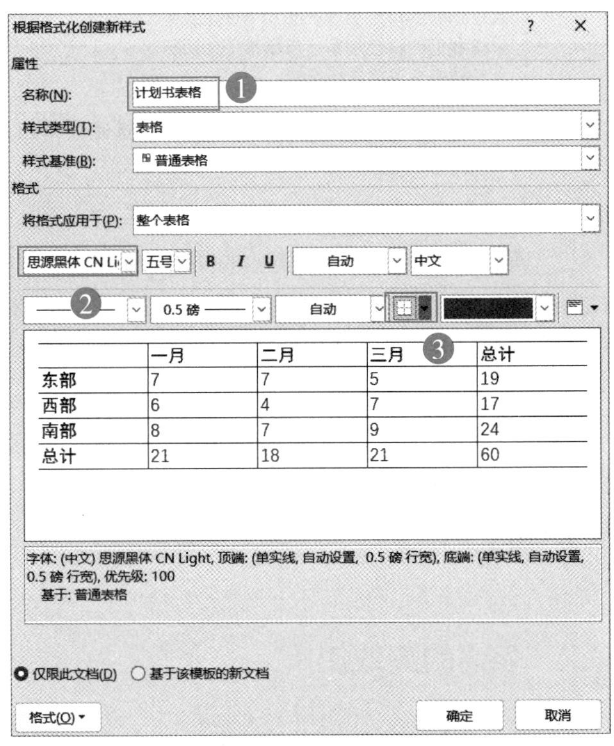

图9-9 创建表格样式

步骤3 “根据格式化创建新样式”对话框处于打开状态，如图 9-10 所示，先将“将格式应用于”选择为“标题行”，然后更改“填充颜色”为“蓝色”，字体颜色为“白色，背景 1”。

步骤4 “根据格式化创建新样式”对话框处于打开状态，如图 9-11 所示，先将“将格式应用于”选择为“偶条带行”，然后更改“填充颜色”为“蓝色，个性色 1，淡色 80%”，然后单击“确定”按钮。

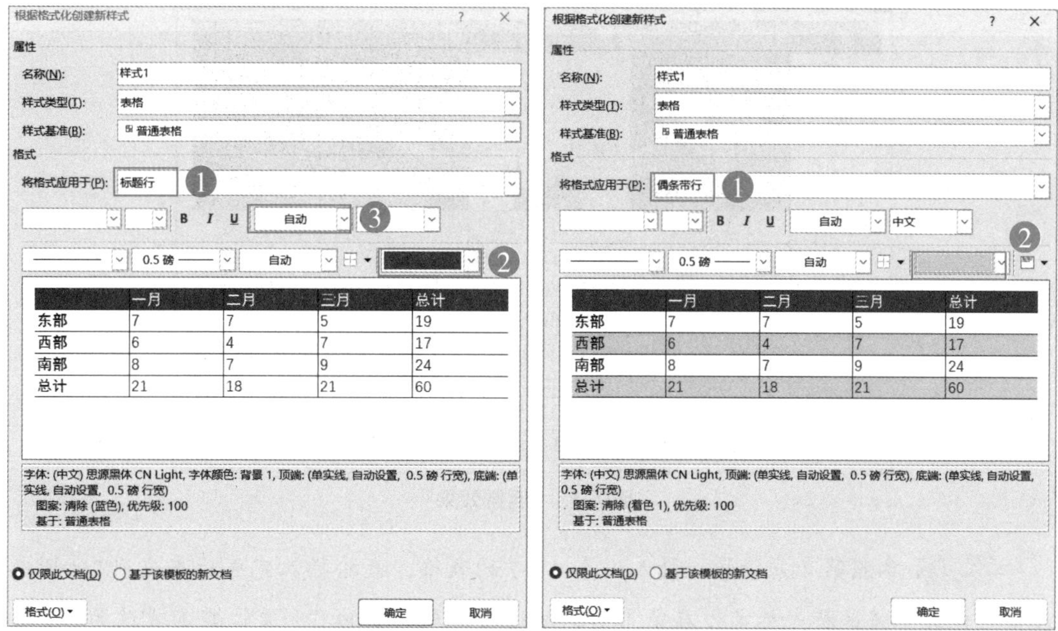

图9-10　设置标题行　　　　图9-11　设置偶数行

步骤5 如图 9-12 所示，将鼠标光标定位在表格任意单元格内，单击“表设计”，在“表格样式”下单击“计划书表格”样式即可为表格添加样式，以后再创建表格按此操作即可。

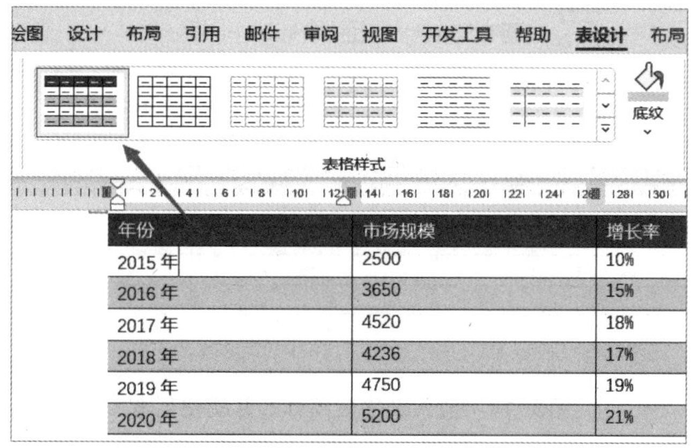

图9-12　表格添加样式

示例二：表格完成图文混排

该示例将讲解如何通过表格完成如图 9-13 所示图文混排的效果。

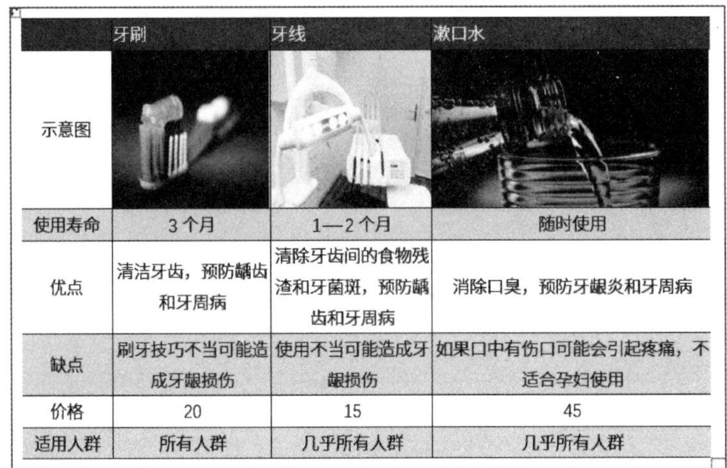

	牙刷	牙线	漱口水
示意图			
使用寿命	3 个月	1—2 个月	随时使用
优点	清洁牙齿，预防龋齿和牙周病	清除牙齿间的食物残渣和牙菌斑，预防龋齿和牙周病	消除口臭，预防牙龈炎和牙周病
缺点	刷牙技巧不当可能造成牙龈损伤	使用不当可能造成牙龈损伤	如果口中有伤口可能会引起疼痛，不适合孕妇使用
价格	20	15	45
适用人群	所有人群	几乎所有人群	几乎所有人群

图9-13　混排效果

步骤1 参照第 4 章所学，插入一个 4×7 的表格，表格插入完成后先应用“计划书表格”样式，将鼠标光标定位在第 1 列，通过“布局”下的“列宽”将其更改为“2 厘米”，同样的操作更改第 2 列与第 3 列为“3.5 厘米”，第 4 列为“6 厘米”，完成后效果如图 9-14 所示。

图9-14　插入表格应用样式并调整列宽

步骤2 选定表格，如图 9-15 所示，依次单击“布局”“单元格边距”，在弹出的“表格选项”对话框中，分别更改“默认单元格边距”下的左右为“0 厘米”，去掉“自动重调尺寸以适应内容”的勾选，单击“确定”按钮。

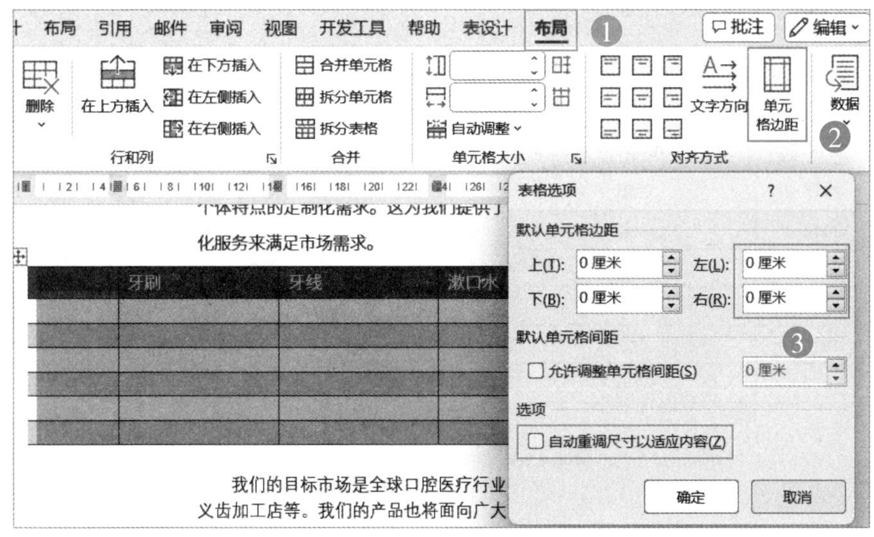

图9-15　设置表格选项

去掉“自动重调尺寸以适应内容”的勾选后，在单元格内插入图片，图片的宽度会自动适应当前列的宽度。

最后参照之前所学的章节，在对应的单元格中插入图片（图片环绕方式为“嵌入型”），然后输入文字并调整文字在单元格的对齐方式为“水平居中”。

9.3　灵活地处理图表呈现数据

Word 呈现图表数据有两种方式：一种为直接插入图表；另一种可以先在 Excel 中完成后再复制粘贴到 Word 中并实现数据同步变化。如果读者朋友想学习更多关于图表的知识，建议阅读 Excel 方面的书籍。

示例一：直接插入图表法

我们将通过如图 9-16 所示的柱形图来学习该方法，簇状柱形图可以表现不同时间或不同类别之间数据的大小变化与差异。

步骤1 依次单击“插入”→“图表”，弹出“插入图表”对话框，默认选择的是簇状柱形图，直接单击“确定”按钮，如图 9-17 所示，这时工作区就会出现“Microsoft Word 中的图表”窗口与对应的图表。

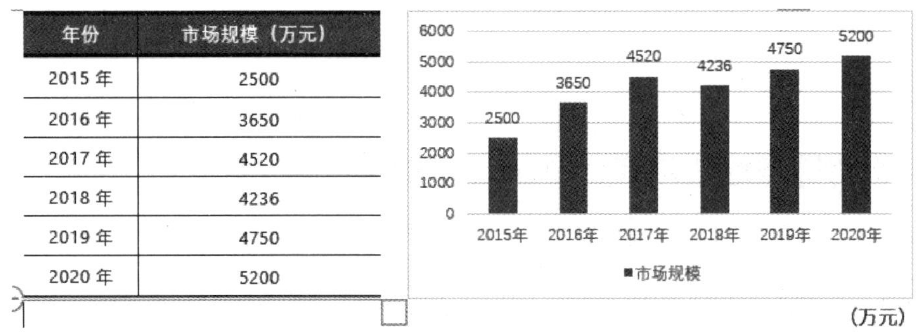

年份	市场规模（万元）
2015 年	2500
2016 年	3650
2017 年	4520
2018 年	4236
2019 年	4750
2020 年	5200

图9-16　图表完成后的效果

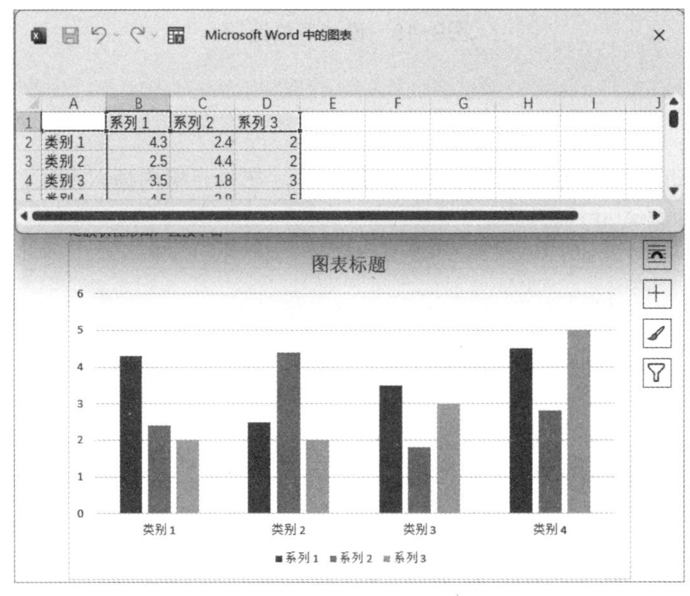

图9-17　插入图表

步骤2 如图 9-18 所示，将 Word 中准备好的表格选定后复制（Ctrl+C），然后在“Microsoft Word 中的图表”窗口单击 A1 单元格粘贴（Ctrl+V），最后删除 C 列与 D 列的数据，完成后单击“关闭”按钮。

步骤3 如图 9-19 所示，选定图表，单击“+”按钮，在“图表元素”快捷菜单中取消勾选“图表标题”复选项，然后再单击“数据标签”→“数据标签外”。

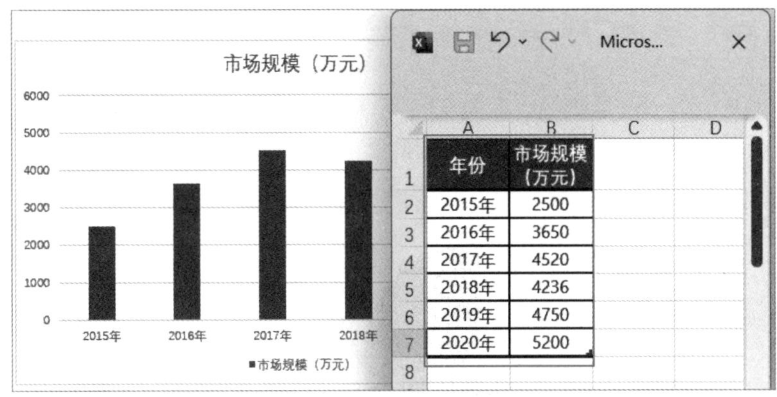

图9-18　准备数据

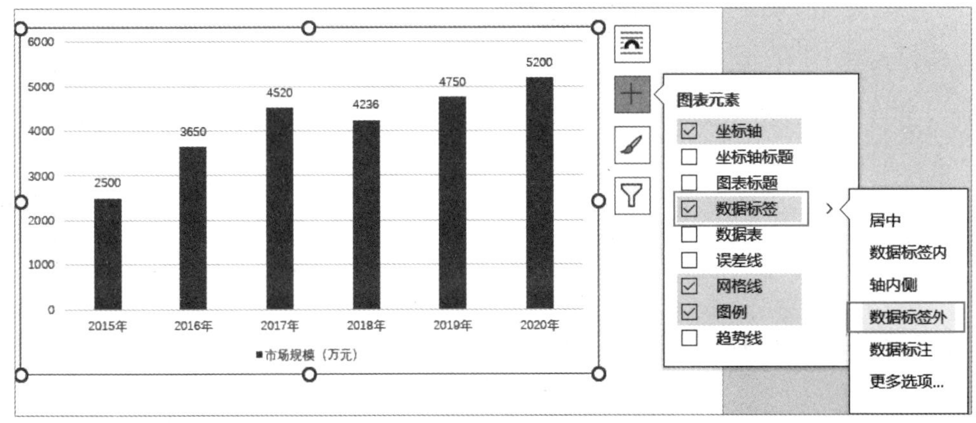

图9-19　添加与减少图表元素

提示

图表在 Word 中的布局方式同图片是一样的，也可以设置如“四周型”“上下型”方式等。

示例二：复制粘贴图表法

先在 Excel 程序中制作好图表，如图 9-20 所示，将图表选定并复制（Ctrl+C），然后到 Word 软件中，如图 9-21 所示，依次单击“开始”→“粘贴”→“保留源格式和链接数据”，粘贴后，如果在 Excel 中图表有变化，Word 粘贴后的图表也会自动变化。

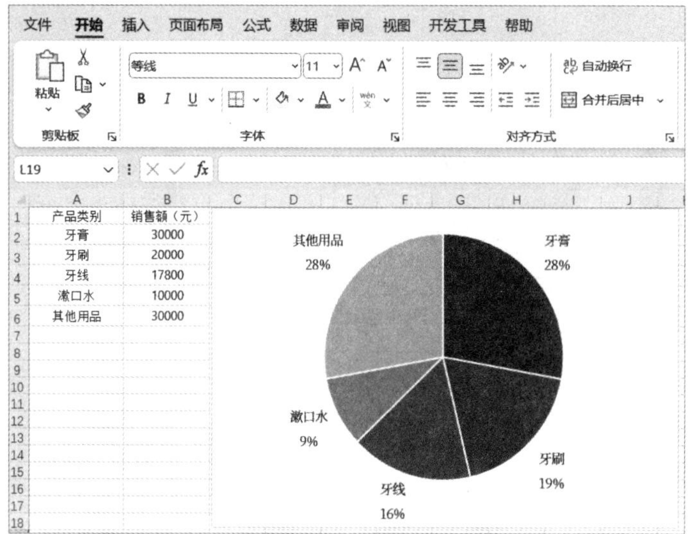

图9-20 Excel程序制作图表

图9-21 Word文档粘贴图表

9.4 设计并重用页眉与页脚

本章节页眉与页脚同样需要做不同的设置，需要通过“节”的控制来实现，具体要求如下：

- 第一页商业计划书封面，不需要设置页眉页脚；
- 目录页页眉左侧显示目录，右侧显示标题，页脚上的页码采用罗马数字形式；
- 正文章节页眉左侧显示章节名称，右侧显示标题；
- 正文章节页脚上的页码采用阿拉伯数字形式，并要求页码从 1 开始。

步骤1 将鼠标光标定位到第一个标题（概述）前边，然后按两次“Ctrl+Enter”快捷键，强制性分出两页空白页，参照之前章节所学排版出如图 9-22 所示的封面页。

步骤2 如图 9-23 所示，将鼠标光标定位在第 2 页空白页上，然后依次单击“布局”→“分隔符”→“连续”，再把鼠标光标定位在正文页最开始的位置执行同样的操作。

步骤3 将鼠标光标定位在第 2 页空白页上，依次单击“插入”→“页眉”→“编辑页眉”，会自动进入页眉编辑状态，再依次单击“页眉和页脚”→“链接到前一节”。再更改“页眉顶端距离”为“1.5 厘米”，如图 9-24 所示。

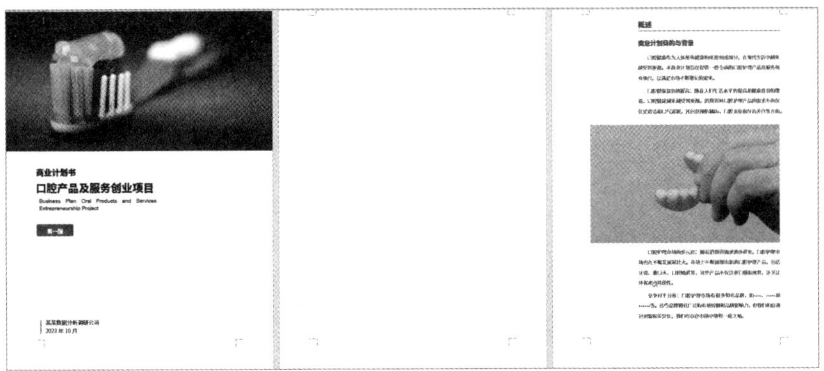

图9-22　分页并制作封面页

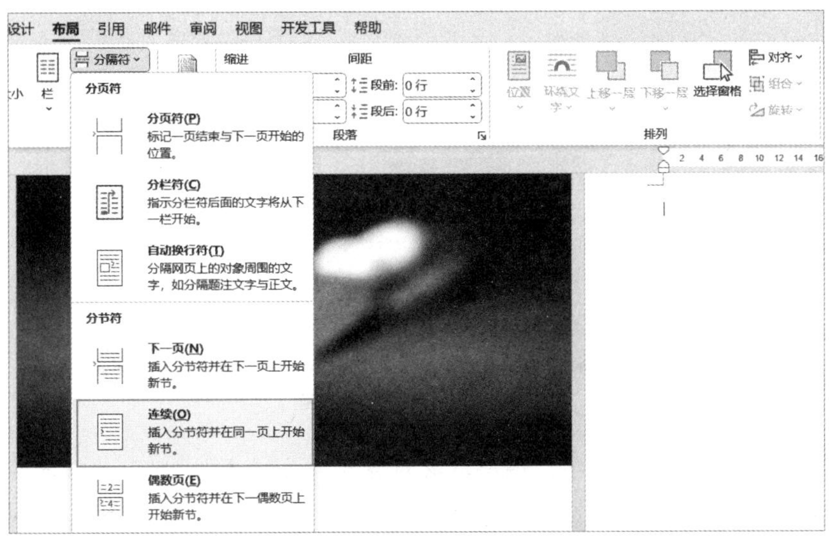

图9-23　创建节

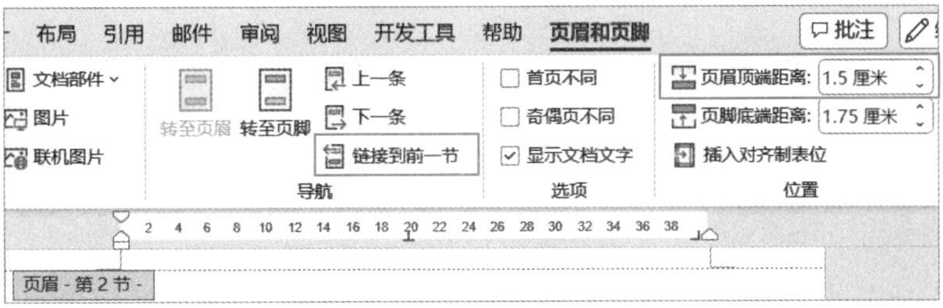

图9-24　去掉页眉链接

步骤4 页眉处在编辑状态，打开“样式”窗口，参照之前所学，修改“页眉”样式，单击修改样式对话框的“格式”按钮，在弹出的快捷菜单中选择“边框”命令，弹出“边框和底纹”对话框，更改“边框”颜色为“蓝色”、“宽度”为“2.25 磅”，单击下框线应用，如图 9-25 所示。

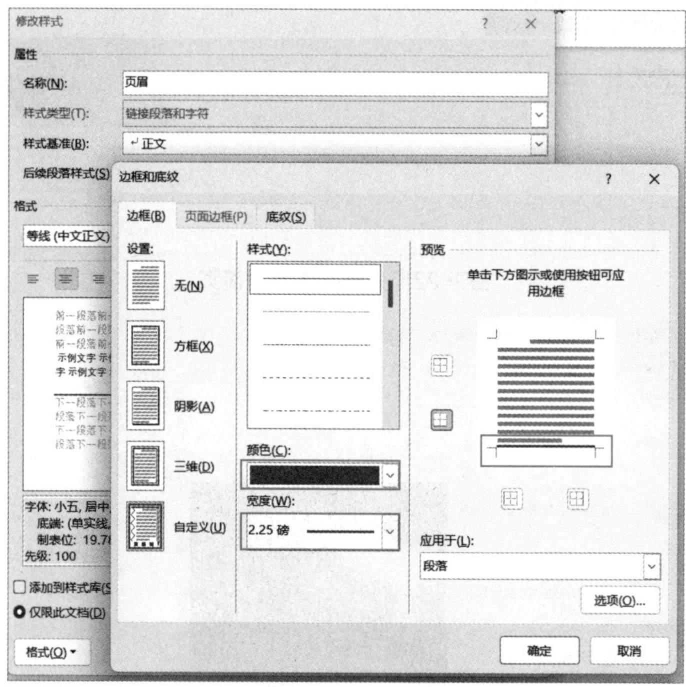

图9-25 设置页眉边框

步骤5 输入“目录”两字，调整段落对齐为“左对齐”、字体为“思源黑体 CN Light”、字号为“五号”，然后在页眉右侧合适位置绘制一个文本框输入标题并设置字体为“思源黑体 CN Light”，完成后效果如图 9-26 所示。

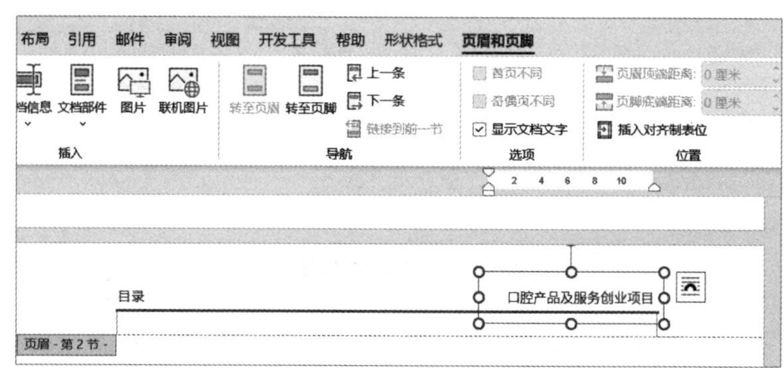

图9-26 设置页眉文字

提示

右侧使用文本框，是为了让标题文字固定在当前位置，而不受左边文字的影响。

步骤6 依次单击“页眉和页脚”→“下一条”，再单击“链接到前一节”，最后单击“文档部件”→“域”，弹出“域”对话框，如图9-27所示，“类别”下选择“链接和引用”，“域名”下选择“StyleRef”，“域属性”下选择“标题1”。

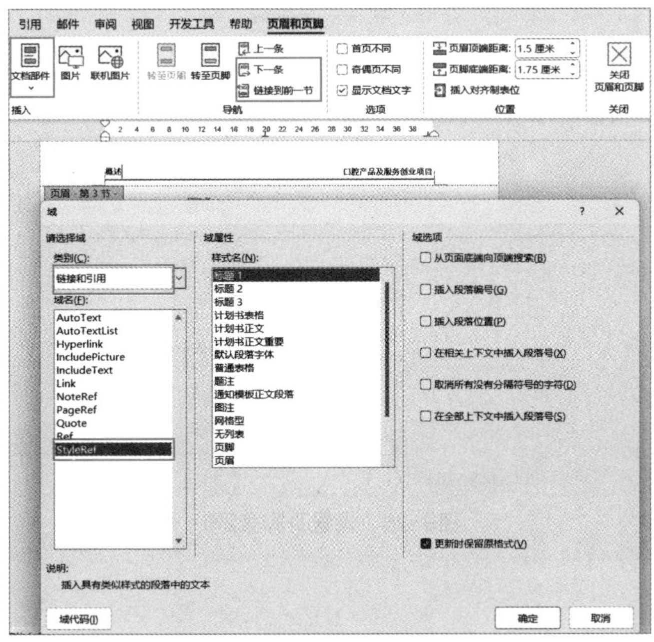

图9-27　为页眉添加标题1文字

提示 1

如图9-27所示，“域”对话框是执行后再打开的效果。

提示 2

步骤2创建节时，会在标题1“概述”上方自动产生一个空白段落，并且应用了标题1样式，如果该步骤执行后当前页没有显示标题1文字，只需要把空白段落删除或者清除空白段落的样式即可。

步骤7 将鼠标光标定位到“页脚－第 2 节－”，单击“链接到前一节”，绘制线条设置“颜色”为“蓝色”，“粗细”为“2.25 磅”，依次单击“页眉和页脚”→“页码”→“当前位置”→“普通数字”，再次单击“页码”→“设置页码格式”，弹出“页码格式”对话框，编号格式选择“I,II,III,⋯”，页码编码下选择“起始页码”，然后单击“确定”按钮，将页码选定调整段落对齐为“右对齐”、“字体”为“宋体”，绘制文本框输入标题并设置“字体”为“思源黑体 CN Light”，如图 9–28 所示。

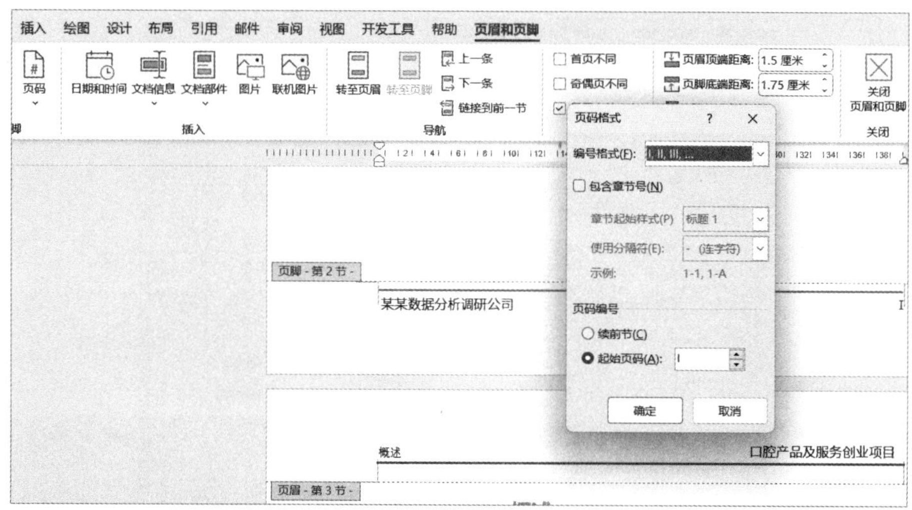

图9–28 设置页脚第2节

如图 9–28 所示“页码格式”对话框是执行后再打开的效果。

步骤8 依次单击“页眉和页脚”→“下一条”，将鼠标光标定位到“页脚－第 3 节－”，单击“链接到前一节”，再依次单击“页码”→“设置页码格式”，会弹出“页码格式”对话框，页码编码下选择“起始页码（A）：1”，然后单击“确定”按钮，如图 9–29 所示。

提示

如图 9–29 所示“页码格式”对话框是执行后再打开的效果。

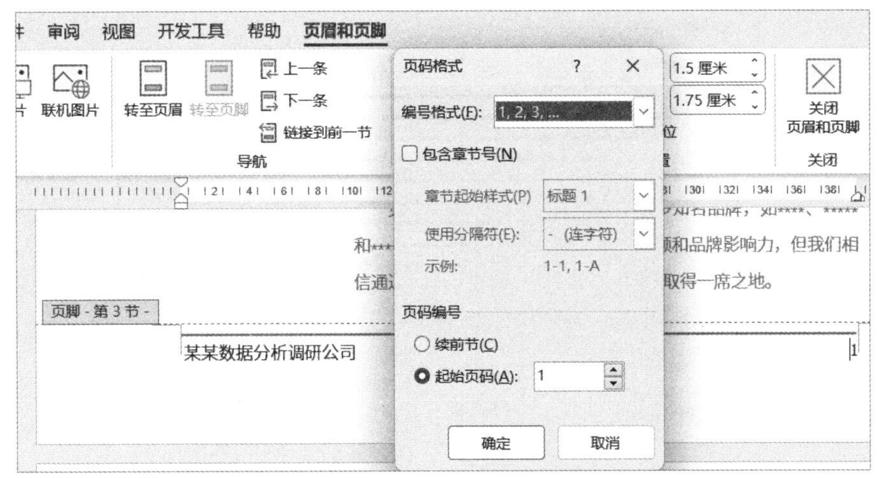

图9-29　设置页脚第3节

最后依次单击“页眉和页脚”→“关闭页眉和页脚”完成所需设置。

9.5　自动生成图表与正文目录

正文目录多数情况是根据标题 1 ~ 标题 3 生成的，图表目录是根据题注生成的，而生成的正文目录还需要为标题添加编号，示例如下，应用标题 1 样式，编号形式为“1”“2”“3”等；应用标题 2 样式，编号形式为“1.1”“2.1”“2.2”“2.3”等；应用标题 3 样式，编号形式为“1.1.1”“2.2.1”“2.2.2”“2.2.3”等。

步骤1 单击“开始”→“多级列表”，在弹出的下拉菜单中选择“定义新的多级列表”命令，会弹出“定义新多级列表”对话框，如图 9-30 所示，左侧级别默认选择的就是“1”，然后单击“更多”按钮，在“将级别链接到样式”下拉列表中选择“标题 1”，编号之后选择“空格”，“文本缩进位置”为“0 厘米”。

步骤2 如图 9-31 所示，在“单击要修改的级别”下单击选择“2”，默认的编号形式就是需要的“1.1”，但是还需要修改几项设置：一是“对齐位置”改为“0 厘米”，二是“文本缩进位置”改为“0 厘米”，三是在“将级别链接到样式”下拉列表中选择“标题 2”，四是将“编号之后”选择“空格”。

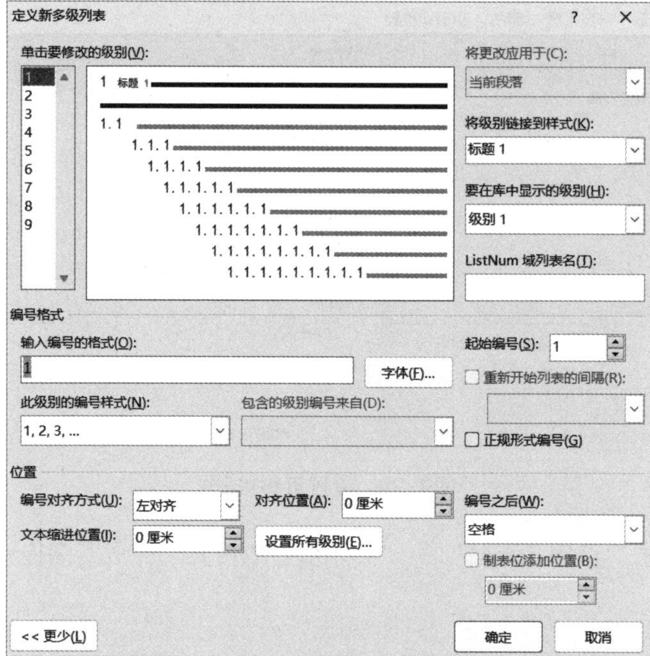

图9-30　多级列表的级别1关联标题1样式

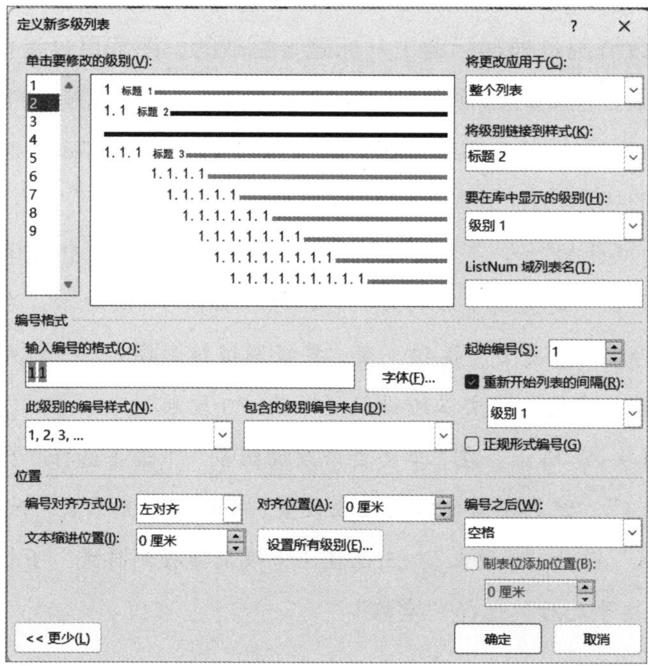

图9-31　多级列表级别2的编号关联标题2样式

步骤3 如图 9–32 所示，在“单击要修改的级别”下单击选择“3”，默认的编号形式就是需要的“1.1.1”，但是还需要修改几项设置：一是“对齐位置”改为“0 厘米”，二是“文本缩进位置”改为“0 厘米”，三是在“将级别链接到样式”下拉列表中选择“标题 3”，四是将“编号之后”选择“空格”，最后单击“确定”按钮。

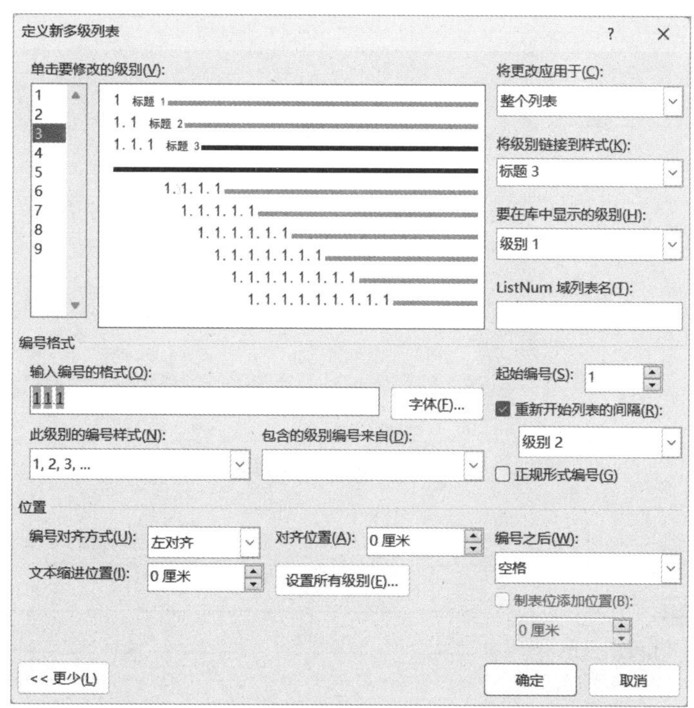

图9–32　多级列表级别3的编号关联标题3样式

步骤4 将鼠标光标定位到第 2 页最开始位置，然后依次单击“引用”→“目录”→“自定义目录”，在弹出的“目录”对话框中，“制表符前导符”选择最后一项，然后直接单击“确定”按钮，如图 9–33 所示。

如图 9–33 所示“目录”对话框是执行后再打开的效果。

步骤5 参考之前所学，修改“TOC 1”样式，主要设置“字体”为“思源黑体 CN Light”并单击“加粗（B）”按钮，样式设置后的目录效果如图 9–34 所示。

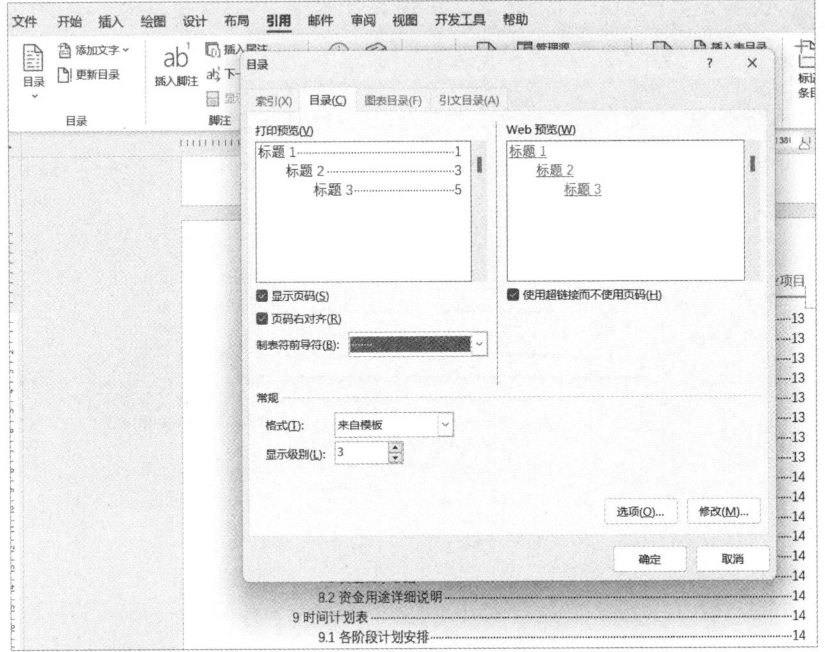

图9-33 创建正文目录

目录　　口腔产品及服务创业项目

图9-34 目录完成后的效果

前三步的多级列表“编号”之后选择“空格”，这样做的好处是生成的目录编号与标题文字直接就一个空格间距，读者朋友可以对比图 7-34 查看未设置的目录效果。

步骤6 如图 9-35 所示，选定图片，依次单击“引用”→“插入题注”，弹出“题注”对话框，在题注下方文本框的“图表 1”输入对应的标题文本，“位置”选择“所选项目下方”。

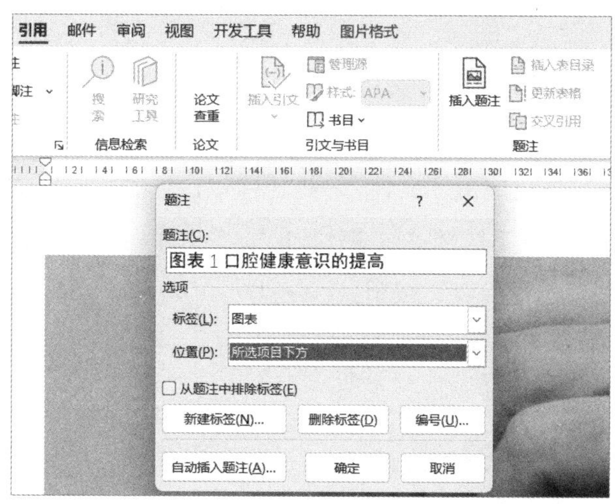

图9-35　插入题注

步骤7 参照步骤 6 将文档其余的图片、图表、表格添加题注，唯一不同的是表格插入题注时选择的位置是“所选项目上方”，题注插入完成后，依次单击“引用”→“插入表目录”，弹出“图表目录”对话框，选择“制表符前导符”的最后一项，然后单击“确定”按钮，得到如图 9-36 所示的图表目录。

目录　　　　口腔产品及服务创业项目

图9-36　生成后的图表目录

提示

生成后的图表目录默认距离页面左侧有两个字符的空白，如果需要对其改变，可在“段落”对话框里修改左侧缩进为“0 字符”即可。

9.6　排版时常见的问题及解决办法

常见问题 1：如何生成 PDF 文档

PDF 是一种常见的电子文档格式，它可以保留文档的格式、字体、图像和布局，使得文档在不同平台和设备上的显示效果保持一致，而且内容不容易被轻易修改，所以在工作中经常需要把 Word 文档变成 PDF 格式。

操作方法：

如图 9-37 所示，依次单击“文件”→“另存为”，在新出现的窗口，弹出“另存为”对话框，“保存类型”下选择“PDF(*.pdf)”，“文件名”文本框输入示例的文件名“商业计划书”，最后单击“保存”按钮。

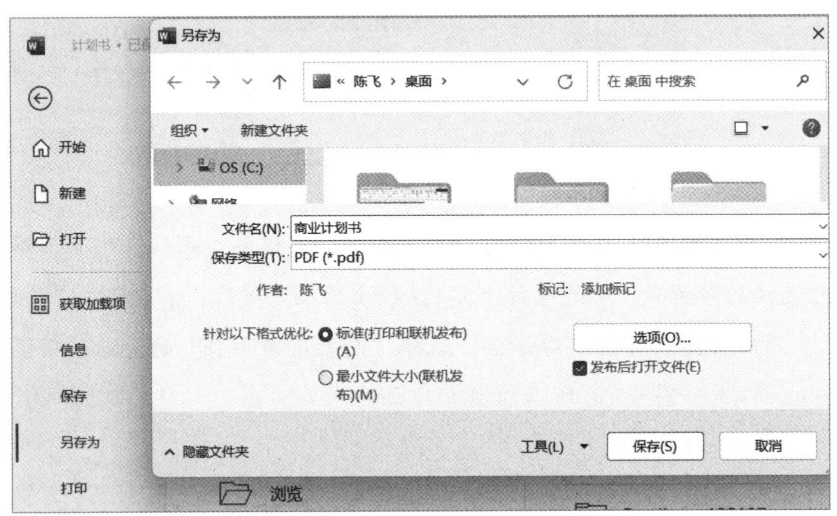

图9-37 文档保存成PDF格式

常见问题 2：样式给其他文档使用

如果创建修改样式时，选择的是“基于该模板的新文档”，那么该样式就可以在以后的文档中使用，但是之前的文档还是使用不了，通过下边步骤就可以把“计划书”示例文档中的“计划书正文重要”样式应用给其他文档。

 依次单击“开发工具”→“文档模板”，弹出“模板加载项”对话框，然后单击“管理器”按钮，又弹出“管理器”对话框，“在计划书中”选择“计划书正文重要”，单击“复制”按钮，最后单击“关闭”按钮，如图 9-38 所示。

提示

Normal 是程序默认的模板文件。

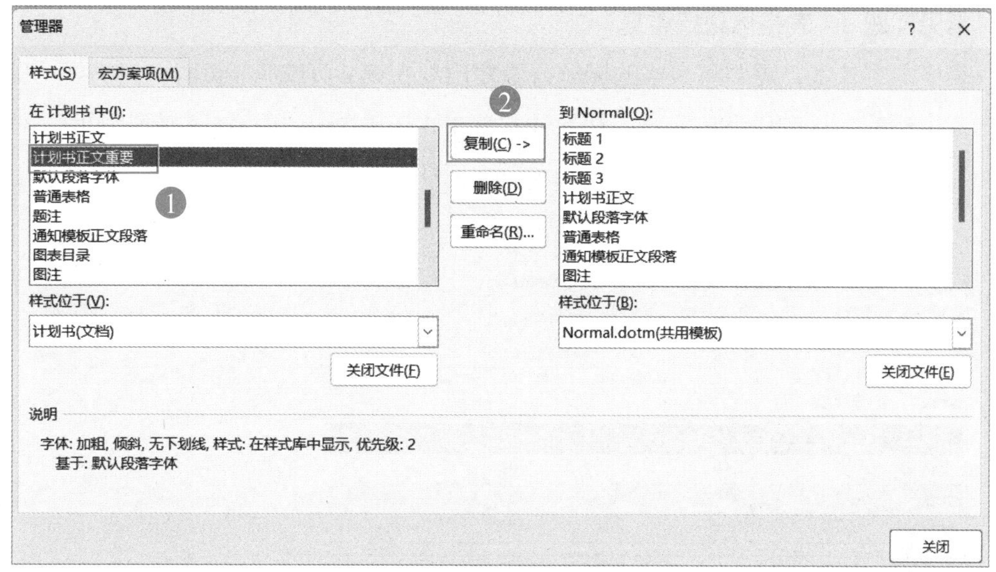

图9-38　复制样式到模板

步骤2 打开需要使用该样式的文档，参考步骤 1 再次打开“管理器”对话框，如图 9-39 所示，选择“在 Normal 中”的样式“计划书正文重要”，单击“复制”按钮，最后单击“关闭”按钮，这样就可以将“计划书正文重要”样式应用给该文档。

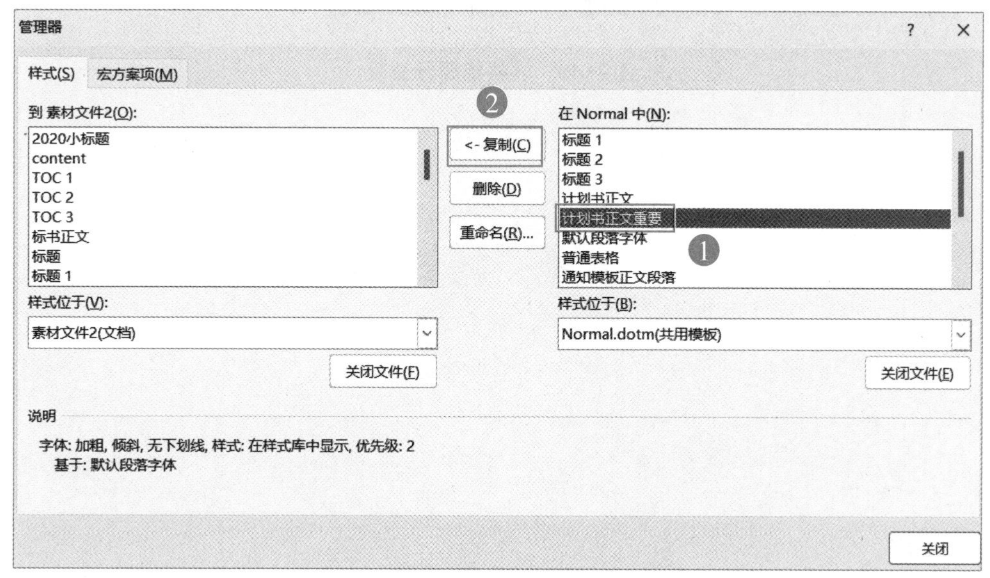

图9-39　模板样式复制到文档

常见问题 3：表格标题行重复

表格内容较多，需要将表格的标题行重复出现在第 2 页或第 3 页时，只需要将鼠标光标定位到第 1 行的任意单元格，然后依次单击“布局”→“重复标题行”即可，效果如图 9-40 所示。

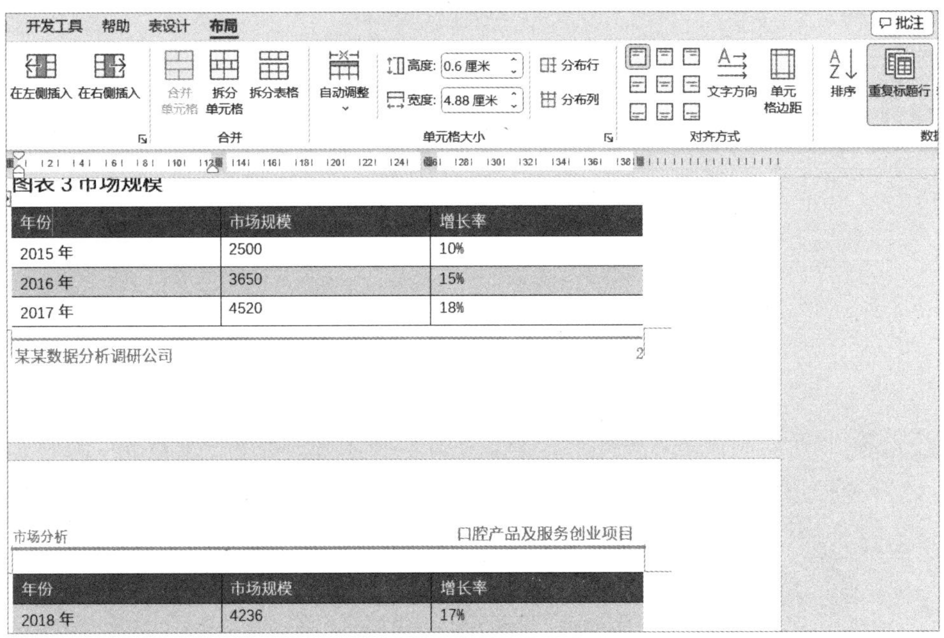

图9-40　表格标题行重复

第 10 章 人工智能工具让 Word 效率翻倍

人工智能（AI）在 2023 年发展极为迅猛，借助人工智能工具可以极大提高工作效率，本章将讲解如何借助 ChatGPT 来完成 Word 效率翻倍，例如可以使用 ChatGPT 生成 VBA 代码批量处理文档，还可以生成各式各样的报告，等等，而我们要做的就是在这些基础上完善细节。

ChatGPT 是由 OpenAI 团队开发的，是一种基于深度学习的大型自然语言处理模型。其名称 GPT 是 Generative Pre-trained Transformer 的缩写，意为“生成式预训练变形器”。

以下为 ChatGPT 的基础应用。

1）问答

根据用户提出的问题，生成与之相关的答案。如图 10-1 所示，提问“你是一名 Excel 专家，帮我写个公式，求出某一个季度的销售合计”，就能得到 ChatGPT 很详细的回复。

图10-1　问答

2）翻译

ChatGPT 可以将一种语言翻译成另一种语言，具有很高的翻译准确率和流畅度，如图 10-2 所示。

3）文本生成

ChatGPT 可以根据给定的文本生成新的文章、故事、诗歌等文本内容，具有很高的创造力和趣味性，如图 10-3 所示。

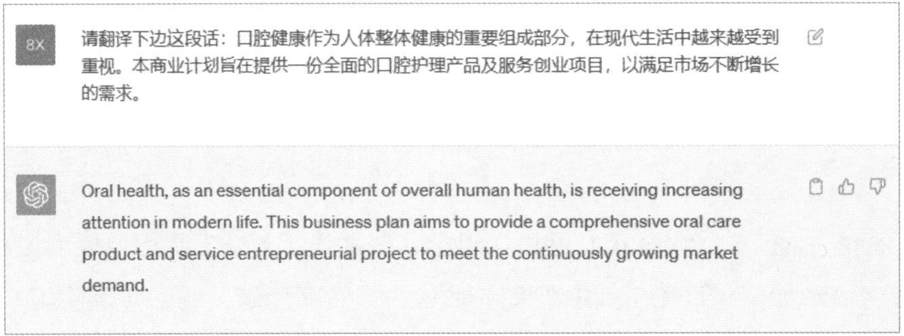

图10-2 翻译

4）代码生成

ChatGPT 可以根据实际需求生成可行的代码，例如 VBA、Python 代码等，本章节就会重点讲解如何使用 ChatGPT 生成的 VBA 代码来解决具体问题，如图 10-4 所示。

本章节所需使用的 VBA 代码均在第 10 章素材文件夹。

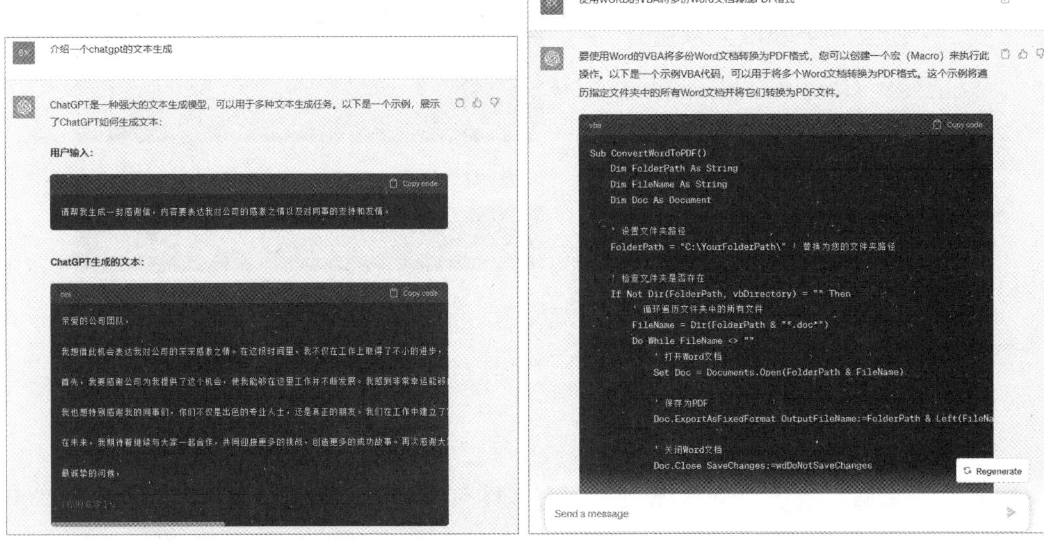

图10-3 文本生成　　图10-4 代码生成

10.1　批量更改多张图片的环绕方式

一份 Word 文档里面有 100 多张图片，默认的环绕方式为“嵌入型”，现需要将所有图片统一都改成“上下型”环绕，如图 10-5 所示，对 ChatGPT 进行提问并且得到了答案与对应的操作步骤。

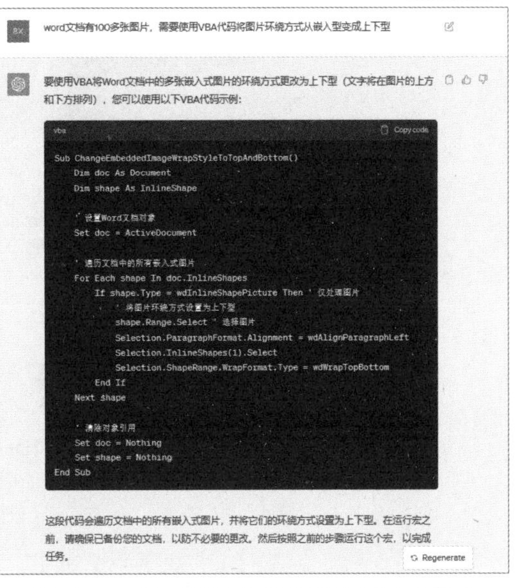

图10-5　ChatGPT生成的代码与操作步骤

步骤1 打开 10.1 素材文档，按“ALT+F11”键进入 VBA 编辑器窗口，依次单击“插入”→“模块”，完成后效果如图 10-6 所示。

步骤2 在 ChatGPT 上单击“Copy code”，然后在 VBA 编辑器窗口中粘贴代码，最后单击 VBA 编辑器“关闭”按钮。

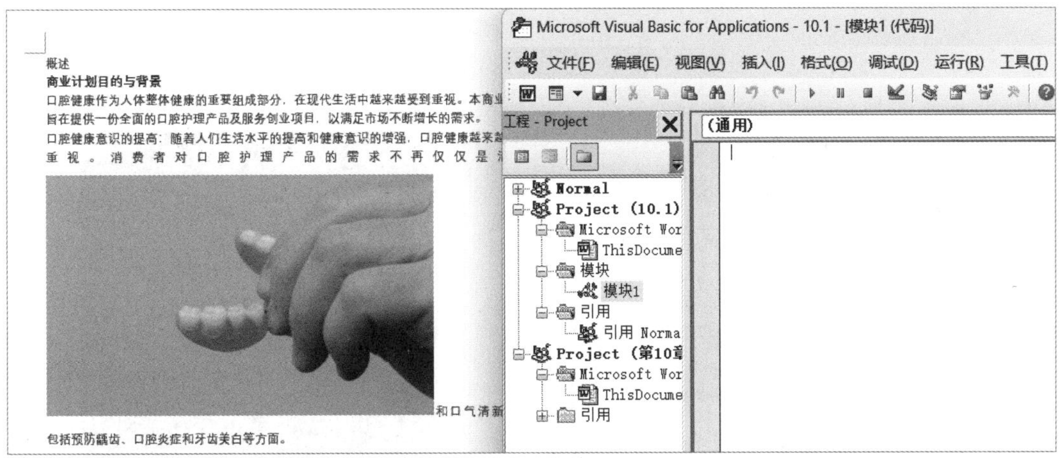

图10-6　进入VBA编辑窗口

步骤3 按“ALT+F8”键，如图 10-7 所示，弹出“宏”对话框，选择 ChangeEmbeddedImageWrapStyleToTopAndBottom，然后单击“运行”按钮，即可将文档的多张图片统一更改环绕方式。

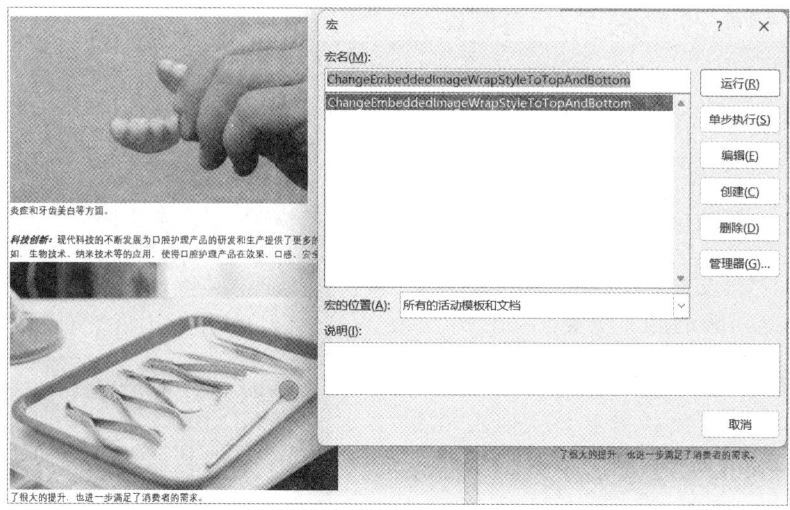

图10-7 运行宏

10.2 10秒更改100张图片为指定大小

在10.1小节的更改图片环绕方式为“上下型”环绕基础上，如图10-8所示，继续在ChatGPT上提问：“Word文档有多张‘上下型’环绕图片，需要使用VBA代码将图片大小去掉锁定纵横比后统一更改为宽10厘米，高7厘米”，得到代码后，参照10.1小节操作步骤，通过运行宏ResizeAndUnlockTopAndBottomWrappedImages即可完成100张图片统一更改为指定大小，如图10-9所示。

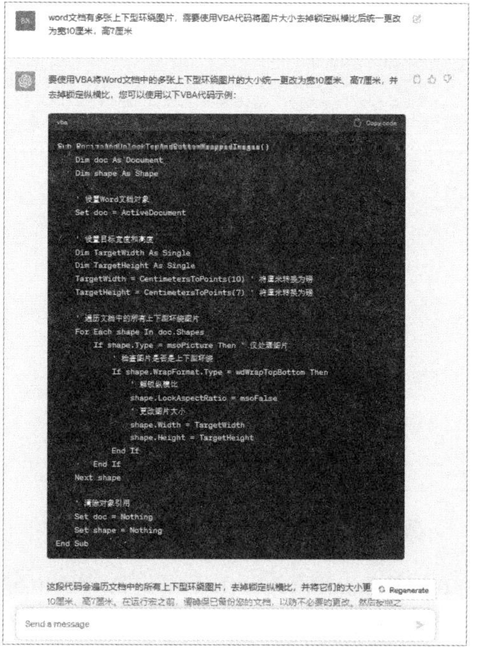

图10-8 ChatGPT提问与答案生成

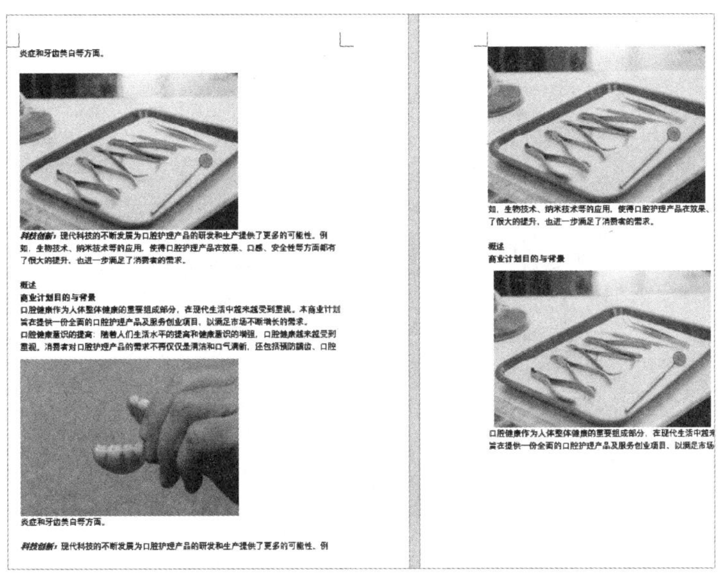

图10-9　多张图片更改为统一大小

10.3　多个Word文档批量转换为PDF文件

Word 文档保存时是可以选择类型为 PDF 格式的，但是只能一个一个保存，效率低下，通过 VBA 可将一个文件夹里的多个文档批量转换为 PDF 格式，在使用 ChatGPT 进行如图 10-10 所示提问后，获得 VBA 代码。

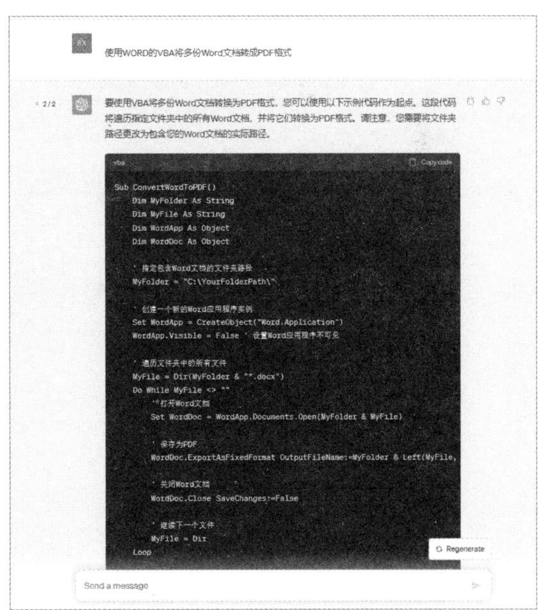

图10-10　ChatGPT提问与答案生成

笔者将图 10-10 提问生成的 VBA 代码，在“Windows10+Office2021”环境下测试是可以使用，但是放到“Windows11+Office365”环境下执行后会报错，并终止执行，如何解决这个问题呢？

笔者使用 ChatGPT 继续提问，如

图 10-11 所示，把操作系统与软件版本添加上去，又重新得到 VBA 代码。

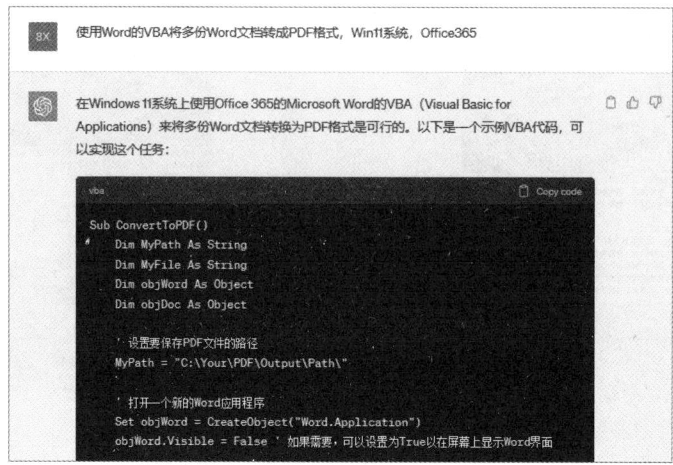

图10-11 ChatGPT追加提问与答案生成

新建一个空白 Word 文档，操作步骤参照之前小节，先把 VBA 代码复制到编辑器中，如图 10-12 所示，按照代码提示更改文件的路径，最后运行宏，得到如图 10-13 所示结果。

```
Sub ConvertToPDF()
    Dim MyPath As String
    Dim MyFile As String
    Dim objWord As Object
    Dim objDoc As Object

    ' 设置要保存PDF文件的路径
    MyPath = "C:\Users\陈飞\Desktop\10.3\"

    ' 打开一个新的Word应用程序
    Set objWord = CreateObject("Word.Application")
    objWord.Visible = False ' 如果需要，可以设置为True以在屏幕上显示Word界面

    ' 遍历需要转换为PDF的文档
    MyFile = Dir("C:\Users\陈飞\Desktop\10.3\*.docx") ' 请替换为您的Word文档所在的路径

    Do While MyFile <> ""
        ' 打开Word文档
        Set objDoc = objWord.Documents.Open("C:\Users\陈飞\Desktop\10.3\" & MyFile)

        ' 构建PDF文件名（将.docx扩展名更改为.pdf）
        Dim PDFFileName As String
        PDFFileName = Left(MyFile, Len(MyFile) - 5) & ".pdf"

        ' 保存文档为PDF
        objDoc.ExportAsFixedFormat OutputFileName:=MyPath & PDFFileName, _
            ExportFormat:=17 ' 17表示PDF格式

        ' 关闭Word文档
        objDoc.Close

        ' 获取下一个Word文档
        MyFile = Dir
    Loop

    ' 关闭Word应用程序
    objWord.Quit

    ' 释放对象
    Set objWord = Nothing
    Set objDoc = Nothing

    MsgBox "转换完成！", vbInformation
End Sub
```

图10-12 更改文件夹路径

C:\Users\陈飞\Desktop\10.3

名称	修改日期	类型	大小
10.1.pdf	2023/9/8 15:51	Microsoft Edge ...	209 KB
概述.pdf	2023/9/8 15:51	Microsoft Edge ...	1,156 KB
计划书.pdf	2023/9/8 15:51	Microsoft Edge ...	1,723 KB
素材文件.pdf	2023/9/8 15:51	Microsoft Edge ...	1,847 KB
素材文件2.pdf	2023/9/8 15:51	Microsoft Edge ...	1,987 KB
姓名.pdf	2023/9/8 15:51	Microsoft Edge ...	121 KB
10.1.docx	2023/9/7 18:22	Microsoft Word ...	228 KB
概述.docx	2023/8/31 15:45	Microsoft Word ...	2,323 KB
计划书.docx	2023/9/8 15:51	Microsoft Word ...	2,173 KB
素材文件.docx	2023/7/8 10:28	Microsoft Word ...	2,485 KB
素材文件2.docx	2023/9/8 15:51	Microsoft Word ...	2,512 KB
姓名.docx	2022/10/25 9:45	Microsoft Word ...	20 KB

图10-13　多个Word文档批量转换为PDF文件结果

10.4　批量提取多个Word文档指定内容到Excel

假如由你负责公司的合同整理，而这些合同有成百上千份，现在需要将这些合同关键内容如乙方名称批量提取到 Excel 中进行计算分析，那么就可以借助 ChatGPT 生成 VBA 去处理。如图 10-14 所示，在 ChatGPT 进行“批量获取文件夹中的多个 Word 合同文档里的信息到 Excel，Word 合同文档需要获取的信息都使用了标题 8 样式”提问，得到答案。

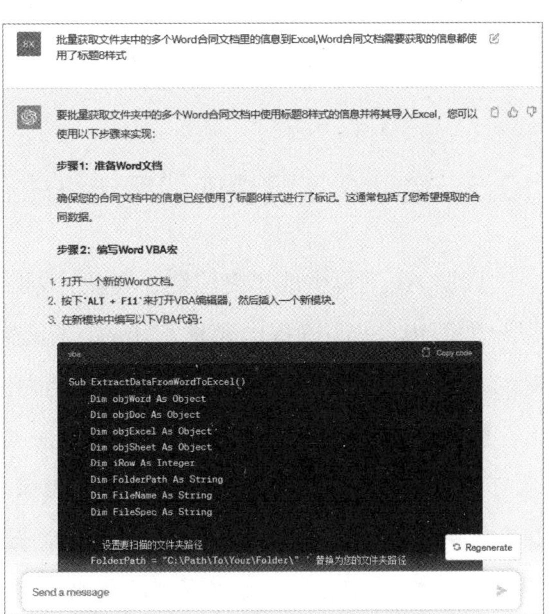

图10-14　ChatGPT提问并得到答案

前期准备工作：

（1）需要将多份合同统一放到一个文件夹；

（2）然后把合同中需要提取的内容使用“标题 8”样式进行标记，当然你也可以使用其他样式。

操作步骤：

新建一个 Word 文档，参考之前小节，复制 ChatGPT 的代码到 VBA 模块，然后运行对应的宏，即可得到结果，如图 10-15 所示。

图10-15　批量提取多个Word文档指定内容到Excel结果

10.5 借助AI工具快速编写年终总结

借助 AI 工具生成年终总结、商业计划书等文档时，可有效地节省时间，使用时可以分为两步：先明确提出要求，让 AI 工具生成框架，然后根据框架再进行具体细化，最终得到文档。现在以得到一份年终总结为例，具体步骤如下：

步骤1 先在 ChatGPT 上提问“你是一名公司的人事，现在需要写一份年终总结”，就可得到如图 10-16 所示的年终总结的框架。

步骤2 为了获得关于“员工招聘和增长”方面更加详细的内容，如图 10-17 所示，继续追问 ChatGPT，就可以得到具体内容。

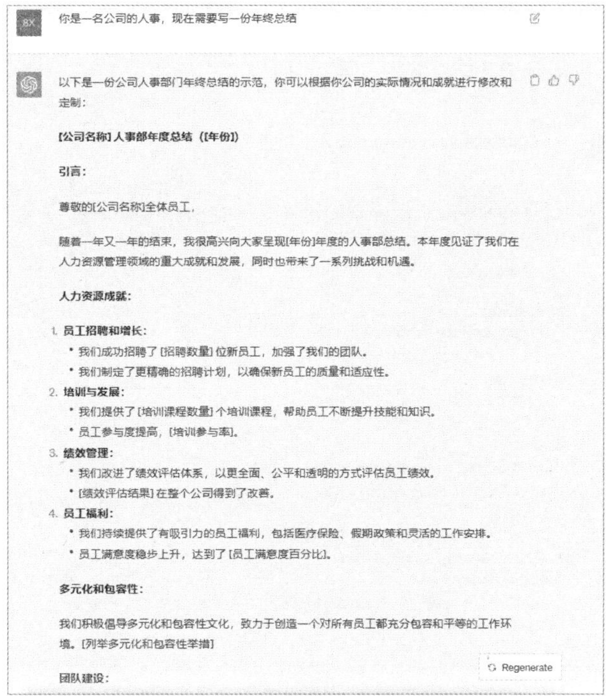

图10-16　提问得到年终总结框架

图10-17　继续提问得到更具体的内容

步骤3 提问具体细节，如“给出员工离职率控制的手段与具体的表格数据”，然后就可以得到图 10-18 所示的结果与表格示例。

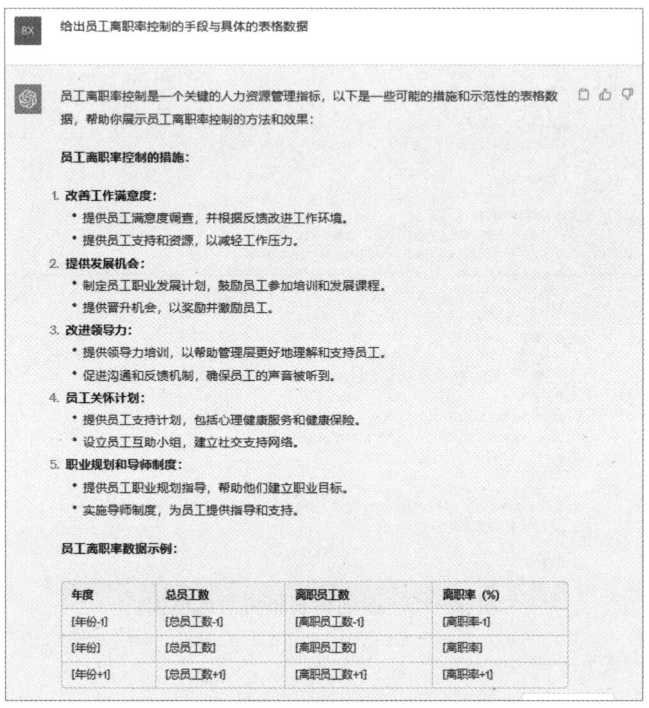

年度	总员工数	离职员工数	离职率（%）
[年份-1]	[总员工数-1]	[离职员工数-1]	[离职率-1]
[年份]	[总员工数]	[离职员工数]	[离职率]
[年份+1]	[总员工数+1]	[离职员工数+1]	[离职率+1]

图10-18 继续提问得到更具体的内容